国家科学技术学术著作出版基金资助出版

大规模云数据中心
智能管理技术及应用

夏元清　詹玉峰　孙立峰　等著

科学出版社
北京

内 容 简 介

本书深入探讨了云计算的关键基础设施——云数据中心的关键技术和智能管理方法。在国家重点研发计划项目、国家自然科学基金重点项目以及企事业单位研究所科技合作项目等多个层次的项目支持下,项目组攻克了一系列关键技术挑战。本书重点介绍了大规模云数据中心运行数据管理技术、大规模云数据中心运行能效评估与预测技术、大规模云数据中心资源智能管理与调度技术、大规模云工作流智能管理与调度技术。在上述关键技术攻关的基础上,本书介绍了云数据中心智能化管理与运维体系架构及相关子系统的设计与开发,并面向典型工业应用开展了应用示范。

本书可供计算机和自动化领域的工程师和研究人员参考,也可作为高等院校自动化、电子信息工程、计算机科学与技术、通信工程等相关专业的教师和研究生的教学参考书。

图书在版编目(CIP)数据

大规模云数据中心智能管理技术及应用/夏元清等著. —北京:科学出版社,2024.5

ISBN 978-7-03-078312-7

Ⅰ.①大… Ⅱ.①夏… Ⅲ.①云计算-网络安全-研究 Ⅳ.①TP393.08

中国国家版本馆 CIP 数据核字(2024)第 065132 号

责任编辑:许 健/责任校对:谭宏宇
责任印制:黄晓鸣/封面设计:殷 靓

科 学 出 版 社 出版

北京东黄城根北街 16 号
邮政编码:100717
http://www.sciencep.com

南京展望文化发展有限公司排版
苏州市越洋印刷有限公司印刷
科学出版社发行 各地新华书店经销

*

2024 年 5 月第 一 版 开本:787×1092 1/16
2024 年 5 月第一次印刷 印张:20 3/4
字数:476 000

定价:160.00 元
(如有印装质量问题,我社负责调换)

《大规模云数据中心智能管理技术及应用》
作者名单

夏元清(北京理工大学,中原工学院)

詹玉峰(北京理工大学)

孙立峰(清华大学)

刘　驰(北京理工大学)

李　云(南京邮电大学)

翁　健(暨南大学)

李哲涛(暨南大学)

赖李媛君(北京航空航天大学)

随着信息技术的高速发展,各种数据呈现爆炸式增长,云数据中心作为数据的管理方,旨在为用户提供高质量服务的同时减少运维成本。云数据中心作为承载新时代发展的关键性基础设施,是算力网络的重要组成部分,对"东数西算"编织全国算力一张网具有重要意义。在国家重点研发计划项目"数据驱动的数据中心智能管理技术与平台(共性关键技术类)"的支持下,我们将此前提出的云控制系统与大数据、人工智能等当前先进技术理念融入大规模云数据中心的智能管理技术中,并研发出高性能、高可用、高可靠的数据中心智能管理系统,推进云数据中心的建设与发展。

云数据中心智能管理技术与系统是云数据中心稳定运行的保障。云数据中心智能管理技术通过云数据中心运行数据管理、云数据中心运行能效评估与预测、云数据中心资源智能管理与调度和云工作流智能管理与调度等关键技术,指导云数据中心实现资源融合、智能调度、弹性伸缩,整合海量的异构资源,提供资源的按需服务、智能调度、不间断进化和灵活管理,支撑多层次多类型的计算服务。云数据中心智能管理系统可以在云数据中心使用周期内,收集和管理数据中心物理环境、资源和运行状态等数据,通过适当方式分发、集成和分析数据信息,以帮助云数据中心提升服务和降低成本。目前全球云服务提供商如(亚马逊、谷歌、阿里巴巴等)已经建立了各自的云数据中心智能管理系统。然而,这些云数据中心管理系统都是大企业内部使用,普通用户无法获得。因此亟须制定一套开源共享的云数据中心智能管理系统。

云数据中心未来的趋势必将朝多云数据中心方向发展,而面向多云数据中心的大规模数据中心智能管理技术与系统面临着更多的挑战。首先,为了应对大规模云数据中心实时采集的挑战,运行数据的质量和实时性的权衡是其研究

大规模云数据中心智能管理技术及应用

的重要问题。其次，为了应对大规模云数据中心能耗预测的挑战，能耗预测的准确度和多指标性的权衡是其研究的重要问题。再次，为了应对大规模云数据中心资源管理与调度的挑战，系统的精确建模和在请求频繁的情况下支持大规模任务高并发的动态决策能力是其研究的重要问题。然后，为了应对大规模复杂云工作流的执行需求，高可用、高并发、可定制化的云工作流智能管理与调度技术是其研究的重要问题。最后，在解决以上各个挑战的基础上建立云数据中心智能化管理与运维体系架构，实现面向多云数据中心的大规模云数据中心运行数据管理、运行能效建模与预测、资源管理与调度、云工作流管理与调度的集成。

随着科学技术的飞跃发展，数字化和智能化将是未来发展的必然趋势，因此数据中心的需求也在不断增长，迫切需要面向大规模云数据中心的智能管理系统，实现云数据中心资源优化管理，提高数据处理效率，满足用户差异化需求，降低云服务提供商的管理成本。

夏元清

北京理工大学、中原工学院

2024 年 1 月

P 前言
Preface

云数据中心是云计算的关键基础设施,其不断扩展,催生了新的大规模云数据中心协作管理模式,同时给数据驱动的云数据中心智能管理带来了前所未有的重大机遇和挑战。作者认为当前云数据中心智能管理面临4类应用挑战:缺乏针对大规模多云数据中心产生的运行数据的智能化管理技术;缺乏有效的大规模云数据中心运行能效评估与预测手段;为保障用户服务质量,采用过量资源供给的方式给云数据中心造成了极大浪费;针对大量复杂异质的用户任务请求,缺乏云工作流智能管理与调度手段。

针对以上挑战,本书凝练出4个关键科学技术问题:大规模云数据中心运行数据管理问题;大规模云数据中心运行能效评估与预测问题;大规模云数据中心资源智能管理与调度问题;大规模云工作流智能管理与调度问题。重点阐述5类关键技术:大规模云数据中心运行数据管理技术、大规模云数据中心运行能效评估与预测技术、大规模云数据中心资源智能管理与调度技术、大规模云工作流智能管理与调度技术和智能管理系统研制及其应用示范。

在上述关键技术攻关的基础上,建立了云数据中心智能化管理与运维体系架构,研制了云数据中心智能管理与服务能力保障系统,形成了数据驱动的大规模云数据中心智能化管理与运维规范,突破了云数据中心智能化管理系统研制及其应用若干关键技术,开展了面向典型工业应用的云数据中心智能化管理应用示范。

本书得到了国家重点研发计划项目"数据驱动的云数据中心智能管理技术与平台(共性关键技术类)"(批准号 2018YFB1003700)的支持。本书在撰写过程中,得到了教师郭泽华、吴楚格,博士生刘丹阳、王永康、高润泽、李怡然,硕士生周彤、齐天宇等协助,还有很多同行专家提出了中肯的意见和建议,使得本书的质量得到了进一步的提高,在此深表感谢!

希望本书能够为计算机和自动化领域的工程师和研究人员提供一些参考,并对云数据中心的建设与管理起到推动作用。此外,由于作者水平有限,书中的缺点和不足之处在所难免,欢迎读者批评指正。

夏元清

北京理工大学、中原工学院

2024 年 1 月

目录
C ontents

大规模云数据中心智能管理技术及应用

第1章 云数据中心智能管理概述

1.1 云数据中心智能管理背景与意义

随着计算机网络、物联网和智能技术的发展,数据呈爆炸式增长,给数据的处理、迁移及应用分析带来了诸多挑战。云计算是一种计算模型和服务模式,它将计算任务分布在大量计算机构成的不同云数据中心,使大数据应用系统能够根据需要获取计算能力、存储空间和信息服务。云计算与大数据技术的应用将全面提升科技生产的智能化水平。目前,"云计算与大数据"已上升为国家战略。为落实《国家中长期科学和技术发展规划纲要(2006—2020年)》,以及《国务院关于促进云计算创新发展培育信息产业新业态的意见》和《国务院关于印发促进大数据发展行动纲要的通知》等提出的任务,国家重点研发计划启动实施"云计算和大数据"重点专项。

本书主要包括五方面内容:内容一,大规模云数据中心运行数据管理关键技术研究;内容二,大规模云数据中心运行能效评估与预测关键技术研究;内容三,大规模云数据中心资源智能管理与调度关键技术研究;内容四,大规模云工作流智能管理与调度关键技术研究;内容五,云数据中心智能管理系统研制及应用示范。

大规模云数据中心运行数据管理关键技术研究:随着信息技术的发展和人类社会活动的交汇,各种数据呈现爆发增长和海量汇聚等特点,建设和优化大规模智慧、安全、灵活的云数据中心具有重要意义,旨在为用户提供高质量服务的同时减少运维成本。采集大规模云数据中心运行数据是建设大规模云数据中心管理体系的基础,其中数据包括静态数据和动态运行数据。目前虽然全球云服务提供商(如亚马逊、谷歌、阿里云等)已经建立了各自的云数据中心管理体系,但未来的发展趋势必将是多云数据中心协同。因此亟须制定多云数据中心的能耗指标,开发能适应任务负载动态变化的模型和启发式能耗评估体系。为建立有效的云数据中心能耗评估体系,需要采集云数据中心的物理机能耗数据不间断电源(uninterruptible power supply,UPS)和温度等必要数据,同时采用分布式数据存储系统对数据进行存储,保障采集的海量运行数据的安全性。

大规模云数据中心运行能效评估与预测关键技术研究:科学、节能且高效的云数据中心能够有效地提高性能、降低能耗和保证服务质量。此外,随着云计算的发展,高性能不再是建立云数据中心的唯一目标,云服务提供商越来越重视云数据中心的能耗问题[1-3]。当前,云数据中心的高能耗已经成为云计算发展中最为严重的问题之一,实现高性能、低能耗和满足服务质量需求[4]的云数据中心是非常迫切的。为了实现高能效的云数据中心,首先需要科学、可靠的能效评估方法,以便对云数据中心在特定条件下的能源效率进行评估。

大规模云数据中心资源智能管理与调度关键技术研究:云计算是通过网络以自助服务

的方式获得所需信息技术(information technology，IT)资源的一种模式。支撑云计算技术发展的基础设施是遍布世界各地的云数据中心，每个云数据中心都包含由大量物理服务器构成的集群，目前集群已经达到数十万服务器的规模[5]。传统启发式调度算法旨在对特定集群环境在一定时间内得出一种可行的调度策略，使用启发式调度算法往往将模型简化，或者复杂建模方法中会包含很多参数，需要专业人员根据集群环境进行特定化调整。面向特定集群环境设计启发式调度算法需要耗费大量精力进行设计、实施和验证[6]。深度强化学习适用于解决序列决策问题，考虑将深度强化学习方法应用到资源调度问题中，根据不同集群环境和不同优化目标让智能体自主学习出相应的策略，解决启发式算法参数难调的难题，为启发式算法提供一个更优的替代策略。

大规模云工作流智能管理与调度关键技术研究：云计算的蓬勃发展促使越来越多的企业或者个人选择将业务上云，巨大的数据量和各类日益复杂的应用请求为云资源的分配和调度带来困难。为了并行化处理大规模计算应用，充分利用云计算资源，相关人员常将复杂应用分解为子任务，并利用工作流模型对其进行建模。如何给工作流的各项子任务合理、高效地分配云计算资源，降低完成时间，提升云资源利用效率，是云计算运维人员亟待解决的问题之一。同时，不同云应用的工作流结构和用户提出的需求存在多样性和差异性，智能化预测、感知技术对后续资源分配及调度而言十分必要。此外，云服务提供商在保障用户服务质量的同时，需要降低运营成本，最大化自身效益。因此，云工作流调度的执行时间和计算成本彼此冲突，构成多目标优化问题。现有的调度方法求解能力较差，性能难以满足云服务提供商及用户需求，无法解决云计算环境复杂、资源种类多、用户需求多样化等调度求解难点。因此，迫切需要结合智能化算法，面向各类典型应用场景以及不同偏好的用户，研发云工作流智能管理与调度优化算法，预测工作流结构及需求，优化执行时间和耗费成本，从而提高工作效能，满足用户服务质量需求、保障云服务提供商的经济效益。

云数据中心智能管理系统研制及应用示范：目前，云服务提供商如亚马逊已经在世界各地建立了云数据中心，进行海量信息储存，提供即时云服务。随着数据资源的爆炸式涌出，云数据中心亟须接入相应的智能管理系统，实现云数据中心资源融合、智能调度、弹性伸缩，优化整合海量异构资源，提供资源按需服务、智能调度、不间断进化和灵活管理，支持多层次多类型的云计算服务。然而，当前云工作流和云服务请求的接受率无法满足高并发用户在时间和成本等多方面的差异化需求，无法支持大规模的云数据中心管理。因此，迫切需要研制面向大规模云数据中心的智能管理系统，实现云数据中心资源优化管理，从而提高工作效率，满足用户差异化需求，降低云服务提供商的管理成本。

1.2　研究现状与主要技术挑战

1.2.1　云数据中心运行数据管理现状与挑战

1. 研究现状

为了应对大规模实时采集的挑战，运行数据的质量和实时性的权衡是云数据中心数据采集的重要问题。尽管智能云数据中心并不是一个全新的领域,很多现有的工作也在不同的角度为解决采集问题做出了贡献,如网络拥塞控制、物理拓扑优化等,但是专门针对云数据中心运行数据采集的研究依然十分少见。具体而言,在计算机科学文献库(digital bibliography and library project,DBLP)中检索"data center collection"或"datacenter collection"或"data center acquisition"或"datacenter acquisition",仅有三篇论文与云数据中心数据采集相关。例如,文献[7]提到云数据中心采集的多对一模式是 incast 场景,其发生的原因是大量多源数据发往同一节点时交换机缓冲区超载,大量数据包丢失造成采集延迟升高。该论文中提到了几种解决策略:增加缓冲区大小,优化传输控制协议(transmission control protocol,TCP)重传机制,计算静态情况下 TCP 最佳参数,使用 DIATCP 协议[8]。然而,增加缓冲区大小需要升级硬件配置,需要投入更多资金和维护,而其余的从网络层角度出发的解决策略则仅仅致力于解决引起延迟的网络协议本身,并没有从源头解决问题。因此,研究如何使用和改进抽样采集技术使之在大规模云数据中心数据采集中发挥作用具有一定的研究价值和前瞻性。

Perf 是一款 Linux 性能分析和数据采集工具,它提供了一个性能分析框架,比如硬件(CPU、MPU)功能和软件(软件计数器、Tracepoint)功能。利用 Perf 工具可以评估程序对硬件资源的使用情况,例如各级 cache 访问次数,各级 cache 的丢失次数,流水线停顿周期,前端总线访问次数等,实现对微体系结构层的信息采集。Prometheus 是一个开源系统监控和警报工具包,最初由 SoundCloud 构建。自 2012 年成立以来,许多公司和组织都采用了 Prometheus,该项目拥有非常活跃的开发人员和用户社区。它现在是一个独立的开源项目,独立于任何公司进行维护。Prometheus 成为继 Kubernetes(K8s)后加入云计算基金会 2016 的第二托管项目,其发展如图 1-1 所示。

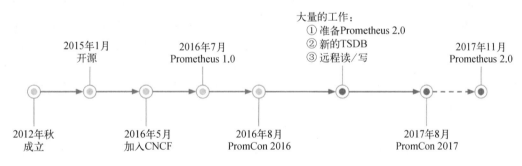

图 1-1　Prometheus 发展

现实应用产生的各种数据存在着不同程度的噪声和冗余,如果不对这些原始数据进行预处理,将会严重影响数据质量[9]。数据预处理覆盖的内容非常广泛,主要涉及的数据质量问题包括:缺失值问题、异常值问题、冗余问题、高维低密度数据问题等。在统计学领域,缺失值问题的研究在 20 世纪 70 年代就受到了重视,出现了许多基于统计学理论的缺失值处理方法(直接删除和缺失值填充)和基于机器学习的数据预处理技术。

随着采集数据的不断增长,数据存储问题也日益严重。针对海量运行数据的存储问题,需要采用合适的分布式数据存储系统对数据进行存储。Ceph 是一个分布式存储系统,提供对象、块和文件存储,是一款免费开源软件,可以部署于普通的 x86 兼容服务器上。Ceph 诞生于 2004 年,最早是研究人员 Sage Weil 进行一项关于存储系统的博士研究项目,致力于开发下一代高性能分布式文件系统。随着云计算的发展,Ceph 在 OpenStack 的影响下成为开源社区受关注较高的分布式数据存储系统之一。Ceph 的存储架构如图 1-2 所示。

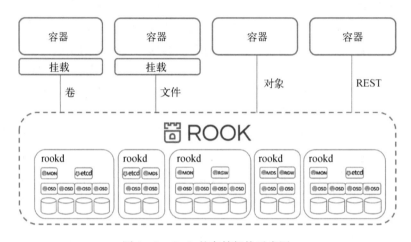

图 1-2　Ceph 的存储架构示意图

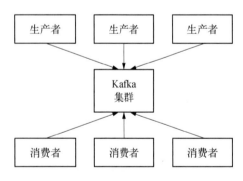

图 1-3　Kafka 的总体架构

Kafka 是由 LinkedIn 公司开发,通过 ZooKeeper 协调管理的分布式消息收集和分发系统,具有分布式、支持分区(partition)和多副本的(replica)等特点。此外,Kafka 可以实时处理大量数据以满足各种需求场景:如基于 Hadoop 的批处理系统、低延迟的实时系统、Storm/Spark/Flink 流式处理引擎、web/nginx 日志、消息服务等。图 1-3 给出了 Kafka 的总体结构。

HBase 是 Apache 开源项目中面向大数据存储的著名项目之一,是美国谷歌公司推出的分布式大数据存储系统 BigTable 的开源实现,属于 NoSQL 数据库系统。HBase 的数据存储以 Hadoop 的分布式文件系统 HDFS 为基础,分布式地存储在多个服务器上,以保证数据的可靠性和较高的 I/O 吞吐率。HBase 中每个表格能够存储上亿行数据,每行数据的属性可以高达上百万列。在 HBase 的表格中,数据都是以主键值(primary key)来进行检索,即每一行数据都包括一个主键值。同时,HBase 中表格的列划分成列族(column family),任何一列都属于一个列族。某一行和某一列交叉的位置称为一个单元(cell),存放具体的数据。另外,每一个单元的数据都有多个版本,用于区别该单元不同版本的数据,而默认的版本号就是该数据插入到 HBase 表格时的时间戳。图 1-4 给出了 HBase 的数据存储架构。

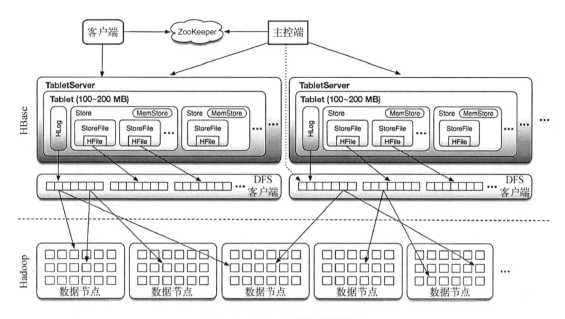

图 1-4 HBase 的数据存储架构

2. 主要技术挑战

1）云数据中心多源运行数据抽样采集

云数据中心会产生体量庞大的运行数据,直接对海量运行数据进行存储和分析会极大地增加存储开销和计算代价。在保证运行数据质量的前提下,最大程度地抽样采集,降低其存储和传输代价具有非常重要的实际意义。此外,云数据中心各复杂子系统会产生海量的运行数据,例如环境温度监控、能源消耗情况、资源分配和使用、IT 设备物理状态等数据,这些异构运行数据的智能化采集,特别是多云数据中心多源运行数据的采集是个公认的难题。

2）运行数据安全存储

由于分布在不同地域且高度动态化,多个云数据中心运行数据的采集和管理问题十分复杂,多云数据中心运行数据的安全、可靠、高效存储是运行数据智能化管理亟待解决的核心问题。

3）运行数据高效检索

从分布式储存的加密运行数据中方便快捷地检索信息,是保证运行数据安全和高效利用的前提条件。因此,运行数据智能化管理是大规模云数据中心亟须解决的现实问题,对于大规模云数据中心运行评估、性能预测、云工作流优化、云数据中心资源配置和调度、降低能耗以及提高用户服务质量具有十分重要的意义。

1.2.2 云数据中心运行能效评估与预测现状与挑战

1. 研究现状

精确的能耗预测可以帮助云数据中心运营商优化资源利用率并降低能耗[10]。当前的能耗预测方法主要分为两种类型：静态能耗建模与动态能耗建模[11]。

第一种方法是对能耗与云数据中心物理机的相关组件、应用程序和数据管理系统之间的关系进行建模，称之为静态能耗建模。该方法存在三个缺点：需要专业的领域知识和精确的测量工具；某些组件的能耗难以测量；除了硬件/软件配置外，能耗还受到其他外部因素的影响，难以捕获动态模式。Joseph 和 Martonosi[12] 以及 Isci 和 Martonosi[13] 提出了基于 CPU 性能计数器的处理器功率预测模型。相关企业环境中的处理器、单系统和系统组已经使用了此类模型[14]。随后，有研究人员提出了非侵入式方法对能耗与服务器状态之间的关系进行建模[15-17]。然而，随着云数据中心规模的不断扩大以及数据的日益复杂，这种方法无法完全建模能耗的动态波动且无法确保能耗预测的准确度。

第二种方法将能耗视为时间序列数据，采用时间序列预测模型进行能耗预测。一个优秀的时间序列预测模型必须能捕获能耗的波动并挖掘出状态特征与能耗之间的关系。然而，实际的预测误差主要发生在数据突然变化的情况下，而基于回归的方法很难捕获这些突然变化（如突变点数据、高能耗数据）。在单变量时序预测领域，主流方法是统计学方法，例如整合移动平均自回归（autoregressive integrated moving average，ARIMA）模型[18]，以及由脸书（Facebook）公司研发的 Prophet 模型[19]。这两种模型都适用于周期性较强的数据集，ARIMA 模型通常需要对数据进行差分以获取平稳数据集，而 Prophet 模型要求对数据集中包含的节日或发生重大事件的日期有一定的先验知识，在季节性较强的数据集上，Prophet 通过拟合 Growth、Seasonality、Holidays 三个部分的值进行预测。Zhang[20] 提出了一种 ARIMA 和神经网络的混合模型，将两者结合起来以充分利用 ARIMA 和神经网络模型在线性和非线性建模中的独特优势，在实际数据集上的实验结果表明，加入了深度学习模型的组合模型可以有效地提高预测精度。除此之外，通用且性能较好的神经网络模型包括循环神经网络（recurrent neural network，RNN）[21] 和长短期记忆网络（long short-term memory network，LSTM）[22]。循环神经网络改进了隐藏层，不仅可以接收前一层的输出，还可以获取先前隐藏层的信息。但是，RNN 在处理长时间序列时存在梯度消失和爆炸的问题。LSTM 在 RNN 的基础上增加了一个记忆单元，用于捕获相对更长时间的依赖关系。在自然语言处理领域，注意力机制是用于处理长期时序依赖的有效方法之一，并且基于注意力机制，由 Encoder 和 Decoder 组成的 Transformer 模型在处理时序依赖时表现出了相当优秀的性能。

对于不同类型的任务（CPU 密集型、I/O 密集型、内存密集型等），大部分能耗预测模型通常根据先验知识简单地选择输入物理机指标特征，基本只包括 CPU 使用率、内存使用率和硬盘的 I/O 次数等特征。基于深度神经网络（deep neural network，DNN），李元龙等提出了一种细粒度和粗粒度的递归自编码器模型，该模型使用物理机的 CPU、内存、硬盘、工作流、文件系统的系统计数指标（system counters）作为输入数据以预测云数据中心的能耗，涉及的指标总共有 11 个,这些指标仍然只是根据先验知识获得的。Walker 等[23]研究了移动设备和嵌入式设备上的 CPU 相关监控计数指标(monitoring counters)的多重共线性,对移动设备和嵌入式设备的特征进行了分析,基于采集到的数十个指标数据,他们建立了适合移动和嵌入式 CPU 的准确且稳定的功率模型。然而,他们的研究对象局限于移动设备和嵌入式设备,并且没有考虑到不同任务的主要能耗组件不同这一问题。根据专家知识,运行不同任务的物理机能耗占比最大的组件是不同的。例如,对于 I/O 密集型任务,内存和硬盘的能耗占比相对较大,因此硬盘和内存相关的系统状态指标是影响能耗的主要指标;而对计算密集型任务而言,CPU 相关的指标才是影响能耗的主要指标。因此,在云数据中心能耗预测中,亟须解决的一个问题是对于不同类型的任务,如何进行有效的特征分析和特征选择以辅助云数据中心的能耗预测。

在云数据中心能效评估方面,一些企业已经取得了很好的成绩。绿色网格(The Green Grid, TGG)作为一个由公司、政府机构和教育机构组成的全球联盟,一直致力于提高云数据中心和商业计算生态系统的能源效率。TGG 成功地研制了新的能效指标度量方法,这些度量包括电力使用效率(power usage effectiveness, PUE)、云数据中心能源生产率(data center energy practitioner, DCEP)、能源再利用率(energy reuse effectiveness, ERE)和碳使用效率(carbon use efficiency, CUE)等指标。这些指标的提出和使用,使得云数据中心运营商能够快速地评估其云数据中心的相对可持续性,并可以由此确定是否需要进行能源效率或者可持续能源的改进[24-27]。指标的广泛使用,在评估方面能够给予后续的研究工作提供了很多技术支持、理论支撑和解决方案等[28]。

国内外许多学者也提出了云环境能效相关指标以及能效的测量、计算与评估方法等。能效评估即能源评估和效率评估,通常以效率与能源消耗之比为云数据中心的能效值。因此,能源和效率便成为能效评估模型的两大度量研究对象。在能效度量和能效评估上,Liu 等[29]回顾了大数据分析和工业能效评价的研究进展,重点研究了基于能耗过程分析和大数据挖掘方法的能效评估方法。基于 K 均值(K-means)和多维关联规则算法,对单个行业和企业进行 K-means 聚类,找出其水和能源消耗水平,分析不同行业和企业的区域能源消耗特征。Li 和 Tao[30]详细阐述了随机前沿分析、数据包络分析、火用分析和标杆比较四种主要用于工业领域的能效评估方法,并介绍了这些方法的基本模型和发展情况,以及它们在能效评估中的最新应用。宋杰等[31]主要致力于能效度量的方法的研究,通过数学理论推导和实验验证,最终总结出适合三种云环境下的能效度量模型。蔡小波和张学杰[32]致力于参数规约的评估研究,并通过实验分析验证了不同环境下的解决办法,避免了度量的复杂化,直观有效地实现了评估体系。

2. 主要技术挑战

1)预测指标参数主观性

目前研究的数据指标权重和 QoS 参数选择具有一定的主观性因素和不确定因素,在主观因素和不确定因素的影响下会导致最终能效评估的结果不佳,不能保证其结果可靠性。此外,在 QoS 参数选择上,很多研究工作都是约束 QoS 需求的某一方面达到最优,没有规约考虑多个 QoS 值。如何有较多的 QoS 参数约束的同时并保证评估结果的可靠性,是下一步研究工作重点解决的问题。

2）能耗评估指标规范普适性

美国的技术报告[33]提供了与现有云数据中心相关的能耗测量指标的相关列表,这些指标从不同的粒度衡量云数据中心的能源效率。由 Jaureguialzo[34] 开发的 PUE 指标得到了国际上的广泛认可,但它比较粗略,并不能完全揭示云数据中心的能效。具体来说,由于计算资源的低效利用而造成的能源浪费还没有得到广泛的研究。因此,PUE 能否继续领导能效是令人质疑的[35-37]。云数据中心行业还引入了不同的性能指标来衡量和比较云数据中心的性能和效率,如云数据中心单位能源的性能（data center performance per energy）,美国采暖、制冷与空调工程师学会（American Society of Heating, Refrigerating and Air-Conditioning Engineers, ASHRAE）性能指标[38],其他可用于评估整个云数据中心或云数据中心的各个子组件（散热、IT、电源）的指标。虽然已有的研究工作[39-41]尝试过新的能效评估方法,但目前还没有被广泛认可的云数据中心能效评估指标体系[42-44],也没有包含解释性指标和方法以评估云数据中心可持续性等方面的通用监管框架[45, 46]。

1.2.3　云数据中心资源管理与调度现状与挑战

1. 研究现状

云制造是响应《中国制造 2025》发展战略所提出的新制造系统,在大型制造业生产车间,传感器、仪器仪表和智能终端等设备会采集大量机器数据,其规模可达 PB 级。同时,随着增强现实、自动驾驶和各种认知应用的快速发展,越来越多的计算密集型和数据密集型任务对计算和通信时延提出了更高要求。随着云计算的发展,云平台以其强大的资源配置、弹性灵活的资源分配方式和按需付费的服务模式,成为处理数据计算密集型任务的选择之一。然而,传统云资源调度策略难以满足数据计算密集型应用任务对计算能力的需求和数据传输的通信需求。

传统的调度算法在高维度、高精度数据的处理和分析方面具有局限性,云制造场景下的任务具有多种类、多模态、小批量等特征。随着云计算的发展,越来越多的制造企业将采用云制造模式实现全球协同化制造,制造过程的任务种类、任务规模的不断增加,亟须研究基于容器和虚拟机云架构下的大规模工厂接入任务调度策略,提高任务执行效率,控制成本能耗的同时保证满足用户的服务质量需求。传统云调度策略缺乏高效的任务调度方法,难以实现对先进工业生产过程中海量数据的实时分析和实时控制。传统调度算法包括启发式调度算法、基于数据模型的调度算法和基于深度强化学习的调度算法等。基于强化学习设计资源调度策略是近年来学术界在复杂系统决策控制方面做出的探索和尝试,这种方法不对目标系统的数学特性做过多假设,采用自学习的方法,通过数据回放,不断调整模型参数,使最终训练好的模型能在复杂场景下作出最优决策。

启发式算法根据具体的应用场景,基于直觉或经验构造基于规则的决策算法进行资源分配和任务调度。通常把调度过程分为任务分发和任务调度两个阶段,其中文献[47]和

[48]均为在线的调度算法,文献[47]的目标是最小化任务集合的整体响应时间,并且响应时间设置了不同的权重,权重对应的是任务的延迟敏感性。相较于文献[47],文献[48]考虑了带宽限制,通过调度新到达的任务,满足新的截止时间,考虑是否替换掉已存在的任务。Farhadi 等[49]和 He 等[50]同时考虑了存储资源,其中 Farhadi 考虑了任务中数据和代码的放置位置,将负载进行分类,进而开发了一种特定条件下的多项式时间的算法;而 He 等通过将资源进行分类,分为可以共享的资源(存储资源)和不可以共享的资源(通信资源和计算资源),并且通过实验得到接近最优的结果。这类方法都得到了特定条件下的近多项式时间的算法,然而,由于决策规则是根据预先设定的场景或条件制定,面对复杂且具有不确定性的环境,难以做到兼顾所有影响决策效果的因素,算法执行效果并不理想。

基于数学模型求解的调度方法首先对云平台任务调度问题进行数学建模,再使用特定的数学工具求解数学模型,从而得到目标问题的决策。常用的数学模型有排队论模型、决策优化模型等,对应的数学工具包括排队论求解方法、李雅普诺夫优化框架(Lyapunov optimization framework)、高斯-赛德尔迭代法(Gauss-Seidel iteration)[51]等。Long 等[51]研究了在分布式的非合作环境下云数据中心的任务调度问题,通过建立 M/M/1 排队模型来对任务传输分类,通过建立 M/M/C 排队模型来分类任务计算,从多智能体之间的博弈角度,最小化每个智能体的负效用函数来满足 QoS 限制,最后通过高斯-赛德尔迭代法来求解得到纳什均衡(Nash equilibrium)点。这类方法在对问题精确建模的基础上往往能够得到理论最优解或接近最优解。然而,这种方法对目标问题的建模往往建立在某些严格的数学假设之上,对于现实世界的很多复杂系统,有些假设并不成立,由此造成算法性能下降甚至不适用。

近年来,受到强化学习成功应用的启发,学术界开始研究基于深度强化学习的方法解决资源调度问题。Mao 等[52]在 2016 年设计了基于深度强化学习的资源管理系统 DeepRM,验证了可以使用深度强化学习方法解决资源调度问题。DeepRM 将资源调度系统的状态建模成图像信息,对建模成图像信息的状态使用卷积神经网络进行特征提取,使用强化学习的方法针对不同优化目标对神经网络进行参数更新,最终得到能够满足不同优化目标的调度策略。Mao 等[53]在 2019 年提出了一个事件驱动的对存在依赖关系的作业进行资源分配的深度强化学习模型 Decima,是基于 Spark 集群环境进行建模设计的。Li 和 Hu[54]设计的 DeepJS 是基于阿里巴巴真实场景的日志信息进行训练和测试的。

基于数据和经验,通过机器学习进行自主学习决策的资源智能调度已成为解决超大规模云数据中心资源管理复杂性难题的发展趋势。针对不同的资源管理和作业需求,当前研究多集中于特定需求条件或奖励机制下的单任务优化模型建立和决策算法设计,难以找到一种能够适用于所有问题的决策算法,研究者们近年开始转向算法集成和自适应决策,如何实现多个任务并行快速调度,提高云数据中心响应效率,成为研究趋势和热点。

2. 主要技术挑战

1) 基于数据与经验自主学习的云数据中心资源调度智能决策

云数据中心资源管理与调度是典型的复杂动态系统,任务的运行时间随着数据本地化、服务器特性、与其他任务的交互以及对 CPU 缓存、网络带宽等共享资源的干扰而变化,系统行为难以精确建模。云数据中心智能资源管理与调度需要具备持续和系统进行交互以及在交互中学习的能力,亟待突破基于数据与经验自主学习的云数据中心资源调度智能决策这一关键技术难题,提高系统资源利用率,降低集群节点能耗。

2)数据驱动的任务群动态并合调度

针对云数据中心任务规模大、请求频繁及需求多样化带来的云数据中心调度负荷高、响应延迟及决策效率低等挑战,云数据中心在大规模任务高并发请求下的动态决策对提高系统资源调度的响应速度至关重要。数据驱动的任务群动态并合调度技术是其中的关键技术问题,需要研究从任务目标与约束分类、变量分块的角度提取任务调度共性机理,实现相似任务决策的快速转化,提高历史优化策略的可用性。

1.2.4 云工作流管理与调度现状与挑战

1. 研究现状

国际工作流管理联盟(Workflow Management Coalition,WfMC)[55]将工作流定义为:依据某种预设的规则或者逻辑可以完全或者部分自动执行的流程,该流程可以由多个参与成员共同协调完成,并且在一个成员到另一个成员之间可以实现文档、信息或者任务的传递。工作流技术规范了工作流程,解决了纸张记录文字和数据的方式中数据记录和查询效率低下、信息共享困难以及占用的存储空间较大等诸多弊端,设置并执行合理的活动顺序,能够提升工作和管理效率。Adam 等[56]认为工作流是给定流程的表示,由已经定义好的活动(任务)集合组成。这些任务之间通常有一定的关联或者依赖关系,每个任务都有一定的信息输入需求,并且可以生成信息作为输出的一部分,在流程中有着特定的作用。Georgakopoulos 等[57]认为工作流实际上是一种工作活动,通常可以将这种活动划分为任务、角色、规则以及程序,工作流中的任务根据相关的规则通常由几个用户来完成。

20 世纪 90 年代起,计算机技术的进步使得相关的工作流管理软件迅速兴起,同时,工作流技术可用于解决大规模数据的科学计算及验证分析等问题,常见的需要并行处理的计算密集型任务,如科学工作流[58]、深度神经网络[59]等,均可以用工作流表示。活动或工作流程是工作流管理的关键因素,对其进行建模和分析是极其重要的[60]。工作流建模通常有如下三种表示方法:基于 Petri 网的建模[61]、基于统一建模语言(unified modeling language,UML)的建模[62]和基于有向无环图(directed acyclic graph,DAG)的建模[63]。其中,使用Petri 网建立的工作流模型具有实例维度、过程维度和资源维度三个维度,分别表示需要处理的业务或者工作流程、指定需要执行的任务以及任务之间的先后关系和任务的执行者;使用UML 的工作流模型使用图像化的表示方法来描述系统的动态或者静态行为,其动态视图可用于表示工作流模型中需要明确控制和数据的依赖关系,并说明活动的顺序以及活动状态的变化;使用有向无环图的工作流模型中,任务节点表示子任务及其计算负载,有向加权边表示任务间优先约束及其通讯数据量,常被用于表征计算系统中的工作流。

工作流调度问题已经在学术界和工业界受到了广泛的研究,由于通常情况下单一工作流调度,即针对单个工作流的调度问题,是非决定性多项式集合(nondeterministic polynomial,

NP)难问题[64],不存在多项式时间求解算法,目前针对该问题的研究主要集中于精确算法、启发式算法和智能优化算法。精确算法方面,Coffman 和 Denning[65]给出其确定性静态模型和基于该模型的两种调度策略,并证明了当处理器数小于等于2;DAG 结构任意且任务计算量相同,或任务计算量随机但 DAG 结构是入树的情况下算法可以求得最优解,其他情况下工作流调度问题不存在多项式算法。Al-Mouhamed[66]给出必要处理器数、通信请求数和完成时间的下界。其中,通过合并任务,计算每个任务组的最早开始时间(earliest starting time, EST)来计算 makespan 的下界。Li[67]基于上述方法,通过时间索引线性规划松弛来求解总加权完工时间最小化问题。Su 等[68]在此基础上提出广义最早时间优先算法,根据运行速度对处理器分组,并利用混合整数规划模型(mixed integer linear programming, MILP)的松弛解确定任务的处理器分配。精确算法及相关理论研究为工作流调度问题的优化算法设计提供了指导和支撑。

启发式算法方面,Kwok 和 Ahmad[69]按处理器状态和 DAG 结构等分类详细综述了相关方法。Selvi 和 Manimegalai[70]将求解工作流调度问题的启发式算法归纳为:聚类(clustering)法、重复任务(task duplication)法和列表调度(list scheduling)法三类。聚类法中任务首先各自成类,再逐步合并,直到类的个数等于处理器个数,但该方法不适用于异构系统。重复任务法将特定任务重复分配到不同处理器上,减少处理器之间的数据传输时间[71]。列表调度法根据处理器及 DAG 结构特性为任务排序,该方法主要包括任务排序和处理器选择两部分。动态级别调度[72]预测处理器可用性,排序任务,并采用 EST 选择处理器。针对异构系统,Topcuoglu 等[73]提出了异构处理器最早完成时间方法(heterogeneous earliest finish time, HEFT),该方法根据 DAG 节点到底部的最长路径(bottom-level value, B-Level)对任务降序排序,并采用 EFT 将任务插入处理器空闲时段。针对系统的异构特性,Sakellariou 和 Zhao[74]研究了列表排序方法中 DAG 变量采用不同计算方法(如均值、中位数、最差值、最佳值),对列表调度算法性能的影响。除了 DAG 结构特性,一些列表调度算法[75,76]根据预测的处理器状态对任务排序。Arabnejad 和 Barbosa[76]构建最优代价表(optimistic cost table, OCT),表征每个任务分配到不同处理器时,距离出口节点最短路径的最大值,并根据平均 OCT 值对任务排序。最后基于该顺序同时考虑 EFT 及 OCT 值选择处理器。

智能优化算法方面,文献[77]综述了求解工作流调度问题的多种进化技术[78-81],其中包括遗传算法、差分进化算法等。其中,Xu 等[81]提出一种基于双分子结构化学反应算法,同时进化任务处理顺序和"任务-处理器"分配序列;此外,Luan 等[82]采用混合进化算法求解数据密集型工作流,将数据文件和计算任务建模为 DAG 的节点,同时考虑数据读写过程。算法的编码为任务和数据分配和任务处理顺序,同时加入了局部搜索、路径重链接和移动文件启发式等操作。Paliwal 等[83]提出了一种深度强化学习增强的遗传算法(genetic algorithm, GA),同时优化 makespan 和处理器内存占用。算法对任务-处理器黏合度、任务处理优先级和数据传输优先级编码,深度强化学习初始化提高了算法的性能。

单工作流调度问题之外,一些工作对同时调度多个工作流的多工作流调度问题展开研究。Hsu 等[84]设计了 OWM 算法求解混合并行工作流问题,在降低工作流的平均完成时间方面具有突出的效果,但该算法在为任务匹配资源时,只考虑空闲资源,忽略了任务在繁忙资源上的完成时间,可能比在空闲资源上的完成时间更少,进而可能导致任务等待时间和工作流的完成时间过长的问题。Hamid 和 Jorge[85] 提出了动态工作流调度算法(fairness dynamic workflow sharing, FDWS),避免了 OWM 算法中只考虑空闲资源的缺陷,为任务选择资源时,将所有的空闲资源和繁忙资源全部考虑在内,降低了多工作流的总完成时间。在其基础上,Hamid 和 Jorge[86] 考虑了用户的预算约束,提出一种基于预算约束的多工作流调度策略 FDWS4,该算法不仅改进了任务二次排序值的计算,将工作流总花费约束分解至任务,而且为任务匹配资源时,给出了能够全面均衡任务执行花费和完成时间双因素的具体方法。Zhou 等[87] 提出了 MW-HBDCS 算法解决异构环境下工作流执行预算和时间双重受限问题,对于提高工作流的调度成功率具有十分显著的效果。区别于其他算法中计算任务优先级的方式,MW-HBDCS 算法全面考虑了时间和预算约束花费对于优先级值的影响,但是并没有考虑到由于用户优先级不同而导致提交的工作流之间也存在优先级差异的问题,并且对所有的任务只进行了一次排序,并以此为依据实施调度,未考虑工作流的实时完成状态等对任务排序值产生的影响。

2. 主要技术挑战

1) 云工作流的动态性、复杂性和不稳定性

实际应用场景下,云工作流任务的不可预测性、工作流业务流程的多样性,使得云工作流调度具有不确定性和动态性,导致调度器无法预先获取调度对象信息并做出反应。此外,云服务器环境的未知性、集中云服务工作流部署的差异性和工作流日志本身存在的噪声、残缺和多样性,为云工作流执行环境带来复杂性,增加了调度决策的难度。因此,基于异构云服务器、虚拟机以及云工作流的动态性,对云工作流计算、传输时间的准确感知和预测,能够为云工作流调度、资源优化配置提供准确有效的依据。

2) 云工作流的大规模性和数据密集性

云计算中科学、工程应用任务规模大,数据和计算要求不断增长,同时工作流具有数据或计算密集型特点,对特定云资源(如内存、CPU、硬盘等)需求量大,构成调度分配问题的约束条件。此外,云工作流的需求和云计算节点具有地理分散性,数据密集型工作流的跨云数据中心、跨服务器迁移会挤占大量网络资源,带来网络拥塞和传输时延。因此,面向大规模、数据密集的云工作流,设计合理的调度策略,规避异常的网络延迟,能够为云工作流的平稳、高效运行提供保障。

3) 云工作流调度优化目标的多样性

面向云计算服务的使用,一方面,云计算的定制化服务协议使得不同用户对资源、任务完成时间、用户满意度等性能指标和云服务使用费用的需求个性化、多样化。另一方面,云服务提供商需要优化云资源利用率,降低运营成本,提升超卖比。因此,针对用户及服务商需求,提出平衡各种优化指标的调度策略,能够改善用户满意度,增加云计算服务收益。

1.2.5　云数据中心智能管理系统现状与挑战

近些年计算力需求的增长直接推动了社会的进步。随着新基建时代的到来,5G 网络、

人工智能以及工业互联网将会获得飞速发展。举例来说,2016 年,全球最大的云数据中心大约是 58 万平方米,但是到了 2019 年,已经达到了 99 万平方米,相当于 140 个足球场。在三年的时间里,最大规模云数据中心的面积增长了约 71%。这充分说明社会经济进步对于计算力的巨大需求。在这样的背景下,提供超强算力的大型云数据中心,以及服务近场数据处理的边缘云数据中心势必会加快建造和部署。

但随着云数据中心计算力的提升,其限制因素也将日益明显。对于新建的大规模云数据中心而言,最大的资金投入不是建筑本身,而是保证电力供应的设备成本以及机房制冷成本。计算密度的增加已经让一些大型云数据中心的建设项目资金突破了 10 亿美元大关,其中制冷系统占了很大比重。目前,我国云数据中心的能耗 85% 在 PUE1.5～2.0,开放数据中心委员会(Open Date Center Committee,DCC)预计,照此趋势,到 2030 年我国云数据中心的能耗将从 2018 年的 1 609 亿千瓦时增长到 2030 年的 4 115 亿千瓦时。当前云工作流和云服务请求的接受率无法满足高并发用户在时间和成本等多方面的差异化需求,无法支持大规模的云数据中心管理。对此,构建大规模云数据中心智能管理系统及应用示范是当前的前沿发展趋势。

1.3　研究目标与总体技术架构

针对云数据中心智能化运行与管理面临的挑战与问题,本书研究数据驱动的云数据中心智能管理技术与平台。作者团队开发了大规模云数据中心运行数据管理技术,包括:大规模云数据中心运行数据的自适应式、多源采集技术,运行数据预处理技术,冗余数据发现和删除技术,海量运行数据高效压缩技术,分布式运行数据安全存储技术,支持明文和密文的异构运行数据高效检索技术。解决了云数据中心数据采集、处理、存储与检索方面的关键难题。

在此基础上还研究大规模云数据中心运行能效评估与预测技术,建立云数据中心能效及其预测模型与方法,包括:支持数据驱动的云数据中心运行能效关键因素挑选的多云数据中心能效的科学评价体系;应用任务能效指标的定量与定性分析技术、服务质量参数规约的能效模型,研发大规模云数据中心的智能化能效评估与预测系统。

当前云数据中心资源管理与调度方面缺乏对大规模多云数据中心的智能管理与调度手段。为此,我们建立数据驱动的大规模云数据中心不确定性复杂系统表征学习与建模,提出基于深度强化学习的云资源智能管理与调度方法,研究基于负载感知的自适应能耗管理和数据驱动的任务群并合智能调度技术,资源利用率达到同期国际先进水平,任务群调度时间降低 50%。

针对大规模云工作流智能管理与调度问题,我们重点研究基于云工作流和运行数据的流程挖掘技术,以及基于机器学习的云工作流计算与传输时间预测方法;研究考虑用户优先级和任务权重的并行云工作流调度方法;研究多云数据中心的云工作流服务级和任务级调度集成机制,研究与实现大规模智能云工作流架构和平台。

在以上各关键技术的研究基础上建立云数据中心智能化管理与运维体系架构,给出面向典型应用的云数据中心运行数据管理、运行能效评估、云资源、云工作流管理调度相关的规范和标准,研制云数据中心智能管理系统,面向典型工业应用开展云数据中心智能化系统应用示范。云数据中心智能管理系统能够实现对大规模云数据中心运行数据管理、运行能效建模与预测、资源管理与调度、云工作流管理与调度的集成。以下是五个任务详细的描述。

1.3.1 大规模云数据中心运行数据管理关键技术

本节介绍大规模云数据中心运行数据管理技术,大规模云数据中心运行数据的自适应式、多源采集技术,运行数据预处理技术,冗余数据发现和删除技术,海量运行数据高效压缩技术,分布式运行数据安全存储技术,支持明文和密文的异构运行数据高效检索方法,解决云数据中心数据采集、处理、存储与检索方面的关键难题。

总体技术架构分为4个部分,分别是:多云数据中心运行数据采集方法,质量感知的数据预处理技术,运行数据冗余发现与删除技术,以及分布式、支持冗余备份的安全存储系统。

如图1-5所示,多云数据中心运行数据采集方法提出了数据驱动的自适应抽样采集技术,能够抽样具有代表性的云数据中心节点、降低数据采集量进而降低采集时间,实现实时采集。该方法还基于多种抽样方法,测试了不同抽样率和不同指标的重建误差,并提出了R3S2抽样方法和基于机器学习的恢复方法,达到了最小的重建误差。质量感知的数据预处理技术能够对采集到的云数据中心运行数据根据后续云数据中心智能管理的需求,进行数据预处理。本技术研究的智能管理方法构建于以深度神经网络为代表的机器学习算法之上,实现了质量感知的数据预处理技术,在几乎不影响质量的同时,极大地缩小后续机器学习算法所需要处理的数据量。运行数据冗余发现与删除技术针对Spark分布式内存计算环境下非线性机器学习算法中冗余数据的发现和删除,研究了典型的机器学习算法,实现了质量感知的冗余数据删除技术。分布式、支持冗余备份的安全存储实现了基于Hadoop、HBase、Kafka、gRPC的运行数据存储和检索系统,通过将数据收集过程和数据存储过程进行解耦,分别采用多线程来实现数据收集和数据持久化写入,同时采用多种优化策略以及参数调优来提高运行数据存储系统的读写性能。该系统在模拟运行数据生成、消息接收速率、数据持久化写入速率、运行结果数据记录的查询检索响应时间等方面均达到实际需求。

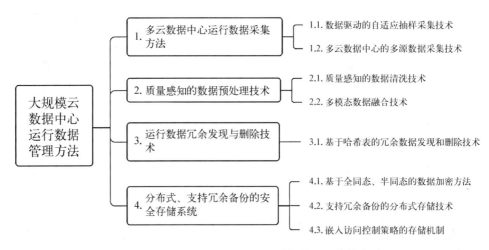

图1-5 大规模云数据中心运行数据管理总体技术图

1.3.2 大规模云数据中心运行能效评估与预测关键技术

本节介绍基于运行数据的云数据中心运行能效评估与预测技术,从而形成智能化的云数据中心运行评估、行为预测的关键技术体系;通过设计服务质量参数规约的能效模型,满足用户在时间和成本等多方面的差异化能效需求;开发云数据中心智能化能耗精准评估和预测系统。

云数据中心能耗评估与预测系统的总体要求是:设计并实现云数据中心内各级实体的能耗评估、预测系统,通过机器学习等方法对物理机、虚拟机和容器等实体进行精确的能耗评估或预测,能够在 Kubernetes 集群环境下部署该系统,并向前端或其他任务提供实体的能耗评估或预测服务,系统框架如图 1-6 所示。

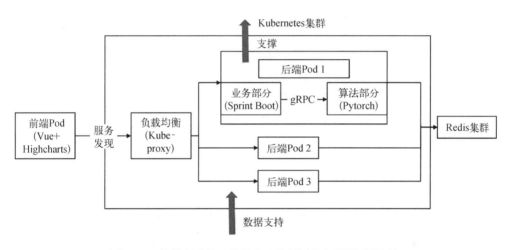

图 1-6 数据驱动的云数据中心能耗评估与预测系统框架

云数据中心能耗评估与预测系统由三部分组成:前端、后端业务、后端算法。前端负责与用户交互、展示预测或评估结果,后端业务负责接收请求、存取数据、调用算法并反馈结果,后端算法部分负责构建模型、处理数据以及计算结果。算法库内封装了多种算法分别用于不同实体的能耗评估或预测,以容器能耗预测为例,由于没有现有工具可以采集到容器的能耗,因此本章提出了基于决策树的容器能耗评估算法先对容器能耗进行评估,将物理机能耗分解到容器上,再结合双层 LSTM、DARNN 等算法进行能耗预测。为保证系统的安全稳定和高效,算法库不直接向用户提供服务,而是包裹在后端内,由业务部分进行调用,借助 SpringBoot 编写了业务部分的逻辑,业务部分与算法部分通过 gRPC 和 Redis 进行通信,而用户或其他任务可以通过 HTTP 或 gRPC 两种方式访问所提供的服务。最后,该系统结合 Kubernetes 云原生的服务发现与负载均衡机制,在 100QPS* 的并发量下依旧拥有很好的响应效率。

1.3.3 大规模云数据中心资源智能管理与调度关键技术

本节研究目标是完成基于深度学习的云数据中心资源智能管理与调度系统的研发,其

---

* QPS 是每秒查询率(queries per second)的缩写。

资源利用率达到同期国际先进水平,任务群调度时间减低 50%。

云数据中心资源智能管理与调度系统的总体要求是:设计并实现一个完整的调度系统,能够在基于集群联邦架构的 Kubernetes 分布式系统中高效地通过深度学习等方法对任务进行调度。Kubernetes 在 v1.3 版本后增加了集群联邦功能,该功能支持可扩展部署,从而满足数十万台服务器要求。系统开发框架图与接口设置如图 1－7 所示。

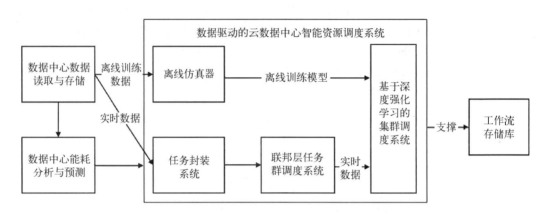

图 1－7　数据驱动的云数据中心智能资源调度系统框架图

智能资源调度系统主要由两部分组成:联邦层智能并合调度器和集群内部深度强化学习调度器。通过两层调度器串联进行任务调度以减小对数十万台服务器进行资源管理的难度,同时将数十万台服务器划分成各个集群有利于对集群的管理和避免个别服务器故障影响所有集群服务器。深度强化学习模型在训练中需要与环境进行交互,这里采用无模型(model-free)的强化学习方法,根据 Kubernetes 具体集群环境编写了能够反映真实环境的仿真环境 DeepKubernetes(DeepK8s),用于对深度强化学习模型进行训练。同时实现了根据真实集群的日志数据生成对应任务并提交到集群的任务封装系统。最后通过联邦层智能并合调度和集群内部 DeepKubernetes 深度强化学习调度对整体集群进行智能化资源管理。

1.3.4　大规模云工作流智能管理与调度关键技术

本节介绍大规模云工作流智能管理与调度关键技术,完成核心算法设计及初步实验,将云工作流和云服务请求的接受率相比当前主流水平提升 20% 以上,并满足不同用户的服务质量要求。

首先,利用云数据中心运行的历史数据、计算资源状态和云工作流日志等,将多云数据中心之间的通信建模为工作流任务依赖关系,解决复杂多云环境下日志挖掘问题,基于智能启发式算法处理日志数据噪声,完成云工作流的流程挖掘。进而结合用户实际需求状况,研究分析云工作流的流程特征并设计数据驱动的智能流程挖掘策略,提出基于传输、计算时间预测的数据、计算密集型云工作流调度方法,实现数据驱动的云工作流智能管理与动态调度。

其次,根据云工作流任务多方面的特征,分析并确定优先级参数,综合考虑云工作流任务价值和用户任务执行紧迫度两种属性,建立云工作流任务权重,提出基于动态优先级和任务权重的任务调度策略,确保任务尽可能在最佳调度时间内执行。针对非抢占式云工作流任务调度导致高优先级陷入较长等待期的问题,提出一种基于用户优先级和任务权重的抢占式调度策略,保证高优先级用户任务被优先处理执行。进而建立支持云工作流任务优先级和权重的多任务并行云工作调度架构,实现用户优先级和任务权重感知的并行云工作流调度算法。

另外,基于云工作流网络拓扑、数据传输链路带宽利用率以及工作流任务计费策略等信息,分析云工作流数据间的关联关系,满足云工作流任务计算和访问需求以及多云数据中心传输能力约束条件,研究云工作流应用到不同云数据中心的映射技术,在确保不同云数据中心负载均衡的前提下最大化云工作流处理服务质量,最小化云工作流执行过程中网络传输引起的开销,进而提出基于网络感知的大规模云工作流的多云数据中心优化调度算法。同时,结合动态空闲网络带宽资源的变化规律,充分利用动态空闲资源完成大规模工作流数据传输,最大化网络资源的效用,降低多云数据中心数据的云工作流执行传输时间,提出动态网络资源环境下的多云数据中心高效用传输调度算法以及涵盖任务级调度和服务级调度的两级云工作流调度策略与集成机制,主要技术架构如图1-8所示。

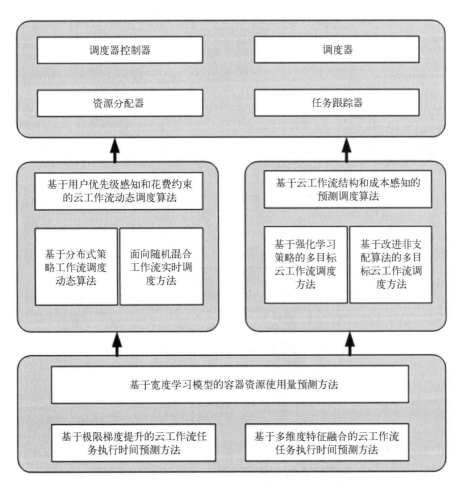

图1-8 大规模云工作流智能管理与调度具体实施技术架构

1.3.5 云数据中心智能管理系统研制及应用示范

工业互联网领域的相关应用需要大规模云计算资源的支撑。通过在工业互联网领域的示范,验证运行数据管理、运行能效建模与预测、资源管理与调度、云工作流管理等优化达到设计的性能指标,满足用户在时间和成本等多方面的差异化需求。通过在工业互联网的重点应用,起到良好的辐射示范作用。

围绕上述目标,如图 1-9 所示,展开了云数据中心智能化管理与运维体系架构设计、云计算/云管理相关规范制定以及系统的开发工作。

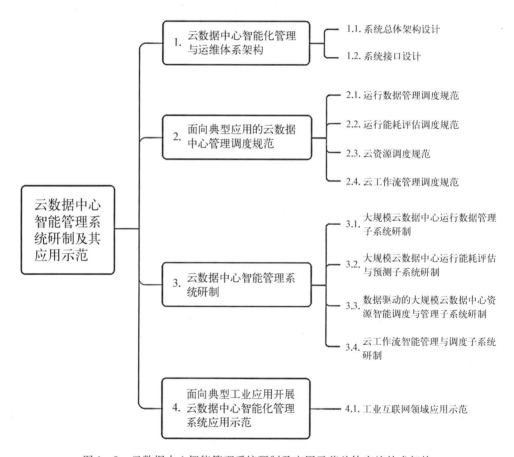

图 1-9　云数据中心智能管理系统研制及应用示范总体实施技术架构

1.4　本章小结

本章面向云数据中心智能管理提出五个研究内容:大规模云数据中心运行数据管理关键技术研究、大规模云数据中心运行能效评估与预测关键技术研究、大规模云数据中心资源智能管理与调度关键技术研究、大规模云工作流智能管理与调度关键技术研究,以及云数据中心智能管理系统研制及应用示范。基于上述研究内容,深入剖析云数据中心智能管理研究现状和主要技术挑战。针对云数据中心智能化运行与管理面临的挑战与问题,研究数据驱动的云数据中心智能管理技术与平台,实现云数据中心智能管理系统研制及应用示范。

第2章 大规模云数据中心运行数据管理关键技术

本章的主要研究内容包括大规模云数据中心运行数据的自适应式和多源采集技术、运行数据预处理技术和方法、冗余数据发现和删除技术、海量运行数据高效压缩技术、分布式的运行数据安全存储模型和方法以及支持明文和密文的异构运行数据高效检索方法,具体研究内容如下。

2.1 多云数据中心运行数据采集方法

针对多云数据中心高效采集多源运行数据这一核心问题,通过对数据抽样技术的深度探索,提出了数据驱动的、基于概率性采样的、自适应性抽样采集技术,该技术能够根据云数据中心拓扑、网络协议和历史运行数据特点学习抽样模型,抽样具有代表性的节点。对每个服务器节点中不同设备粒度的数据源进行分析,根据其自身特性,提出了面向不同设备粒度的多源数据采集技术。进一步地,考虑到未来云数据中心的发展趋势,对面向静态终端和可移动终端的数据采集方法进行了优化提升。基于以上研究,设计了多云数据中心运行数据采集整体架构。

本节的研究目标是实现能够支持多云数据中心的具有自适应性的多源数据采集技术。下面将依次介绍自适应数据采集方法和多源数据采集技术,自适应多源采集整体框架如图2-1所示。

2.1.1 基于概率性采样的自适应性采集技术

为了实现实时级别的数据采集,本节对自适应抽样技术进行了进一步探索。提出数据驱动的基于概率性采样的自适应性抽样采集技术,根据云数据中心拓扑、网络协议和历史运行数据特点学习抽样模型,抽样具有代表性的节点;降低数据采集量进而降低采集时间,实现实时采集;在Trace2017中,0.1抽样率时,相对误差约为6%。

基于随机抽样方法、R3S2抽样方法、NU恢复方法和ML恢复方法,测试了不同抽样率和不同指标的重建误差,测试数据由来自阿里巴巴2017日志的10 000个容器的运行数据,其中本节提出的R3S2抽样方法+ML恢复方法具有最小的重建误差,测试结果如图2-2所示。

1. 形式化定义

如图2-3所示,无先验数据的抽样f_0、运行数据采集h和完全恢复g。假设有t个时刻云数据中心的运行数据,此处并不约束时刻之间的间隔,这t个时刻的运行数据真实总体为$P = \{P_1, P_2, P_t\}$,其中P_i是一个列向量,$P_i = \{x_{i1}, x_{i2}, \cdots, x_{in}\}^T$,其长度为单个运行数据真实总体中的个体(即主机、虚拟机或容器等)数量n;这t个时刻的运行数据样

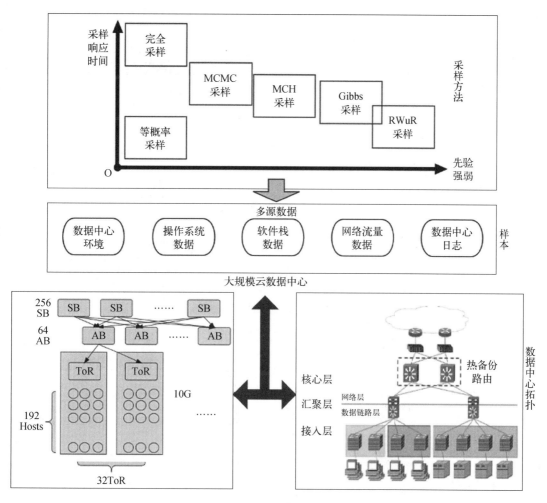

图 2-1　自适应多源采集整体框架

本为 $S = \{S_1, S_2, \cdots, S_t\}$，其中 S_i 是一个列向量，$S_i = \{x_{ia1}, x_{ia2}, \cdots, x_{iam}\}^T$，其长度为单个运行样本中个体的数量 $m(0 \leq m \leq n)$，S_i 中的任意元素必等于 P_i 中的某个元素。称函数 $f_0: (i, n) \rightarrow \{a_{i1}, \cdots, a_{im}\}(1 \leq i \leq t)$ 为在这 t 个时刻对运行数据 P_i 进行的无先验数据抽样，抽样结果为 $A_i = \{a_{i1}, \cdots, a_{im}\}$；称根据抽样结果 A_i 发送采集指令，收集 A_i 中的个体的运行数据，传输收集到的运行数据到中心节点的过程为根据抽样结果 A_i 进行的运行数据采集，其采集结果为 S_i，将这一过程记为函数 $h: A_i \rightarrow S_i(1 \leq i \leq t)$；称函数 $g: S_i \rightarrow P_i(1 \leq i \leq t)$ 为由抽样得到的采集结果 S_i 进行运行数据的完全恢复，完全恢复的结果为真实总体 P_i。

2. 数据采集算法分析

马尔科夫假设下的抽样和预测恢复

一般来说，云数据中心运行数据的分布特征是根据其先验数据学习得到，根据其特征选

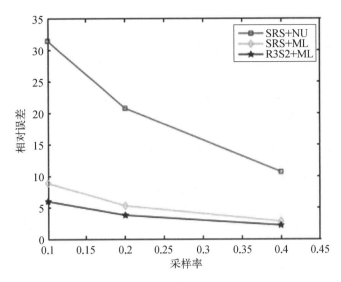

图 2-2　不同抽样方法的重建误差

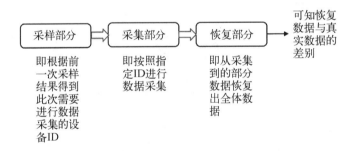

图 2-3　无先验数据的抽样 f_0、运行数据
采集 h 和数据的完全恢复 g

择最适当的运行数据抽样、采集和恢复方法。因此,抽样过程引入先验数据对于学习云数据中心运行数据的分布特征来说是必要的。但是,引入多少先验数据以及这些数据应当如何利用是问题的关键。

下面说明假设由于真实总体未知,希望推导出建立在抽样采集结果上的马尔科夫性。即在 $t+1$ 时刻的采集并预测恢复的运行数据总体仅与 t 时刻的采集并预测恢复的运行数据总体有关,与 1 到 $t-1$ 时刻的采集并预测恢复的运行数据总体无关,即运行数据预测恢复总体的马尔科夫假设,如图 2-4 所示。

如图 2-5 所示,称函数 $f: S_i - 1 \rightarrow A_i (1 \leqslant i \leqslant t)$ 为在这 t 个时刻对运行数据 P_i 进行的基于马尔科夫假设的运行数据抽样(以下简称马尔科夫抽样),抽样结果为 $A_i = \{a_{i1}, \cdots, a_{im}\}$;称函数 $\tilde{g}: S_i \rightarrow \tilde{P}_i (1 \leqslant i \leqslant t)$ 为由抽样得到的采集结果 S_i,进行的运行数据的预测恢复,预测恢复的结果为预测总体 $\tilde{P}_i$。

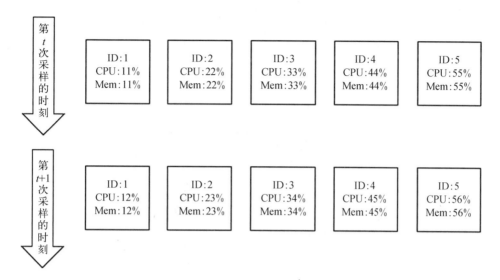

图 2-4　第 t-1 和第 t 时刻采集到的运行数据之间可能存在明显的关系

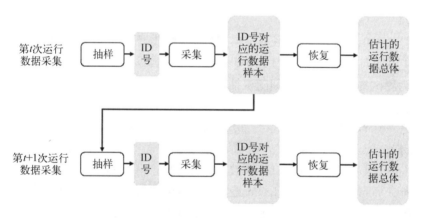

图 2-5　真实总体和预测恢复总体的马尔科夫假设下的采集模型

3. 基于深度强化学习的自适应数据采集

图 2-6 显示了深度强化学习驱动的集群抽样采集总体方案。首先,随机化 DQN（deep Q-learning network）参数,然后生成随机的抽样方法及参数,并进行一次抽样,获得被采集容器的 ID。再然后,根据被采集容器的 ID 在数据集中找到当前时刻的运行数据,并根据固定的重建算法,计算出重建误差,奖励函数是重建误差和抽样个数的函数,DQN 获得奖励后更新参数,进行下一次训练,直到时间戳用尽。

4. 基于 LSTM 重建的端到端数据抽样

本节将建立端到端的优化模型,相对于随机抽样并采用 LSTM 重建来说,本节的端到端数据驱动抽样模型和 LSTM 重建的结果误差比随机抽样和 LSTM 重建的结果要低 30% 左右。与之前算法的区别是,本节的抽样模型不是随机的或者某种固定算法,而是通过数据驱动学习到的一种抽样模式,其输入是历史数据,输出是抽样动作。

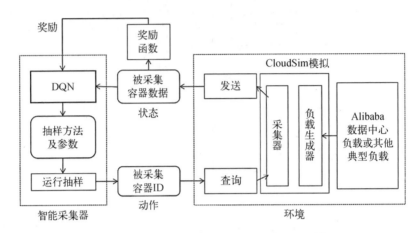

图 2-6 基于深度强化学习的自适应数据采集

1)数据

机器数量 1 300,采集序列总长度 144,机器运行数据总类 1,取值范围为 0~100。共有 1 300×134 组序列数据,数据从(1 300×0.5)×134 条数据中随机抽样机器作为训练集,剩下的机器作为测试集,而非按照时间随机抽样。

2)优化

优化算法:Adam 算法。

Mem 表示历史运行数据,state 表示当前运行数据。

PredictNet:LSTM 个数为 1;LSTM 层数为 1;seq_len=10(依据前 10 次采集预测当前值);隐藏层=channel_num;h_0、c_0 是 0;以 LSTM 最后一个时刻的输出为预测结果,即 state 中的 h。

ActionNet:三层全连接,每层全连接后接一个 ReLu 激活函数,隐藏单元个数均为 32,然后增加一层全连接,使得输出为 1×1 300 的向量,最后加一层可导的 KMax 层,使得输出的 action 为 0-1 向量,向量中数值较大的 K 个为 1,较小的 K 个为 0,求导规则为按向量值将导数加权分配给较大的 K 个位置。

3)流程

数据归一化:$(x-50)/50$,此时数据取值范围为 $-1~1$。抽样率设置为 40%。训练时进行 4 万次训练,每个时刻用一个 batch,每个 batch 数据从训练集中随机抽样得到,不进行抽样操作,序列中只包含采集值。测试时每个时间戳求一次均方根误差,进行抽样操作,序列中可能包含之前的预测值和采集值。预测时仅预测未采集的机器。

4)抽样率:50%

训练集和测试集划分:因为 seq_len 长度为 10,所以共有 1 300×(144−10)组数据。通过实验和可视化图像得知,依据时间划分并不能满足训练集和验证集、测试集的独立同分布假设,导致无法得到正常效果。

5)训练集

总共进行 1 万次训练,每次训练一个 batch,每个 batch 数据从(1 300×0.5)×134 条数据中随机抽样机器,而非按照时间随机抽样。训练时也进行抽样,并将采集的数据和预测的数据拼接起来,用于预测下一时刻。

5. 深度抽样采集

利用深度模型建模抽样过程,尝试了深度强化学习的各种框架、基于梯度下降类方法的监督学习框架(回归、分类等),设置了不同的优化目标和策略(如分步优化、端到端优化),应用了 CNN 类、RNN 类和 FNN 类等各种模型和 SkipConnect 等模块,但是没有取得比随机抽样更好的效果。原因可能是输入的集群状态和近似最优抽样决策之间可能没有关联,或者这种关联并非函数关系,不能够被深度模型建模和优化出来(比如同样的集群状态下其最优抽样决策可能并不相同,而且这种情况并非偶然而是经常发生的),而之前提出的比随机抽样更精准的抽样方法也并非是基于集群状态做决策的,而是基于历史抽样决策的。为了验证这种假设,将集群规模缩小为 20 台机器,将输入改为历史决策向量,仅仅使用 8 层全连接模型(其中几层为 SkipConnect),就取得了比随机抽样更好的训练效果和测试效果,而且可以进一步更换模型和优化算法,使用参数更多、结构更复杂的模型和框架(如 GAN 框架、DRL 框架等)逼近最优抽样。

图 2-7 是实验结果,其中 gru+gru 并没有进行测试。gru 抽样加 cache 重建比 random 抽样加 cache 重建的准确度无论是在训练时还是测试时都要好,误差都更低。

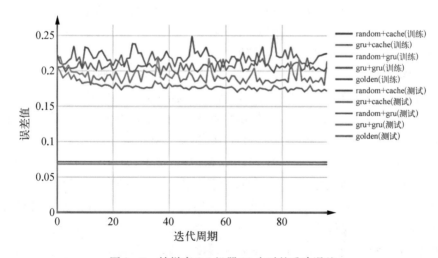

图 2-7　抽样率 0.4 机器 20 个时的重建误差

图 2-8 是针对每个机器,相较于最优抽样决策(采集或不采集)和错误决策的数量,可见随机抽样大约有 0.48 的决策不是最优的,而 gru 加 cache 的抽样决策中仅有 0.41 的决策不是最优的。

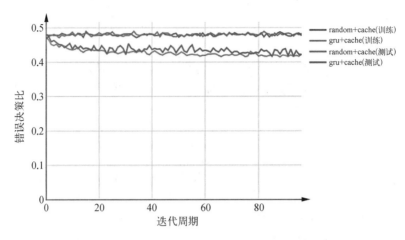

图 2－8 抽样率 0.4 机器 20 个时的错误决策比

6. 大规模云数据中心数据采集的自适应抽样模型优化

云数据中心的运行数据通常用来进行能耗分析和管理、工作流调度、任务调度的多项云数据中心智能管理任务,随着云数据中心的规模越来越大,数据驱动的云数据中心运行数据采集成为一个重要的研究问题。本研究的目的在于提供一种能够克服上述技术问题的大规模云数据中心数据采集的自适应抽样模型优化方法。该方法整体过程如下所示:

（1）获得与待采集大数据独立同分布的全采集数据用以离线训练和测试;

（2）建立抽样模型、重建模型、估计代价函数、误差评估函数和损失函数;

（3）将全采集数据划分为独立同分布的训练集 D_{train} 和测试集 D_{test};

（4）抽样和重建模型联合训练、测试和选择;

（5）抽样重建模型在真实应用场景部署。

自适应抽样模型建立。具体而言,本研究首先建立了抽样模型、重建模型、预测代价函数、误差评估函数、损失函数。抽样模型在时刻 t,输入记忆张量 M_t,维度为 $H \times N \times K$,抽样率为 r,其中 H 为记忆的时间序列长度,输出抽样决策向量;重建模型在时刻 t 输入记忆张量 M_t,在时刻 t 采集的数据 d_t,抽样决策向量 b_t,输出重建数据 $\tilde{d}_t$;预测代价函数 cost 在时刻 t 输入抽样决策向量 b_t,大数据采集模拟环境 $S_t = \text{simulate}(D_{tt}; p, t)$,输出抽样代价 c_t;simulate 是大数据采集环境模拟器,p 是模拟配置参数,simulate 输出采集数据 d_t 和真实数据 $\bar{d}_t$;误差函数 error 在时刻 t 输入重建数据 $\tilde{d}_t$,真实数据 $\bar{d}_t$,输出重建误差 e_t;损失函数 loss 在时刻 t 输入抽样采集代价 c_t,重建误差 e_t,正则参数 z_t,输出损失值 l_1;梯度更新算法 optimize 在时刻 t 参数为 po_t,输入模型参数的梯度值 g,原模型参数值 pm_t,输出更新后的参数值 pm_{t+1},模型和函数依据不同场景采用不同计算公式。其后,将数据划分为训练集和测试集:设定训练比例 α,将数据集从时间维度前后划分为 d_α、$d_{1-\alpha}$,也能够采用其他数据划分方法,但要保证 d_α 和 $d_{1-\alpha}$ 满足独立同分布假设。接着,对抽样和重建模型进行联合训练、测试和选择。最终,在真实应用场景部署抽样重建模型。

自适应抽样模型性能。本研究成果所述方法能够在多个方面为云数据中心数据采集任务提供有效支撑。能够建立抽样模型并实现基于梯度抽样模型的优化,在大规模云数据中心的场景下和现有数据集中,通过优化完成的抽样模型降低了所需采集目标的数量,同时降低了采集代价并保持了重建精度;该方法抽样模型根据残缺历史数据自适应学习参数,输出抽样决策向量,在个体数量规模大的大数据采集场景中,能够动态地根据场景数据特征自适应地给出抽样决策;该方法从残缺的历史数据中学习数据特征,优化目标综合考虑采集代价和重建误差,端到端地优化抽样模型和重建模型,实现了数据驱动的抽样模型优化,在抽样降低采集数据量并进而降低采集延迟的基础上,进一步实现了抽样模型和重建模型的端到端优化,提供了一种抽样模型优化策略;该方法针对大规模云数据中心的数据采集场景,通过显式建模抽样、重建过程,结合真实的数据采集结果,在抽样决策的最后一步添加可导的二值化层,得到抽样决策向量,从而降低了采集代价,通过综合评估重建结果和采集代价,使得能够通过梯度下降法同时优化抽样模型和重建模型,提供了一种抽样模型优化方法,从而解决了大规模云数据中心运行数据采集场景中抽样方法评价难的问题和抽样模型优化无目标的问题,解决了大规模运行云数据中心的实时采集问题,提供了一种根据历史采集数据进行自适应抽样的方法;该方法能够降低采集延迟,同时针对运行数据的多个潜在应用提出了统一的采集优化目标,充分利用数据内存在特征,在综合考虑采集代价和重建精度并在采集前未观测全部数据的情况下,通过建立并优化抽样模型,根据残缺的历史记录自适应地进行云数据中心运行数据的抽样采集。

2.1.2 面向不同设备粒度的多源数据采集技术

为有效提高云资源利用率,人们期望将多个云数据中心的历史状态数据,例如物理机、虚拟机和容器的 CPU 使用率、内存使用率、网络 I/O 等多数据源的状态信息进行采集和存储,通过对这些历史状态信息的分析,实现对未来一段时间内的用户请求负载进行预测,并进行有针对性的资源分配,从而达到减少能源消耗的目的。如图 2-9 所示,云数据中心的运行数据不仅包括计算设备(例如网关路由器、物理服务器)的状态信息(例如设备 ID、网络传输速率、计算单元频率)等,还包括环境、非计算设备(例如制冷系统)、工作流任务、虚拟机、容器等多维度、多层次的数据,因此如何解决多源数据的高效采集是本研究的重点。

本研究聚焦云数据中心多源运行数据的采集和存储问题,通过设计高效的运行数据采集、存储方案,为后续运行数据分析和利用提供数据支撑。

分布式采集及存储方案。如图 2-10 所示,针对现实应用中对运行数据的需求,提出一种基于 gRPC 的分布式高效运行数据采集和存储方案,能够实现对大规模云数据中心产生的 CPU 利用率、内存利用率、网络 I/O、文件读写等运行数据进行及时的采集和存储。首先,提出了分布式数据采集架构,在图 2-10 所示的集群构架基础上,将 ZooKeeper、Hadoop、HBase、Kafka 等集群进行部署。然后,使用 Prometheus、node-exporter 等采集软件,对云数据中心的物理机、虚拟机、容器等对象的运行数据进行采集,然后将采集到的运行数据发送到多个 Kafka 分区,由系统从分区中的运行数据进行读取并存储到 HBase 集群中。

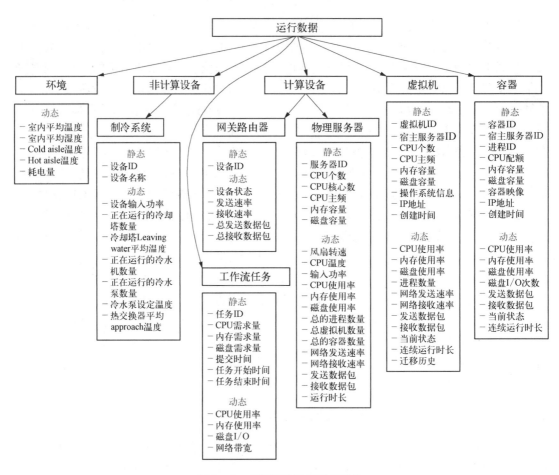

图 2-9　多源运行数据采集架构

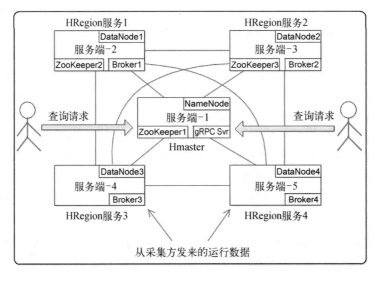

图 2-10　分布式运行数据采集和存储集群架构

2.2　质量感知的数据预处理技术

在实际应用中,从云数据中心采集到的运行数据往往含有噪声和冗余数据,因此需要对采集到的运行数据进行预处理工作。本节针对云数据中心运行数据本身的特点以及后续针对运行数据进行的智能分析算法特点,提出质量(如分类准确率、回归分析误差)感知的数据预处理技术,旨在几乎不影响质量的同时,大大缩小后续对于运行数据进行机器学习分析所需要处理的数据量。基于该技术,完成了针对多云数据中心运行数据的预处理系统实现。

数据预处理在云数据中心的运行数据处理工作流中具有重要作用。具体而言,运行数据通常包括云数据中心环境(温度、湿度、冷却塔功率等)、操作系统层数据(CPU、内存、磁盘、系统带宽等)、软件栈数据(如 Spark、Hadoop、数据库等软件栈)、网络流量数据(传输负载、协议等)、云数据中心日志(网络日志、系统日志、审核日志等),根据后续云数据中心智能管理的需求,进行数据预处理。数据预处理技术一般包括数据清洗、数据集成、数据归约,对原始数据进行分析处理,移除或填充缺失数据,识别和平滑噪声数据,合并多源数据,为下游数据应用提供高质量的数据,提高后续数据应用的准确率和效率,为智能决策的实时生成保驾护航。

其中,数据清理尤为重要,数据清理通常涉及迭代执行错误检测和错误修复,通过填补缺失数据,识别和平滑噪声数据以及纠正不一致的数据,识别和移除异常数据、冗余数据,从而获得相对准确、完整和一致的数据。

数据清理能够有效提升数据质量。现实世界数据的普遍特征包括不正确、不一致和不完整。导致数据不正确的因素有很多:收集数据的设备存在故障,人们在填写数据信息时故意提供错误的数据,数据在传输的过程中出错(如网络传输过程中某些位的错误)。不完整的数据除了在收集时被人恶意提供或者因程序错误而产生,还可能是在数据的存储和使用过程中,被判定为与其他不一致、不正确的数据相似而被删除,虽然在当时删除该类数据是正确的操作,但却对后面的数据分析和使用产生了影响。存在缺失数据、噪声数据、离群点的原始数据需要通过有效的手段填充或删除缺失的数据,如直接删除属性缺失很多的记录,使用众数、均值等填充缺失数据,或者用更智能化的方法学习原始数据分布以预测并填补缺失的数据;根据数据的基本统计特征识别并平滑可能存在的数据噪声;探测并移除离群点,典型的方法包括基本统计方法、高斯混合模型、非参数化贝叶斯算法等。从而移除可能导致数据不正确、不一致的缺失值、噪声和离群数据,改善数据质量。

2.2.1　缺失值处理

在缺失值处理过程中,无论是简单直接地删除存在缺失值的数据实例还是用预测值(如平均值、众数、中位数等)替换缺失值以获得完整数据集,抑或是通过其他策略填补缺失值,了解数据缺失值出现的机制都是十分重要的。

(1)完全随机丢失,即数据实例具有属性缺失值的概率不依赖于已知值或缺失数据,可

以应用任何缺失值数据处理方法,并且不会给数据带来偏差;

（2）随机丢失,数据实例具有属性缺失值的概率可能取决于已知值,而不取决于缺失数据本身的值;

（3）非随机缺失,数据实例具有属性缺失值的概率取决于该属性的值[88]。

基于以上缺失值产生机制,针对云数据中心运行数据的缺失值处理,提出如图 2－11 所示处理方案,能够将 NaN 等空白值进行填充。

图 2－11　数据缺失机制及通用处理方案

2.2.2　离群点

可以把离群点检测方法大致分为基于统计学的方法（如 GMM[89]、PPCA[90]、LSA[91]）、基于近邻性的方法（如 ABOD[92]、SOD[93]）和基于分类/聚类的方法（如 SVM[94]、One-class SVM[95]、K-means[96]、K-Medoids[97]、动态聚类[98]）三种。基于统计学的方法假设正常的数据集满足某个统计模型,显然离群点不满足该统计模型;基于近邻性的方法则判断数据对象之间的距离,通过某种距离度量方法,将偏离数据集中其他数据对象的数据对象视为离群点;基于分类/聚类的方法考虑将数据集划分为簇,那些属于小的偏远簇或不属于簇的数据对象即为离群点。

2.2.3　标准化

数据标准化技术是将数据按比例缩放,使之落入一个小的特定区间。在某些比较和评价的指标处理中经常会用到标准化,去除数据的单位限制,将其转化为无量纲的纯数值,便于不同单位或量级的指标能够进行比较和加权。

针对云数据中心运行数据多维、多指标的特点,根据不同的属性,对每个维度的数据分别进行标准化计算,提升其可靠性,避免某些属性值的范围过大或过小导致的统计偏差。

2.3　运行数据冗余发现与删除技术

除了数据完整性和一致性外,冗余数据也需要处理,本节对云数据中心多源运行数据中的冗余性进行了研究。一方面,将相似数据进行聚合从而生成数据压缩点,基于压缩点概念提出了高效的冗余数据处理技术,将运行数据中关键性较低的实例进行移除。另一方面,考虑到运行数据的规模以及冗余处理任务的复杂度,提出了面向云数据中心环境下冗余数据处理任务的集群调度优化技术,进一步提升冗余发现与删除的效率。基于以上研究成果设计并开发了运行数据冗余发现与删除系统。

2.3.1 基于压缩点的冗余数据处理技术

当前,海量数据被广泛应用于训练智能学习算法(如机器学习、深度学习等),数据的规模与质量严重影响智能算法的运行效率与性能表现(如准确率)。常用的分布式引擎(如 Spark、Flink)以及分布式智能架构(如参数服务器)中跨节点的并行性能够在一定程度上解决大规模数据的处理效率问题,但智能模型频繁更新的参数造成了极高的计算和通信开销,成为数据处理的瓶颈。因此,如何设计并实现一种高效的冗余发现与删除技术使得严重依赖数据集的智能算法更有价值,使得数据计算过程更有效率,成为本研究的关注点。

本研究提出一种如图 2-12 所示的面向海量数据的迭代机器学习冗余数据删除方法,旨在解决两个关键问题:能否利用量化指标有效评估输入数据点是否冗余;如何在迭代训练过程中有效删除冗余数据,以提升训练性能。

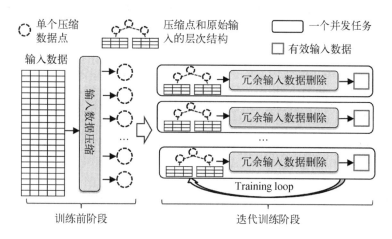

图 2-12　整体方案

1. 数据实例关键性

具体而言,探索数据实例的"关键性"问题,通过数据预处理,分析数据的关键性,根据关键性的不同程度对不同数据实例加以区分。首先,本研究针对数据点如何影响模型参数更新的问题进行了研究。一个典型的迭代机器学习算法,从初始(随机)的模型参数出发,在每次迭代中不断使用梯度下降的方法更新参数。因此,如何评价一个数据点 (x, y) 对参数更新的影响,可以通过这个点在所有参数上的梯度的平方和来衡量:

$$e(x, y, \Theta) = \sum_{\theta \in \Theta} \{g[(x, y), \theta, \Theta]\}^2 \tag{2-1}$$

2. 压缩点生成

基于上述架构和指标,数据预处理模块通过压缩点来近似表示原始输入数据点并保护它们的相似性,即每一个压缩点均代表多个相似的原始数据点。具体而言如下。

(1)数据降维。使用增量奇异值分解(singular value decomposition, SVD),将原始 $N \times d$ 的输入数据集(稀疏或稠密),降维为 $N \times v$ 的稠密数据集($v \ll d$)。增量 SVD 具有两个优秀特性:① 它最小化原始数据集和降维后数据集之间的差距(Frobenius 范数);② 它的执行时间独立于维度 d,可以快速地处理高维数据集。

(2)基于 LSH 的数据划分。将 $N \times v$ 的降维数据集中的 N 个数据点划分为 2^v 个子集,每个部分包括 $\dfrac{N}{2^v}$ 个相似数据点。具体来说,从整个数据集开始,递归地进行 v 次划分。每一次划分选择一个维度,根据该维度的值将每个子集的数据点从小到大排序,并将排好序的点均分为 2 个部分。这种划分保证了每一部分的点,都包含了相似的属性值。

(3)信息聚合。根据步骤(2)的划分结果(即 2^v 个子集),这步将每个子集所对应的原始输入数据点(不是降维数据点),压缩其属性信息,转换成一个压缩点。在 d 个维度上,压缩点的每一个属性值,都是该子集上所有原始数据点在对应维度属性值的平均值。

通过压缩点生成这一数据预处理模块,能够获得一个包括关键数据实例(压缩点)集的层次式结构,每一个关键实例代表了一个原始输入数据实例集的子集,一个子集内的数据实例会具有相似的属性。例如,对于图像而言,一个子集内的所有图像将在亮度、饱和度、内容结构等方面较为相似。一个需要注意的地方是,数据预处理模块中的关键数据实例生成阶段只需要进行一次。

3. 压缩点训练

基于生成的压缩点,在迭代训练阶段,预处理模块需要以下几步。

(1)生成 m 个粗粒度的压缩点,同时对于每一个压缩点,生成多个相对应的细粒度压缩点。

(2)针对每个粗粒度压缩点($a^{(i)}$, $y^{(i)}$),计算其对参数更新的影响值 $e^{(i)}$ ($1 \leqslant i \leqslant m$)。

(3)使用有效点上界筛选压缩点,删除冗余数据。具体来说,对于影响值大于上界的压缩点(即处理该点对参数更新有明显影响),将其加入有效点数据集 U。 否则,判断其影响值 $e^{(i)}$ 是否大于有效点下界(小于下界则对参数更新没有影响)。将大于下界的粗粒度压缩点,进一步获取其对应的细粒度压缩点,计算这些点对参数更新的影响值,并将影响值大于有效点上界的细粒度压缩点加入 U。

(4)返回所有有效点数据集 U 中压缩点对应的原始输入数据。整体架构如图 2 - 13 所示。

经过上述数据预处理模块的计算,关键性的数据实例数量将远远小于原始数据集,而关键性的数据实例对智能模型能够产生更大的影响,因此能够在保证智能模型性能的前提下,大大降低数据处理开销。

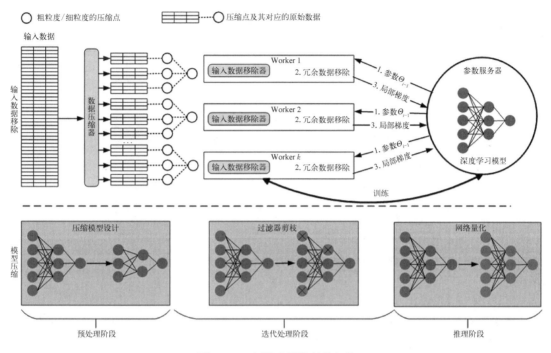

图 2-13 压缩点训练整体架构

2.3.2 面向云数据中心集群调度的冗余数据处理优化技术

在主流云平台中,包括运行数据冗余发现与删除在内的高优先级、长时间运行的服务类作业和低优先级的短时作业共享资源。短时作业(如批处理数据分析和软件开发/测试)占大部分的比例。这使得运行数据冗余发现与删除等复杂作业的执行效率受到很大影响。

为了实现高效率的数据收集,本研究将集群调度器配置过程建模为马尔可夫决策过程,训练深度强化学习智能体优化集群调度器配置。代理在系统运行时,根据复杂和动态的集群状况(包括负载、可用资源和调度限制条件),实时优化大规模集群中的调度器配置,最小化作业完成时间,整体结构如图 2-14 所示。

把集群调度器配置问题形式化为马尔可夫决策过程(Markov decision process,MDP)。在每个离散时间段 t,MDP 由状态集合 S、动作集合 A、动态传递 $0 \leqslant P(s_{t+1} \mid s_t, a_t) \leqslant 1$ 和奖励函数 $R(s, a)$ 定义的可控随机过程。在 MDP 框架下,利用 DRL 代理根据环境(集群)中的观察状况 s_t,决定挑选的动作 a_t(即集群调度器配置),并从环境中获得奖励函数 $R(s_t, a_t)$ 和下一个观察状态 s_{t+1}。状态、动作、动态过渡和奖励函数的具体定义如下。

1. 状态

把状态 s_t 定义为 4 个部分:

$$s_t = (J_t^{wait}, J_t^{run}, O_t^{wait}, J_t^{wait}) \tag{2-2}$$

式中,J_t^{wait} 为等待作业的集合;J_t^{run} 为运行作业的集合;E_t 为可用资源;O_t 为先前队列和目前等待工作的约束。通过分析谷歌和阿里巴巴云平台真实日志,状态的具体特征如下。

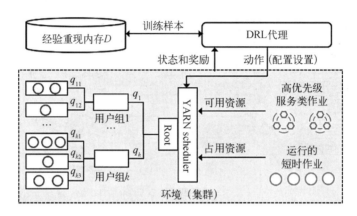

图 2-14 深度强化学习驱动的集群调度器管理

1) 作业(J)

一个作业 $j \in J$ 由三部分组成(t^{submit}, prio, task):① t^{submit} 是 j 的提交时间;② prio 为 j 的优先级,不同应用类型的作业有不同的优先级;③ task 是 j 的任务集,每一个任务都是由执行次序和 CPU 和内存资源的用法组成。

2) 资源(U)

集群中的可用资源量。在主流云平台中(如谷歌和阿里巴巴),Linux 容器被用来隔离资源和统计使用资源。每一个容器 $u \in U$ 有三部分(plat, CPU, mem):plat 为节点的平台类别,代指其微结构(CPU 类型)和内存技术的结合;CPU 和 mem 分别指节点中授权的第二核心和内存工作空间。

3) 调度约束(O)

约束 O 由两部分组成(O^{queue}, O^{job}):$O^{iqueue} \in O^{queue}$($1 \leqslant i \leqslant k$)表示队列中第 i 个约束,如每个队列资源的最大最小数量;$O^{ijob} \in O^{job}$ 表示工作 j 的约束,如工作位置(j 任务运行的设备)

2. 动作

在给定的 k 个之前队列约束中,a_t 表示一个代理设置的可能的配置。

$$a_t = (c_1^{queue}, \cdots, c_k^{queue}, c_1^{policy}, \cdots, c_k^{policy}) \qquad (2-3)$$

队列配置 c_i^{queue} 到 c_k^{queue} 决定了 k 个队列资源分配,c_i^{policy} 是队列 i 的调度方案。关于队列配置参数的记录有持续数值。例如,在 YARN 能力和平等调度程序中,容量参数和体积参数为确定真实的数值。本节使用的模型只用了有限个离散配置,因为只有它们能在队列中处理复杂资源分配。

3. 状态转换

在 MDP 中,状态转换 $P(s_{t+1} \mid s_t, a_t)$ 反映了集群中的动态性。在真实的调度场景中,这样的动态由三个因素决定:接受资源分配的工作 J_t^{allocate}、在 t 时间完成的动作 J_t^{complete} 和在 $t+1$ 时间新接受的工作 J_{t+1}^{arrive}。本节记录被调度配置影响的 J_t^{allocate} 和 J_t^{complete}。调度配置由动作 a_t 建立,由四个状态参数 $s_{t+1} = (J_{t+1}^{\text{wait}}, J_{t+1}^{\text{run}}, U_{t+1}, O_{t+1})$ 决定的。

$$J_{t+1}^{\text{wait}} = J_t^{\text{wait}} \setminus J_t^{\text{allocate}} \cup J_{t+1}^{\text{arrive}} \tag{2-4}$$

$$s.t. \ \forall j \in J^{\text{arrive}}, \ \exists a \in A, \ t_j^{\text{allocate}} \leq \bar{t}^{\text{end}} \tag{2-5}$$

$$J_{t+1}^{\text{run}} = J_t^{\text{run}} \cup J_t^{\text{allocate}} \setminus J_t^{\text{complete}} \tag{2-6}$$

式中,在时间 $t+1$ 的时间内 $(\bar{t}^{\text{start}}, \bar{t}^{\text{end}})$ 得到资源分配的工作被加入。另外,资源 U_{t+1} 根据最近的集群状态更新,约束 O_{t+1}^{job} 根据 J_{t+1}^{wait} 中的工作来更新。

4. 奖励函数

每一个时间段 t 中,奖励估算出动作 a 的控制表现。在集群调度中,通常由完成的作业平均时间来量化计算。因此 DRL 代理的目标就是将奖励最大化(最小化作业延迟)。

5. 深度强化学习代理训练

训练过程通过学习 DQN 网络,推导出每组状态动作 (s, a) 和值 $Q(\phi(s), a; \Theta)$ 之间的相关性。其中,Θ 表示 DQN 的参数;函数 Q 的值表示系统从初始状态开始,在状态 s 时采取动作 a 的累加奖励。需要注意的是,状态 s 的长度可能随时间不断变化,这是因为在集群中等待和运行的作业以及可用资源会不断变化。因此使用函数 ϕ 将 s 映射成固定长度,表示为 $\phi(s)$。

DQN 的训练步骤如下,其中 D 表示存放训练样本的经验重现内存。在离线预训练阶段,控制器收集足够的经验回放样本并用来训练准确的 DQN(即深度神经网络 DNN)。这可以让它在真正部署之前验证配置方案,避免在线作业调度中的不安全探索。在线训练过程有 m 个周期,其中每个周期代表一个独立作业调度过程,包括 n 个时间片。在每个时间片 t,代理和环境(集群)交互,得到观察状态 s_t,使用 ε 贪婪的方法选择动作 a_t:

$$a_t = \text{argmax}_{a \in A} Q(\phi(s), a; \Theta) \tag{2-7}$$

在获取了奖励 $R(s_t, a_t)$ 和下一个状态 s_{t+1} 后,将新的样本加入 D。而每经过 f 个时间片,DQN 模型就是用最新的内存 D 训练一次。

2.4 分布式、支持冗余备份的安全存储系统

本节实现了基于 Hadoop、HBase、Kafka、gRPC 的运行数据存储和检索系统,通过将数据

收集过程和数据存储过程进行解耦,采用多线程来实现数据收集和数据持久化写入,同时采用多种优化策略以及参数调优方法来提高运行数据存储系统的读写性能。在测试服务器搭建的集群上,运行数据存储系统存储的模拟运行数据记录超过 1 亿条,消息接收速率达到 73.6 万条/秒,数据持久化写入速率达到 33.9 万条/秒,平均每条运行结果数据记录的查询检索响应时间达到毫秒级。

针对分布式、支持冗余备份的安全存储系统,本节提出了基于密码学和数据安全技术的分布式运行数据安全存储模型,实现系统安全地存储任务数据。对于一个存储系统来说其他子系统需要从本系统中频繁获取数据,因此研究了基于 gRPC 消息处理架构的支持明文和密文的异构运行数据高效检索方法,该方法能够高效地进行数据检索并且能够使用明文和密文两种形式保证数据的安全传输。对于传输过程中运行数据体量大而造成传输代价过高的问题,设计了一种基于 Snappy 压缩算法和 BWT(Burrows-Wheeler transform)的运行数据高效压缩技术,该技术对运行数据进行压缩从而降低运行数据的存储和传输代价。

2.4.1 运行数据高效压缩技术

针对海量运行数据较高的存储和传输代价问题,分析运行数据的格式特点,研究高效的运行数据压缩方案,设计面向异构运行数据的高效压缩算法,减少运行数据体量,降低运行数据的存储和传输代价。

1. 数据压缩方案

现有的 Snappy 等数据压缩算法是基于 LZ77 压缩原理,具有压缩速度快、压缩效率高等优点。Snappy 是由谷歌公司开发的开源压缩软件,目前已经运用于谷歌的一些产品当中,同时 Snappy 也被许多开源软件系统所采用。本节采用基于 Snappy 和 LZ77 压缩原理的压缩方案。

1) LZ77 通用压缩算法的原理

LZ77 压缩算法把数据看成有限长的字符串,从当前需要进行编码压缩的位置开始,从滑动窗口的最左边开始,寻找最长的匹配字符串,并对匹配结果进行编码输出。LZ77 的原理如图 2-15 所示。

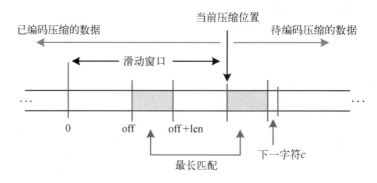

图 2-15 基于 LZ77 滑动窗口字典的压缩方法原理示意图

2）LZ77 的压缩算法主要步骤

（1）首先，从当前压缩位置开始，逐个字符考察未编码的数据，并试图在滑动窗口中找出最长的匹配字符串；如果找到了这样的匹配，则执行以下步骤（2），否则执行步骤（3）。

（2）这时候找到了当前最长的一次匹配，如图 2-15 两块阴影区域所示；算法输出三元符号组(off, len, c)。其中，off 为窗口中匹配字符串相对窗口最左边界的偏移值；len 为可匹配的长度；c 为下一个字符。然后将窗口向后滑动 len+1 个字符位置，继续执行步骤（1）。

（3）表示在滑动窗口中找不到匹配，算法将输出三元符号组(0, 0, c)。其中，c 为下一个字符。然后将窗口向后滑动 len+1 个字符，继续执行步骤（1），直到所有数据全部处理完毕。

LZ77 算法属于通用的数据压缩方法，没有考虑所需要压缩数据的一些特点，同时为了提高匹配效率而使用比较短的滑动窗口，因此压缩比不是很高。通过分析采集到的运行数据的特点，研究了如何在保证压缩效率的情况下进一步提高数据压缩比，并给出相应的压缩方案。

2. 针对运行数据特点的压缩方案

1）运行数据的特点

运行数据是由采集程序从云数据中心的服务器、虚拟机、容器、非计算设备等每隔一定时间段采集而来，这些运行数据一般在较长的时间段里是具有固定数据格式（注：根据应用的需求可以随时更改数据的格式，增加或者删除一些需要采集的度量指标）。

每条 JSON 格式数据记录对应于一个采集对象（在这里是容器），采集的度量包括容器的映像文件名称、容器名称、命名空间名称、结点名称等。当采用基于 LZ77 的压缩算法进行数据压缩时，为了保证压缩效率一般滑动窗口设得比较小，例如 65 536 个字节，因此在滑动窗口中包括有多条不同的 JSON 记录，使得数据的局部相似性比较低，即无法提高压缩比。

通过分析 JSON 格式运行数据记录的内容，发现如果将每条 JSON 记录中相同的度量（metric），即键相同的所有"键-值"对放在一起，能够显著提高数据的局部相似性。

从格式数据可看出，通过将相同的度量放在一起，度量的键（key）名称是一样的；同时，相同的键所对应的值（value）也具有高度的相似性，例如三条数据记录的 Pod_id 都具有相同的子字符串"-11e9-9cb6-fa163eeafd55"。当使用基于 LZ77 方法进行压缩时，更容易在滑动窗口中找到匹配的字符串，有利于进一步提高数据压缩比。根据以上的观察，设计了针对运行数据特点的压缩方案。

2）设计运行数据压缩方案

a. 数据压缩过程

（a）将初始输入缓冲区置为空；

（b）当缓冲区满时执行步骤（c），否则继续等待；

（c）将缓冲区中的 JSON 格式数据记录按相同度量名称进行排列放置；

（d）启动基于 LZ77 的压缩过程，将排列放置好的运行数据进行压缩，直到处理完输入缓冲区里所有数据；

（e）继续返回步骤（b），直到所有的数据压缩处理完毕。

b. 数据解压缩过程

（a）将初始缓冲区置为空；

（b）将压缩后的数据读入缓冲区，当读满时执行步骤（c），否则继续等待；

（c）启动基于 LZ77 的压缩过程，将缓冲区的数据解压；

（d）解压后的数据是基于相同度量排列的，因此需重新将每行度量进行排列，以组成完整的 JSON 格式运行数据记录；

（e）继续返回步骤（b），直到所有的压缩数据处理完毕。

以上是针对运行数据特点所设计的压缩方案，该方案的特点是对采集到的运行数据进行预处理，使得数据的局部相似性更高，从而有利于提高 LZ77 等基于滑动窗口的压缩方法的数据压缩比。

在实现的过程中，还需要考虑以下一些技术细节：第一，由于对每种相同类型的对象，采集的是相同的度量集合，因此可以考虑把每条 JSON 度量的名称，即键（key）的名称，建立一个字典并存放到压缩文件的首部，在压缩过程步骤（c）中对缓冲区的 JSON 记录进行重新排列放置时，只需要放置键值（value），从而可以进一步提高压缩比；第二，在 Snappy 压缩算法中，每次处理的数据窗口大小为 65 536 个字节，而在本节设计的压缩方案中，通过重新排列缓冲区中的"键-值"对的位置后，数据具有较高的局部相似性。因此可以适当的减小滑动窗口的大小，进一步提高匹配搜索的效率。

3）设计数据压缩算法

a. 基于 Snappy 压缩算法的设计与测试

（a）修改了 Snappy 算法的核心，即 LZ77 算法的数据结构，具体的改动包括：① 重写 EmitCopy 函数，以适应提出的数据结构；② 修改 LittleEndian∷Load32 函数；

（b）运行数据压缩算法性能测试。

使用谷歌的 Snappy 算法为测试标准，分别使用 4 GB 和 2 KB 的输入缓冲区，测试结果如表 2-1 所示。

表 2-1 运行数据压缩算法性能测试结果

预 处 理 方 法	压 缩 算 法	压缩率/%	压缩速率 /(MB/s)	解压速率 /(MB/s)
无	Snappy，4 GB	33.43	92.64	255.64
将相同主键值对的行放在一起的方法（1）	Snappy，4 GB	32.29	86.11	260.85
	本节的算法，2 KB	33.90	104.88	282.89
在（1）的基础上，采用 IP 差值预处理方法	Snappy，4 GB	31.25	80.89	227.10
	本节的算法，2 KB	32.90	93.86	252.73

续　表

预 处 理 方 法	压 缩 算 法	压缩率/%	压缩速率/(MB/s)	解压速率/(MB/s)
在(1)的基础上,采用时间戳差值方法预处理方法	Snappy,4 GB	21.28	108.45	264.12
	本节的算法,2 KB	23.42	111.01	267.58
在(1)的基础上,同时采用以上两种预处理方法	Snappy,4 GB	19.98	81.80	203.04
	本节的算法,2 KB	22.00	86.58	214.43

b. 基于 BWT 转换的数据压缩算法设计与测试

a)算法设计

BWT 能够提高数据的局部相似性,在数据压缩算法中采用了 BWT 技术,如表 2-2 所示,具体步骤:

(a)把待压缩字符串逐字符往右移位,生成新的字符串;

(b)将移位产生的字符串按字典序排序,提取排序后的字符串的尾字符;

(c)使用压缩算法对提取排序后的字符串进行压缩。

表 2-2　BWT 转换"banana"字符串原理示例

序　　号	移位后	字典排序后	首 字 符	尾 字 符
1	banana	abanan	a	n
2	abanan	anaban	a	n
3	nabana	ananab	a	b
4	anaban	banana	b	a
5	nanaba	nabana	n	a
6	ananab	nanaba	n	a

b)测试结果

基于 BWT 转换的数据压缩算法的实验结果如表 2-3 和表 2-4 所示。由表可知:

(a)使用 BWT 转换后,数据压缩比得到了提高;

(b)数据压缩速率有所下降,但是数据解压速率得到了提高。

表 2-3　基于 BWT 转换的数据压缩算法测试结果 1

预处理方式	使用BWT	预处理速率/(MB/s)	预处理后/KB	压缩算法	压缩文件/KB	压缩率/%	压缩速率/(MB/s)	解压速率/(MB/s)
无	无			Snappy	2 838	32.21	88.22	266.60
				Snappy	3 682	41.79	74.51	262.89

续　表

预处理方式	使用BWT	预处理速率/(MB/s)	预处理后/KB	压缩算法	压缩文件/KB	压缩率/%	压缩速率/(MB/s)	解压速率/(MB/s)
相同键的值放在一起（1）	无	130~150	8 614	Snappy	2 820	33.01	92.61	234.86
				Snappy	3 168	35.96	87.22	238.14
				Snappy（改）	3 168	35.96	105.64	268.78
	有	130~150	8 614	Snappy	2 759	31.32	113.79	286.10
				Snappy	3 421	38.83	104.00	298.79
				Snappy（改）	3 421	38.83	102.35	289.02

表 2-4　基于 BWT 转换的数据压缩算法测试结果 2

预处理方式	使用BWT	预处理速率/(MB/s)	预处理后/KB	压缩算法	压缩文件/KB	压缩率/%	压缩速率/(MB/s)	解压速率/(MB/s)
同（1），且 IP 地址转为与上一次的差值	无	25~35	7 041	Snappy	2 670	30.31	71.21	191.14
				Snappy	3 048	34.60	77.20	220.60
				Snappy（改）	3 048	34.60	89.45	226.16
	有	25~35	7 041	Snappy	2 605	29.57	99.56	246.32
				Snappy	3 302	37.48	88.12	258.05
				Snappy（改）	3 302	37.48	89.68	261.39
同（1），且时间戳为上一次的差值	无	25~35	6 456	Snappy	1 904	21.61	100.29	242.23
				Snappy	2 160	24.52	95.90	244.99
				Snappy（改）	2 160	24.52	94.84	225.67
	有	25~35	6 456	Snappy	1 820	20.66	120.78	294.70
				Snappy	2 395	27.18	106.87	296.49
				Snappy（改）	2 395	27.18	107.01	294.02
上面两个方法相结合	无	15~25	4 883	Snappy	1 753	19.90	82.40	187.66
				Snappy	2 041	23.17	69.11	199.82
				Snappy（改）	2 041	23.17	82.79	195.66
	有	15~25	4 883	Snappy	1 665	18.89	102.32	237.94
				Snappy	2 272	25.79	84.95	243.11
				Snappy（改）	2 272	25.79	86.53	245.02

2.4.2　分布式运行数据安全存储模型

本节针对在云计算环境下数据的安全存储问题,基于密码学和信息安全相关技术,设计了相应的数据安全存储方案。同时,研究了分布式环境下数据安全传输问题。

多接入窃听通道中的安全传输问题,其中当多个合法用户存在多个窃听者情况下,将私人信息传输到预期接收者。为了提高安全性,本节提出了一种新颖的协作干扰方案,其中用户不共享信道状态信息(channel state information, CSI),但合法信道不会被人工噪声降级。基本思想是让每个用户在两个时隙中利用自己的 CSI 来设计人工噪声,这样预期接收器可以消除所有的人工噪声,而窃听者则不能。在这个过程中,用户之间的干扰对实现安全起到了关键作用,因为它保证了来自不同用户的人工噪声相互帮助。

分布式系统中数据传输的安全性问题,提出了一种无须共享合法信道信息的协作干扰方案,该方案大大降低了传统干扰方案共享信道信息所带来的复杂性。在所提方案中,用户之间的干扰对实现安全起着关键作用。

首先,假设在一个分布式系统中,多个用户同时并且同步的通过一个多访问通道向一个结点传输数据,但是该通道被多个被动的监听者监听。如果监听者相互串通和协作,则该假设对应于一个监听者有多个数据通道的监听能力。针对以下两个问题:① 分布式系统中不存在监听者相互串通的情况;② 分布式系统中存在监听者之间相互串通的情况,提出了相应的安全性理论证明,为分布式环境中数据传输安全性问题提供了理论支撑。

对所提方案进行了验证,使用仿真技术来评估所提方法的安全性。通过对两种现实应用环境的仿真实验,即① 没有相互协作的监听者;② 监听者之间相互协作,得到了方法的性能,如图 2 - 16 所示。

从实验结果可以看出,提出的方法能够有效地保证数据在传输过程中的安全性,为运行数据的存储、查询检索等需求提供安全性方面的强有力的保障。

本节考虑了分布式系统中数据传输的安全性问题,具体而言,考虑了非共谋和共谋窃听者两种情况,分析两种情况下的安全传输速率,并提出用于保护数据传输过程中的安全性问题的方法。实验结果表明,在不同的参数设置下,当用户数量多于窃听者数量时,本节提出的方法能够达到相应的数据传输安全性需求。

2.4.3　异构运行数据高效检索方法

由于其他子系统在做数据驱动的决策时需要频繁地从运行数据存储系统中获取运行数据,因此查询检索是运行数据存储系统中使用最频繁的功能。在分布式系统中,运行数据存储在不同的结点上,有的数据子集在查询检索过程中被访问的频率很高,而有的数据子集访问频率较低。如果随机地将数据存储到各个结点,则容易在查询检索过程中造成访问"热点"现象,对查询效率带来严重的负面影响。基于 gRPC 消息处理架构,本节研究支持明文和密文的异构运行数据高效检索方法。

在现有的各种 IT 技术应用场景中,云数据中心是最重要的信息基础设施之一,每日承担着数以百万计的用户服务请求。为了向用户提供高质量、低时延的信息服务,云数据中心

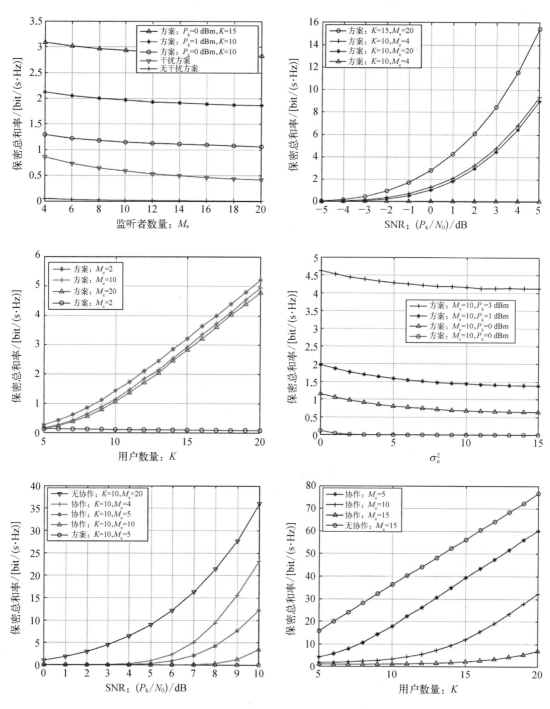

图 2-16　实验结果图

必须对其所有资源进行高效的利用和管理,避免在资源分配过程中出现"过度提供"(over-provisioning)现象,减少资源的浪费。为了实现这一目标,研究人员使用人工智能、机器学习等技术来分析云数据中心的历史状态数据,对云数据中心的用户资源需求情况建模,以便于对资源请求进行预测并做出最优的资源分配方案。然而,现有的研究工作都是利用公开的数据集,例如阿里巴巴、美国国家航空航天局(National Aeronautics and Space Administration, NASA)肯尼迪宇航中心等公布的某段时间的云数据中心日志,无法获得实时的云数据中心运行数据。为了达到数据驱动的云数据中心智能管理,本节旨在解决实时运行数据的可用性问题,即实现云数据中心运行数据的实时采集、存储和查询检索。

为实现高效的、支持明文和密文的运行数据查询检索功能,本节从主键格式、用户查询表达式、查询处理方案等方面进行了详细的设计和优化,具体的研究内容如下。

1. 明文主键格式

为了提高查询检索的效率,必须在运行数据存储格式上进行优化设计,以达到减少HBase中"键-值"存储方式的数据冗余度、提高查询效率、减少数据的传输量等目的。基于运行数据的特点,综合考虑了 HBase 数据表格的分区存储原理以及用户查询方式,设计了如表 2-5 的主键格式。在主键格式中,各种运行数据均匀的存储到集群中各个结点,减少了"热点"产生的概率,同时能够在查询处理过程中快速定位到包括用户查询结果数据分区的结点,并且只将主键作为查询结果返回给用户(因为主键格式已包含了用户所需要的关键运行数据信息),大大缩短了查询响应时间。

表 2-5 主 键 格 式

采集度量	采集对象名称	IP 地址	采集时间戳	采集度量值

2. 密文主键格式

密文运行数据的主键格式设计与以上明文运行数据主键格式不相同,不能简单地将明文主键格式进行加密后作为密文主键,主要原因是采集时间、采集度量值这些确切的数值信息用户无法预先知晓。如果将明文主键加密后,则用户无法提供正确的密文查询请求。因此,提出了如表 2-6 所示的密文运行数据记录格式,每条加密运行数据记录由密文主键和明文时间戳组成。其中,主键部分中的 $E()$ 和 $D()$ 分别为对称密码系统中的加密和解密函数,用以实现数据的加密和解密。通过以上的设计,未经授权的第三方无法获知每条密文运行数据记录中的敏感信息,例如采集度量名称、采集对象名称、IP 地址、采集度量值。

表 2-6 密文运行数据格式

主 键	值
E(采集度量名称;采集对象名称;IP 地址): 采集时间戳: E(采集度量值)	采集时间戳

3. 明文查询表达式设计

当用户需要获取运行数据时,必须提供给用户灵活的方式来表达数据查询需求,以满足不同任务的数据需求。因此,设计了以下形式的查询表达式,以方便用户灵活地指定各种数据需求:

StartTime, EndTime, StartIP, EndIP, SubjectType/querySub1/…/querySubn, metric1/metric2/…/metricn

从以上查询表达式格式可看出,用户通过以上表达式来请求某个时间段某些物理机/虚拟机/容器等对象所产生的 CPU、内存、网络传输等采集度量的值。

4. 密文查询表达式设计

对于密文检索而言,为了保证数据的安全,用户的查询请求中敏感信息也必须进行加密。因此,设计了以下的密文查询请求表达式:

$$E(采集度量;采集对象名称;IP 地址)|开始时间戳,结束时间戳$$

通过使用以上密文查询表达式,用户使用加密函数 $\underline{D}(\ )$ 将要查询的采集度量名称、采集对象名称以及 IP 地址进行加密,然后与需要查询的时间范围的明文进行拼接,然后发送到 gRPC 服务器端,由检索系统进行查询处理并将密文结果返回给用户,然后用户对返回的密文结果进行解密使用。

5. 明文查询方案设计

根据所设计的主键格式,用户按照任务设计的查询表达式来形成运行数据查询请求并发送到 gRPC 服务器端进行查询处理。对于明文查询请求,根据用户提交的查询表达式,计算出需要扫描的数据分区,快速把具体的查询任务分配到这些分区所在的结点执行,提高查询效率。例如,对于以下的用户查询表达式:

$$T1, T2, 172.18.2.10, 172.18.2.20, physical\text{-}machine, cpu/内存$$

结合主键的格式,计算出如下的扫描范围,如表 2-7 所示。

表 2-7　扫描范围定义

	startRowKey	stopRowKey
Scan #1	cpu:physical-machine:172.18.2.10	cpu:physical-machine:172.18.2.20
Scan #2	mem:physical-machine:172.18.2.10	mem:physical-machine:172.18.2.20

根据所计算出来的主键扫描范围,检索系统能够快速定位包含以上主键扫描范围的分区和其所在结点,然后,根据用户查询表达式中指定的时间范围,设计列值过滤器,在扫描各分区数据过程中过滤掉不满足查询时间范围的运行数据记录。

6. 密文查询方案设计

对于密文检索,由于所有重要的运行数据信息都被加密,gRPC 服务器端的检索系统无法获取这些信息来确定扫描范围。因此,检索系统根据用户提交的密文查询请求,判断要查询的密文主键字符串是否是 HBase 加密数据表格中运行数据记录密文主键的前缀;利用明文的查询时间范围来作为列值过滤器,加快密文查询处理过程。

实现了支持明文和密文的运行数据检索系统,并在真实物理服务器上进行了实验,测试了运行数据的持久化写入性能以及查询响应时间,具体的实验结果如图 2 - 17 所示。

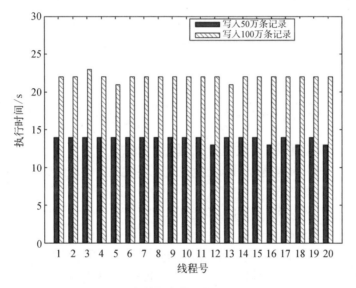

图 2 - 17　运行数据存储系统的写入性能测试

通过以上的实验结果可知,本节实现的支持明文和密文的运行数据检索系统能够正确、高效地完成用户所提交的明文运行数据和密文运行数据的查询请求,实现在普通应用场景(明文)以及数据安全场景(密文)中运行数据的查询检索。

2.5　本 章 小 结

本章提出的多云数据中心运行数据采集方法能够高效率地从多个云数据中心采集多源运行数据,通过质量感知的数据预处理对原始运行数据中的缺失值、离群点进行处理,通过运行数据冗余发现与删除对冗余数据进行移除,降低后续处理的计算开销。经过处理的运行数据将会被输入到分布式、支持冗余备份的安全存储系统中进行存储,提供安全的运行数据访问功能。

第 3 章 大规模云数据中心运行能效
评估与预测关键技术

本章主要建立系统全面的多云数据中心能效指标体系,满足通信密集的服务场景下用户在时间和成本等服务质量参数上的差异化能效需求;阐述基于数据驱动的云数据中心运行能效评估与预测关键技术,形成智能化云数据中心能效预测的关键技术体系;研制云数据中心运行能效评估与预测管理系统,实现对能耗数据的统计与分析、能效指标的自动计算和能效资源的精准预测计算。

3.1 基于深度学习的云数据中心能耗预测方法

随着云计算需求的不断增大,服务器的能源需求将会呈指数级增长。云数据中心的能耗通常由 IT 设施和非 IT 设施构成,而 IT 设施的主要能耗由各个物理机的能耗组成。物理机的能耗通常可以使用电源分配单元(power distribution unit, PDU)来测量,物理机的能耗取决于采用虚拟化技术产生的虚拟机的状态,不同时刻的虚拟机的状态决定了不同时刻的物理机的实际能耗值。因此,云数据中心能耗预测问题可以转化为多特征的时间序列数据预测问题。由于该数据类型存在特征(虚拟机指标)多、无周期性规律、趋势波动较大等特点,传统的机器学习算法难以精准地对时序数据进行建模,因此本节采用深度学习挖掘时序数据更深层次的内在规律。

3.1.1 深度学习基本原理

深度学习(deep learning, DL)是机器学习(machine learning, ML)的一个新兴的分支,也是一个新的研究方向,被广泛应用于搜索技术、数据挖掘、推荐算法、自然语言处理、目标检测、图像和语音识别等领域。深度学习模型的学习过程是构建含有多个非线性层的网络结构,对输入数据进行层层映射,最终提取出更为本质真实的原始数据特征,通过优化器进行反向传播,沿着损失函数梯度下降的方向进行迭代,最终止于停止点,达到损失函数的最小化,完成模型的学习目标。云数据中心采集的服务器指标和能耗值是在时间上连续的序列数据,对于时间序列型数据,循环神经网络(recurrent neural network, RNN)是主要的解决方案之一,它能够在学习时序数据时表现出更强的适应性和稳定性。考虑到传统的 RNN 在长期预测任务上会出现记忆信息丢失、梯度消失、梯度爆炸等问题,RNN的变体之一——长短期记忆(long short-term memory, LSTM)网络[99]设计了多个不同的门控单元使得循环神经网络能够更有效地利用较长距离的信息,对于时序信息的感知更为长久。

传统 RNN 的基本重复单元内部结构十分简单,通常只由一个简单的包含一个 tanh 激活函数模块的神经网络层构成,而在 LSTM 中,每个神经元包含三个 sigmoid(σ) 层和一个 tanh 层,并且彼此之间通过简单的连接方式进行交互,如图 3-1 所示。

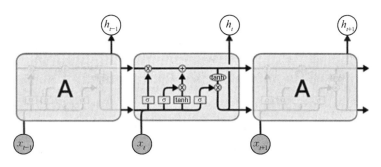

图 3-1 LSTM 网络结构

遗忘门控单元 f_t 通过当前时刻的输入 x_t 和上一时刻的隐藏状态 h_{t-1} 决定保留的信息,并输出 0-1 之间的数值作为上一个时间点的细胞状态 C_{t-1} 权重系数,其中 1 代表完全保留,而 0 代表彻底删除。

$$f_t = \sigma(W_f[h_{t-1}; x_t] + b_f) \tag{3-1}$$

为了更新当前时间步细胞状态中存储的信息,输入门控单元 i_t 将当前输入 x_t 和上一时刻隐藏状态 h_{t-1} 通过 sigmoid 激活函数,从而控制 $\tilde{C}_t$ 哪些特征用于更新 C_t。然后,利用一个 tanh 层创建当前输入对应单元状态的更新值 $\tilde{C}_t$,并将其添加到细胞的状态中。最后,通过 i_t 与 $\tilde{C}_t$ 相乘得到需要更新到当前时刻输入细胞状态 C_t 的特征信息。为了避免记忆信息的丢失,更新当前细胞状态 C_t 还需引入经过遗忘门控的上一时刻的细胞状态。

$$i_t = \sigma(W_i[h_{t-1}; x_t] + b_i) \tag{3-2}$$

$$\tilde{C}_t = \tanh(W_c \times [h_{t-1}; x_t] + b_C) \tag{3-3}$$

$$C_t = f_t \times C_{t-1} + i_t \times \tilde{C}_t \tag{3-4}$$

为了计算预测值和生成下一个时间步完整的输入,LSTM 通过 sigmoid 激活函数拼接上一时刻的隐藏状态和当前时刻的输入向量作为当前时刻的预测输出。细胞状态通过 tanh 激活函数与 sigmoid 门控单元的输出相乘得到当前时刻的隐藏状态向量。

$$o_t = \sigma(W_o[h_{t-1}, x_t] + b_o) \tag{3-5}$$

$$h_t = o_t \times \tanh(C_t) \tag{3-6}$$

通常来说,借助 RNN 进行端到端的训练和预测,又称为序列到序列模型(sequence to sequence, Seq2Seq)。网络结构包括编码器和解码器以及中间向量。而基于 RNN 的注意力机制是附着在编-解码框架下的。Seq2Seq 通过建立一个编码和解码的非线性模型,存储输入神经网络的原始信息。

Seq2Seq 体系结构是一类端到端的算法框架,其中输入和输出都是序列。编码器通过神经网络对输入序列进行统一编码,生成上下文向量 C,然后通过解码器利用这个上下文向量解码。在解码器解码的过程中,不断将前一个时刻 $t-1$ 的输出作为后一个时刻 t 的输入,循环解码。编码器可以是 LSTM 或其他循环单元。每个神经单元从输入序列中接受一个元素。编码器的最终隐藏状态称为编码器向量或上下文向量,它对输入数据中的所有信息进行编码。解码器也由一堆循环单元组成,并将编码器矢量作为其第一个隐藏状态。每个循环单元计算自己的隐藏状态并产生一个输出元素。图 3-2 说明了 Seq2Seq 结构。

$$C = E(X_1, X_2, \cdots, X_T) \tag{3-7}$$

$$S_{t'} = D(Y_{t'-1}, C, S_{t'-1}) \tag{3-8}$$

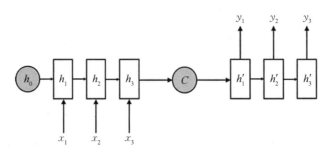

图 3-2 Seq2Seq 网络结构

编码器使用 RNN 将每个时间步的输入值 X_t 编码成隐藏状态 h_t,所有时刻隐藏状态 $\{h_1, h_2, \cdots, h_t\}$ 组成背景变量 C,代表编码器从输入序列捕捉到的有用信息,解码器在每个解码时间步 t',使用式(3-1)~式(3-4)将编码器提取的背景变量 C、上一时间步的输出 $Y_{t'-1}$ 以及上一时间步的隐藏状态 $S_{t'-1}$ 变换为当前时间步 t' 的隐藏状态 $S_{t'}$,然后通过线性层输出时间步 t' 的预测值 $Y_{t'}$,即 t' 时刻预测值。

Seq2Seq 存在的问题是,在长序列的任务中,由于上下文向量包含原始序列中的所有信息,模型的性能会受到一定程度的影响。Seq2Seq 模型虽然能够有效地对时间序列建模,但是该模型中解码器在解码阶段的各个时间步依赖相同的上下文向量 C 来获取输入序列的信息。针对解码器在解码的每一步时可能只需要输入序列某一部分的信息,本节采用注意力机制通过对编码器中的所有时间步的隐藏状态 $\{h_1, h_2, \cdots, h_t\}$ 做加权平均从而得到解码器在不同时间步的上下文向量 $C_{t'}$,结果表明使用注意力机制可以更加有效地提取输入序列的时间特征,达到更好的预测精度。基于注意力机制构建的 Seq2seq 模型如图 3-3 所示,该模型沿用了 Seq2Seq 的基本框架,主要使用注意力机制模块计算得到不同的上下文向量 $C_{t'}$。

传统注意力机制的问题是:传统的 Seq2Seq 模型中,编码器输出的上下文向量基于最后时刻的隐藏状态或对所有隐藏状态取平均。这样输出的上下文向量对所有时刻 t 均相同,没有体现出差异化,就像人一样没有将注意力集中到关键部分,无法起到只选取相关时刻编码器隐藏状态的功能。因此,可以在不同时刻采用不同的上下文向量。其中一种思路是对所有时刻的 h_t 取加权平均。

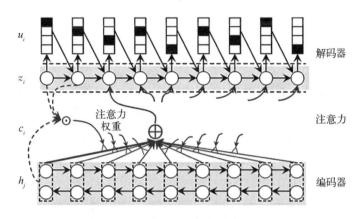

u_i

z_i

注意力权重

c_i

h_j

解码器

注意力

编码器

图 3 - 3 基于注意力机制构建的 Seq2Seq 模型

令输入序列的长度为 T,编码器在时间步 t 的隐藏状态为 h_t,解码器在时间步 t' 的上下文向量 $C_{t'}$ 为编码器所有隐藏状态的加权平均值。

$$C_{t'} = \sum_{t=1}^{T} \alpha_{t't} h_t \qquad (3-9)$$

解码器在 $t'-1$ 时间步与编码器时间步 t 的加权系数 $\alpha_{t't}$ 计算如下所述,以解码器在时间步 $t'-1$ 的隐藏状态 $S_{t'-1}$ 与编码器在时间步 t 的隐藏状态 h_t 为输入,通过函数 α 计算两者相关性 $e_{t't}$,最后使用 softmax 函数对所有的相关系数进行归一化得到注意力 $\alpha_{t't}$,$\alpha_{t't}$ 越大可以认为编码器 t 时刻的输入对 t' 预测值影响越大。

解码器在解码阶段使用公式(3 - 10)将上一时间步的输出 $Y_{t'-1}$ 以及上下文向量 $C_{t'}$ 以及上一时间步的隐藏状态 $S_{t'-1}$ 变换为当前时间步的隐藏状态 $S_{t'}$,然后通过 Dense 层输出时间步的预测值 $Y_{t'}$。

$$S_{t'} = D(Y_{t'-1}, C_{t'}, S_{t'-1}) \qquad (3-10)$$

3.1.2 基于深度学习的能效预测算法设计

在本节中,受包括编解码模型在内的注意力机制的启发,提出了一个基于时空 RNN 的双阶段注意力机制模型(DPAST - RNN),用于长期时间序列预测。

DPAST - RNN 预测模型的框架如图 3 - 4 所示,编码器和解码器构建了编解码网络结构,分别实现两个阶段的注意力模块。编码器的第一阶段注意力模块自适应地选择最相关的输入特性,而解码器的第二阶段注意力模块使用分类信息解码激励因子。编码器将时序信息通过输入注意力模块重新编码后利用时空 LSTM 结构进行映射输出。解码器利用时间注意力生成上下文向量 c_t,即在 T 个时间步上所有编码器上累积的隐藏状态的加权和。然后将 c_t 与 LSTM 单元中的隐藏状态结合起来作为新的隐藏状态反馈给 LSTM。

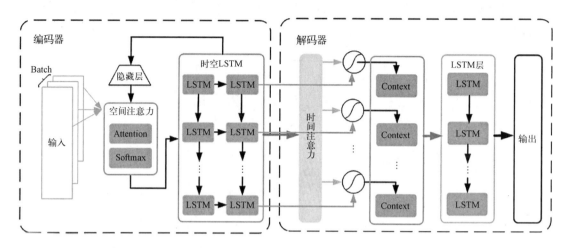

图 3-4 基于双阶段注意力机制的时空 LSTM 模型

编码器通过 RNN 将时间窗 T 中的输入序列编码为特征表示。对于时间序列预测,给定输入序列 $X = (X^1, X^2, \cdots, X^n)^{\mathrm{T}}$,其中,$n$ 是特征序列的个数,可以用 T 划分为一系列时间窗口。给定第 k 个输入驱动序列 $x^k = (x_1^k, x_2^k, \cdots, x_n^k)^{\mathrm{T}}$,通过参考编码器 LSTM 单元中先前的隐藏状态 h_{t-1} 和单元状态 s_{t-1} 来构建输入注意力机制:

$$e_t^k = v_e^{\mathrm{T}} \tanh(W_e[h_{t-1}; s_{t-1}] + U_e x^k) \tag{3-11}$$

$$\alpha_t^k = \frac{\exp(e_t^k)}{\sum_{i=1}^n \exp(e_t^i)} \tag{3-12}$$

式中,$v_e \in \mathbb{R}^T$、$W_e \in \mathbb{R}^{T \times 2m}$、$u_e \in \mathbb{R}^{T \times T}$ 是神经网络需要学习的参数。采用 softmax 函数保证每个时间步长上所有的注意力权重之和为 1。利用注意权重自适应地提取具有以下特征的时间序列:

$$\tilde{x} = (\alpha_t^1 x_t^1, \alpha_t^2 x_t^2, \cdots, \alpha_t^n x_t^n) \tag{3-13}$$

接着应用编码器来学习从 $\tilde{x}$ 到 h_t(在时间步 t)的映射,$h_t = f_e(h_{t-1}, x_t)$ 可更新为 $h_t = f_e(h_{t-1}, \tilde{x}_t)$,$f_e$ 是基于 LSTM 单元的时空 LSTM 架构,公式推导过程可总结如下:

$$f_t = \sigma(W_f[h_{t-1}; x_t] + b_f) \tag{3-14}$$

$$i_t = \sigma(W_i[h_{t-1}; x_t] + b_i) \tag{3-15}$$

$$o_t = \sigma(W_o[h_{t-1}; x_t] + b_o) \tag{3-16}$$

$$s_t = f_t \odot s_{t-1} + i_t \odot \tanh(W_s[h_{t-1}; x_t] + b_s) \tag{3-17}$$

$$h_t = o_t \odot \tanh(s_t) \tag{3-18}$$

式中，$[h_{t-1}; x_t] \in \mathbb{R}^{m+n}$ 是前一个时刻隐藏状态 h_{t-1} 和当前时刻输入 x_t 的拼接；W_f、W_i、W_o、$W_s \in \mathbb{R}^{m \times (m+n)}$；$b_f$、$b_i$、$b_o$、$b_s \in \mathbb{R}^m$ 是需要学习的参数。

堆叠 LSTM 可以提高 LSTM 对长期记忆信息的捕获能力，在空间和时间上传递隐藏信息。在每个时间步 t，LSTM 的第一层为 $h_t^l = f_e^l(h_{t-1}^l, \tilde{x}_t)$，其中 $l = 1$。给定 LSTM 层 l 的当前级别，其中 $l \geqslant 2$，输出可以更新为

$$h_t^l = f_e^l(h_{t-1}^l, h_t^{l-1}) \tag{3-19}$$

最后输出 LSTM 单元之前的 T 个隐藏状态的拼接，以此作为解码器的输入序列。

考虑到编码器-解码器网络结构的性能将随着编码器长度的增加而迅速降低，可以通过在解码器中添加时间注意力机制缓解记忆消失。该机制可以自适应地选择编码器的相关隐藏状态以产生输出序列，即对编码器中不同特征的动态时间相关性进行建模。为了预测输出 y_t，使用另一个 LSTM 来解码输入信息。在解码器中，基于解码器上一个时刻隐藏状态 d_{t-1} 和 LSTM 单元 s_{t-1}' 的单元状态，计算在时刻 t 的解码器隐藏状态的注意力权重：

$$l_i^t = v_d^{\mathrm{T}} \tanh(W_d[d_{t-1}; s_{t-1}'] + U_d h_i), \quad 1 \leqslant i \leqslant T \tag{3-20}$$

$$\beta_t^i = \frac{\exp(l_t^i)}{\sum_{j=1}^{T} \exp(l_t^j)} \tag{3-21}$$

式中，$[d_{t-1}; s_{t-1}] \in \mathbb{R}^{2p}$ 是解码器中 LSTM 单元的先前隐藏状态和单元状态的拼接；h_i 是上一时刻 t 编码器的隐藏状态。$v_d \in \mathbb{R}^m$、$W_d \in \mathbb{R}^{m \times 2p}$、$U_d \in \mathbb{R}^{m \times m}$ 是要学习的参数。第 i 个编码器隐藏状态的权重 β_t^i 表示它在时刻 t 的重要程度。由于每个编码器隐藏状态 h_i 被映射到输入的时间分量，因此上下文向量 c_t 可以被计算为所有编码器隐藏状态 $\{h_1, h_2, \cdots, h_T\}$ 的加权和：

$$c_t = \sum_{i=1}^{T} \beta_t^i h_i \tag{3-22}$$

更新的历史目标值可以与 c_t 和给定的目标序列 $\{y_1, y_2, \cdots, y_{t-1}\}$ 组合：

$$\tilde{y}_{t-1} = y_{t-1}^{\mathrm{T}} \cdot c_{t-1} \tag{3-23}$$

式中，$y_{t-1}^{\mathrm{T}} \cdot c_{t-1}$ 是解码器输入 y_{t-1} 和计算的上下文向量 c_{t-1} 的点积。为了增强上下文向量对解码器的影响，将上下文向量与解码器每个每刻的隐藏状态相结合，经过一个线性层后，新的隐藏状态可以被更新为

$$\tilde{d}_t = v_c^{\mathrm{T}} \tanh(W_c[c_t; d_{t-1}]) \tag{3-24}$$

式中，$[c_t; d_{t-1}] \in \mathbb{R}^{m \times p}$ 是解码器 LSTM 单元中先前隐藏状态 d_{t-1} 和当前上下文向量 c_t 的串联。非线性函数 f_d 被作为 LSTM 单元来对长期相关性进行建模。然后隐藏状态 d_t 可以更新为

$$d_t = f_d(\tilde{d}_{t-1}, \tilde{y}_{t-1}) \qquad (3-25)$$

最终预测可计算为

$$\tilde{y}_T = v_y^T(W_y[d_T; c_T] + b_w) + b_v \qquad (3-26)$$

式中，$[d_T, c_T] \in \mathbb{R}^{p \times m}$ 是解码器时间窗口 T 内隐藏状态和上下文向量的拼接；W_y、b_w、b_v 是为了预测输出 y_T 要学习的参数。

3.1.3 仿真环境中的测试结果分析

本节的实验数据来自第 2 章的仿真环境采集。为了更好地验证所提模型的性能，使用了两个不同的数据集来验证，具体数据划分如表 3-1 所示。WC-98 数据集模拟世界杯网站的所有请求采集的相关服务器指标和能耗数据；Ffmpeg 数据集模拟 Ffmpeg 音视频编解码任务下服务器指标和对应能耗数据。

表 3-1 数 据 集 设 置

数据集名称	特征序列个数	目标序列个数	数 据 集 划 分		
			训 练 集	验 证 集	测 试 集
WC-98	10	1	1 838	263	525
Ffmpeg	10	1	826	118	236

在两个数据集中比较 DPAST-RNN 方法和三种基线方法，两个数据集的预测结果如图 3-5 和图 3-6 所示，证明了 DPAST-RNN 方法的有效性。选择的基线方法为：RNN 中处理时间序列预测的基本方法 LSTM、自回归移动平均（ARMA）模型的推广模型和自回归综合移动平均（ARIMA）模型。从图 3-5 和图 3-6 的预测结果可知，基于 RNN 的模型可以更好地预测波动较大的时间序列数据，且对于连续振荡的上升部分，该模型可以更好地减小时延。

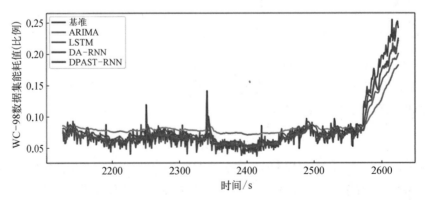

图 3-5　WC-98 数据集预测结果

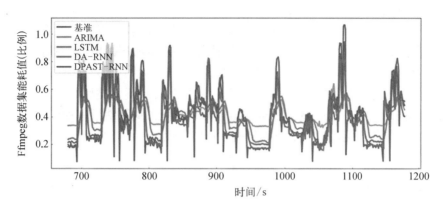

图 3-6 Ffmpeg 数据集预测结果

DPAST-RNN 和基线方法对两个数据集的时间序列预测结果如表 3-2 所示。在表 3-2 中,ARIMA 的结果均比基于 RNN 的方法差,这是因为 ARIMA 只考虑目标序列而不考虑多维输入特征序列之间的关系。融合了输入注意力机制和时间注意力机制的编码器-解码器结构比原始的 LSTM 性能更好。与结合了输入的注意力机制和时空 LSTM 编码器以及上下文向量循环神经网络模型相比,DPAST-RNN 算法在两个数据集上获得更优效果,其原因是 DPAST-RNN 不仅使用时空 LSTM 编码器提取相关特征序列,获取输入信息更准确的时空关系,还把上下文向量与解码器中 LSTM 的隐藏态融合,使得编码器的输出信息能更好地映射到解码器。

表 3-2 WC-98 和 Ffmpeg 数据集测试结果

模　　型	WC-98 数据集		Ffmpeg 数据集	
	MAE	RMSE	MAE	RMSE
ARIMA	2.397	3.344	8.882	5.471
LSTM(64)	0.041±0.005	0.052±0.003	0.221±0.005	0.331±0.003
LSTM(128)	0.038±0.005	0.047±0.003	0.196±0.005	0.319±0.003
DA-RNN(64)	0.029±0.002	0.041±0.003	0.110±0.002	0.215±0.003
DA-RNN(128)	0.023±0.002	0.035±0.003	0.101±0.002	0.203±0.003
DPAST-RNN(64)	0.019±0.002	0.023±0.005	0.091±0.002	0.157±0.005
DPAST-RNN(128)	0.013±0.002	0.014±0.005	0.083±0.002	0.124±0.005

3.2　基于特征贡献值的工作流可解释性能耗预测方法

随着机器学习特别是深度学习在社会各个领域的广泛应用,人们也不得不去思考这些深度模型为什么会输出这样的结果,也就是模型的可解释性。设计可解释性强的能耗模型一直是云数据中心能效评估和预测任务中的一个研究热点。一个可解释性强的能耗模型可以有助于云数据中心运维人员理解和改进模型,从而设计高效的服务器工作流调度策略和做出精确的服务器故障预警[100]。然而工作流能耗模型中的硬件特征存在着不独立且关系复杂多变的特点,使得大部分能耗模型无法同时兼顾准确性和可解释性。工作流在服务器上的能耗分布和服务器硬件资源使用率具有高度的相关性,不同类型的工作流和硬件资源之间呈现出不同的相关性。通过计算模型能耗曲线和硬件资源使用率曲线的相关性,可以判断能耗曲线可解释性强弱。本节对如何构建可解释性较好的模型及其在云数据中心领域的应用展开了研究。

3.2.1 可解释性机器学习

机器学习模型的可解释性指的是在特定的应用场景下,通过一定的方法,使得人类可以理解机器学习系统的结果[101]。模型的决策对人的生活影响越大,模型的可解释性就越重要。但是当涉及模型可解释性的时候,尤其是使用深度学习模型时,研究人员往往要在模型精度和模型可解释性之间做出权衡:需要知道的仅仅是"模型决策结果是什么?"还是需要知道"为什么模型会做出这样的决策结果?"在很多情况下,了解"为什么"可以帮助模型使用者更好地理解数据和问题,甚至了解模型表现不佳的原因。越是在高风险环境中使用的模型,就越需要注重模型可解释性,因为这意味着即使出现错误也可以及时更正或者不会造成过于严重的后果。

如图3-7所示,机器学习可解释模型分为事前可解释性模型(intrinsic interpretable models[102],又称为本质可解释性方法)和事后可解释性模型(post-hoc interpretable models)。这个划分的标准在于是通过牺牲模型精度和复杂性来换取较强的可解释性,还是先构建一个精度较高的复杂模型,而后通过分析模型来对模型进行解释。事前可解释性模型的解释性体现在模型构建过程中,例如稀疏线性模型。事后可解释性模型主要是特征贡献值分解法,特征交互值分解法。

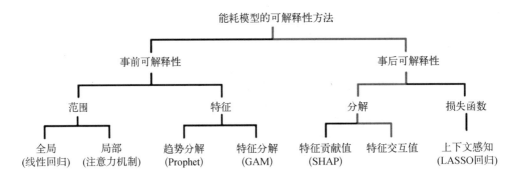

图3-7 能耗模型的可解释性方法分类

工作流能耗模型的事前可解释性方法主要是趋势性分解法(如Prophet、Holt-Winters)。它的核心思想是将时序数据分解为不同的趋势分量,所有的趋势分量之和就是模型拟合的能耗。但是这类方法的前提是要求时序数据平稳且满足数据同分布的特点,而服务器多线程的工作模式和多变的工作流导致工作流能耗没有明显的周期性和趋势性。因此趋势性分解法对工作流能耗模型的解释效果较差。

工作流能耗模型的事后可解释性方法主要是特征贡献值分解法(如 SHAP)。核心思想是将模型的输出量化为特征的贡献分量,以实现模型的可解释性。Liu 和 Zio[103] 在 2017 年提出了采用统计学 Shapley 值的方法来解释服务器上单个容器上的能耗,认为容器工作是相互独立的,因此 Shapley 值可以公平地分配容器的能耗。然而服务器的容器之间存在着资源争抢的现象,所以容器能耗并非完全独立的,且工作流也是如此。工作流运行时,服务器硬件之间的交互使得工作流的硬件特征并非完全独立,因此采用 Shapley 值无法很好地解释工作流能耗模型。

事前可解释性方法拥有两个属性:解释范围和解释特征。根据模型的解释属性进行分类,主要有范围不同的解释模型和特征不同的模型。根据解释范围可以将解释模型分为全局事前可解释性模型和局部事前可解释性模型。根据解释特征可以将解释模型分为趋势分解模型和特征分解模型。

模型的特征效应是指特征的权重乘以对应特征值。基于特征贡献值分解的可解释性方法是通过特征效应来量化特征对于模型的重要程度。方程式中的所有特征效应通过线性组合在一起,构成了最后的模型输出。

特征关系可以分为完全独立和相互关联两种。根据特征关系,事后可解释性方法的特征贡献值计算方式也不同。主要有特征完全独立的贡献值解释法 SHAP 和特征交互的贡献值解释方法。

特征完全独立:SHAP 是一种基于特征贡献值的事后可解释性方法,要求特征完全独立。核心思想是模型输出值等于各特征的独立贡献值之和,采用 Shapley 值代替特征贡献值。Liu 等[103] 设计了基于 Shapley 值的能耗可解释性模型。

特征相互关联:在 LSTM 等精度较高的复杂模型中,为了得到最佳的拟合结果,特征在神经元的信息传递过程中产生了交互,产生新的特征并参与模型的计算。目前还没有相关工作可以计算在相互影响情况下的特征贡献值。

分类回归树(classification and regression tree, CART)[104] 是利用树模型解决非线性回归问题的一个经典方法,该方法在分类和回归问题中都可以取得较好效果。CART 主要通过二元切分的思想每次将训练集分为两份,并根据特征值和阈值的大小来选择左子树和右子树。在非线性回归问题中,应用较为广泛的是 XGboost(extreme gradient boosting)[105] 和 GBDT(gradient boosting decision tree)[106]。XGboost 是提升方法(boosting)的一种,boosting 是前向分布算法和加法模型的结合,基本思路是将各个基分类器层层叠加,每一层在训练的时候,对前一层基分类器分错的样本给予更高的权重。加法模型是将一组弱基函数相加,去拟合得到最终的结果。在给定训练集和损失函数的问题中,加法模型就是找到这组基函数的权重,使得在当前样本空间下,模型输出和标签值相对误差最小。前向分布算法为了解决这一问题,从前向后,每一次只学习一个基函数和权重系数,通过拟合目标函数的标签值来优化当前树结构。GBDT 是在提升树的基础上引入了梯度的概念,通过梯度下降法来降低误差函数,即在当前下降速度最快的方向上下降,这样可以在平均最少次数下降到一个局部最优点,如果是凸函数则为全局最优点。在传统机器学习方法中,求偏导是为了学习参数,在梯度提升树中,对模型的结果求偏导是为了学习下一棵树的学习目标。

云数据中心能耗问题存在着数据量级大、分布广、类型多的特点,并且存在对模型实时性的要求,使得研究人员在选择模型时必须选择易于更新、易于解释的模型。相比其他传统机器学习方法和树方法,XGboost 函数通过泰勒展开式将损失函数展开为具有二阶导的平方函数,一阶导和二阶导提高了优化速度。由于 XGboost 支持并行处理,作为 boosting 算法的一种,XGboost 的并行也不是在模型上的并行,而是在特征上的并行。通过将特征排序后以block 的形式存储在内存中,在后面的迭代中重复使用当前结构,这使得模型可以更快地更新。并且由于引入了正则化项 $\Omega(f_t)$ 来控制树的复杂度,从而有效控制模型的过拟合,也使得泛化性优于 GBDT 等其他 boosting 方法。

因此,在选择构建事后可解释性模型时,以 XGboost 为原始模型之一,能够更好地满足云数据中心对于模型易于更新、数据量级广且精度较高的需求。

3.2.2 能耗可解释性框架

首先,本节介绍工作流能耗模型。然后,阐述传统特征贡献值法 SHAP 的基本原理。最后,改进 SHAP 方法得到可解释性方法 CAIM,并将其应用于工作流能耗模型。

当前存在很多云数据中心工作流能耗的可解释性框架[107],其中最主要的是硬件特征框架,如公式(3-27)所示:

$$P_{\text{workload}} = P_{\text{idle}} + \sum_{i=1}^{N} P_i \qquad (3-27)$$

式中,P_{idle} 表示空闲状态下的服务器能耗;P_i 表示有工作流运行时第 i 个硬件的能耗;N 表示共有 N 个硬件。

硬件特征框架是一种典型的可加性模型,即工作流能耗由时间段内各硬件能耗组成。硬件特征框架伴随着"所有其他特征保持不变"的前提,这是可加性模型的性质导致的。这样做的好处是可以将单个特征的解释与所有其他特征隔离开来,但坏处是忽略了特征的联合分布。这使得可解释框架在量化特征贡献值时,忽略了特征交互对于模型输出的影响。例如相同工作流运行时,提高 CPU 使用率,保持服务器其他硬件特征值不变是不现实的。

因此,考虑特征联合分布的复杂模型比线性模型在更多的系统中有较好的性能。基于特征的交互方式,本节针对云数据中心的工作流能耗模型提出了一个线性可解释性框架,如公式(3-28)所示:

$$P_{\text{workload}} = P_{\text{idle}} + \sum_{i=1}^{N} P_i + \sum_{i=1}^{N} \sum_{j=i+1}^{N} P_{ij} \qquad (3-28)$$

其中,P_{ij} 表示第 i 和 j 个硬件的交互产生的能耗。因此,工作流运行时的能耗值由三个部分组成:工作流未运行时的空载能耗,工作流运行时硬件的单独能耗和工作流运行时硬件的交互能耗。

相比传统工作流能耗的可解释性框架,根据工作流运行时硬件交互的特点计算了交互

能耗 P_{ij}，使得解释性框架更加接近真实云数据中心工作流运行场景。在下节中，详细介绍 P_{ij} 在能耗模型中的计算和分配方法。

3.2.3　基于交互贡献值的可解释性方法

传统贡献值加性解释法 SHAP 采用了 Shapley 值来量化特征对于模型输出的单独贡献值。类似于文献[108]、[109]等的容器能耗分解方法，通过计算能耗模型中硬件特征的贡献值，得到了该硬件在工作流运行时的能耗。Shapley 值是博弈论中的一个概念，它定义了一种计算合作游戏中每个玩家的贡献的方法。

$$G(\theta) = \delta_0 + \sum_{l=1}^{H} \delta_l \theta_l' \tag{3-29}$$

式中，θ_l 是玩家；δ_l 是玩家 l 的贡献值；H 是玩家人数。一场合作游戏的总收益 $G(\theta)$ 等于游戏基础得分 δ_0 与每一位玩家的贡献得分之和。如果用"特征"替换"玩家"，用"模型输出"替换"收益"，就可以获得一种基于特征贡献值的模型解释方法。

这需要量化每个特征的贡献值，从而增强复杂模型的可解释性。对于含有 n 个特征 x_1，x_2，$\cdots$，x_n 和标签 y 的数据集，构建一个高精度模型 $f(x_1, x_2, \cdots, x_n)$，此时有

$$y \approx f(x_1, x_2, \cdots, x_n) \tag{3-30}$$

为了实现量化特征对于模型结果的贡献值，需要构建一个新的模型 $g(x_1', x_2', \cdots, x_n')$，$t'$ 并使得

$$g(x_1', x_2', \cdots, x_n') \approx f(x_1, x_2, \cdots, x_n) \tag{3-31}$$

式中，x_1'，x_2'，$\cdots$，x_n' 是 0 或 1 的 n 个特征。因此可以拟合得到 $g(x_1', x_2', \cdots, x_n')$ 模型的权重，可构成权重向量 φ_1，φ_2，$\cdots$，φ_n，这些权重均为常数值。

此时就可以得到一个将 x' 转化为 x 的映射函数 $h_x(x')$。因此，式(3-31) 可以改写为

$$g(x_1', x_2', \cdots, x_n') \approx f[h_{x_1, x_2, \cdots, x_n}(x_1', x_2', \cdots, x_n')] \tag{3-32}$$

式中，因为 x_1'，x_2'，$\cdots$，x_n' 是 0 或 1 的 n 个特征，因此 $g(x_1', x_2', \cdots, x_n')$ 模型的权重之和等于 $f(x_1, x_2, \cdots, x_n)$：

$$\sum_{i=0}^{M} \varphi_i' = f(x_1, x_2, \cdots, x_n) \tag{3-33}$$

特别地，因为不存在第 0 个特征，所以 φ_0' 等于 0。

根据以上特征贡献值的计算方式，可以总结出，在有 M 个独立特征的能耗模型 $V = F(\rho_1, \rho_2, \cdots, \rho_M)$ 中，每一个特征 ρ_K 的特征贡献值计算方式如公式(3-34)所示：

$$\phi_K(V) = \sum_{S \subset M \setminus \rho_K} \frac{|S|! (M-|S|-1)!}{M!} [V(S \cup \rho_K) - V(S)] \tag{3-34}$$

式中，V 是一组特征对于模型的总贡献收益；K 是正在计算其贡献的特征编号；ϕ_K 是特征 ρ_K 的贡献；S 是不包含 ρ_K 的特征子集；$|S|$ 表示子集 S 中的特征数量。

公式(3-34)可以简化为

$$\phi_K(V) = \frac{1}{M!} \sum_R \left[V(P_K^R \cup \{K\}) - V(P_K^R) \right] \tag{3-35}$$

式中,R 是整个特征列表的所有可能排列,这里的排列是指特征在模型中输入的顺序;P_K^R 代表当前顺序 R 出现在 ρ_K 之前的所有特征。通过计算每个特征对于模型的贡献值 ϕ_K,就可以获得一种基于特征贡献值的模型解释方法。但是这种方法的前提是所有的特征都相互独立。在提出的工作流能耗可解释性框架中,采用硬件资源使用率作为模型的特征,特征之间存在着关联性,即现实中工作流运行时硬件交互会产生额外能耗,需要将能耗分解成硬件单独能耗和交互能耗。

因此,本节将每个特征对于模型的贡献值分为两种:交互贡献值和独立贡献值,分别对应能耗模型中的单独能耗和交互能耗。独立贡献值是指模型中特征独立对模型输出产生的影响,交互贡献值是指模型中由于特征之间相互关联对模型输出产生的影响。

独立贡献值:在工作流能耗模型 $v = f(x_1, x_2, \cdots, x_N)$ 里,x 代表模型特征,N 为特征总数。为了增强模型可解释性,首先将输入特征向量 $(x_1, x_2, \cdots, x_N)$ 置 0,即 $x_1 = x_2 = \cdots = x_N = 0$。此时模型的输出为与特征无关的常数项 C。这对应于能耗模型中工作流没有运行时的空闲状态能耗。单独给第 i 个特征赋值,此时模型的输出值减去常数项 C 即第 i 个特征在模型中的独立贡献值,用 $\varphi_i(v)$ 表示:

$$\varphi_i(v) = f(0, \cdots, x_i, \cdots, 0) - C \tag{3-36}$$

本节提出的工作流能耗可解释性框架,第 i 个硬件特征的独立贡献值 $\varphi_i(v)$ 即为该硬件的单独能耗 P_i。

交互贡献值:同时将特征 i 和特征 j 赋值,此时模型输出值减去两个特征的独立贡献值,得到的就是特征 i 和特征 j 的交互贡献值,用 $\varphi_{ij}(v)$ 表示:

$$\varphi_{ij}(v) = f(0, \cdots, x_i, x_j, \cdots, 0) - \varphi_i(v) - \varphi_j(v) - C \tag{3-37}$$

本节提出的工作流能耗可解释性框架,第 i 和 j 个硬件特征的交互贡献值 $\varphi_{ij}(v)$ 即为两个硬件的交互能耗 P_{ij}。

因此,代入云数据中心的工作流能耗模型线性可解释性框架中,工作流运行时的能耗可以表示为每个硬件的单独能耗和硬件之间的交互能耗:

$$\begin{aligned} P_{\text{workload}} = P_{\text{idle}} &+ \sum_{i=1}^N \left[f(0, \cdots, x_i, \cdots, 0) - C \right] \\ &+ \sum_{i=1}^N \sum_{j=i+1}^N \left[f(0, \cdots, x_i, x_j, \cdots, 0) - \varphi_i(v) - \varphi_j(v) - C \right] \end{aligned} \tag{3-38}$$

在 SHAP 中,玩家对于合作游戏的贡献是全排列下该玩家的贡献均值。但是在一场合作游戏中,每个玩家对游戏结果的贡献并不相同。同样的,在工作流运行时,硬件交互产生的能耗不是由两个硬件等量产生的。因此,交互贡献值不应该等量分配给两个特征。

在本节中,提出了一种基于交互贡献值分配的模型可解释性方法 CAIM。该方法在

SHAP 的基础上,单独计算了特征的交互贡献值,并根据特征的重要性进行分配。特征对于模型的重要程度可以量化为特征的独立贡献值。因此,本节使用特征的独立贡献值作为特征重要程度的标准,并根据独立贡献值的比例来分配交互贡献值。特征 p 在交互贡献值 $\varphi_{pq}(v)$ 中的分配是

$$\varphi_p(p\&q) = \frac{\varphi_p(v)}{\varphi_p(v) + \varphi_q(v)} \times \varphi_{pq}(v) \tag{3-39}$$

所以特征 p 对于模型的总贡献值是

$$\varphi_p = \frac{\varphi_p(v)}{\varphi_p(v) + \varphi_q(v)} \times \varphi_{pq}(v) + \varphi_p(v) \tag{3-40}$$

这种方法不仅考虑了机器学习模型中特征的交互贡献值,而且根据特征对模型的重要性分解了交互贡献值。由于 CAIM 是一种事后可解释性方法,可以保留原始模型的高度准确性。同时,原始模型对于工作流能耗现实状态的拟合效果越好,准确性就越高,解释效果就越好。在确保了准确性的同时,它具有良好的模型可解释性,可以应用于各种复杂的模型。

3.2.4 实验结果和分解能耗分析

实验基于第 2 章介绍的 13 种工作流。将这 13 种工作流分别单独运行在空负载的服务器上并采集运行时服务器的硬件状态数据,包括 CPU 使用率、内存使用率和硬盘读写字节数。由于 PARSEC 不涉及网络 I/O 任务,因此并未将"网络传入/传出字节"作为模型输入特征。在其他涉及网络 I/O 的任务中,应将这两个功能作为模型输入特征。为避免出现明显的周期性数据和任务切换时的空负载数据,采用多线程的混合运行方式,每种工作流执行总次数为 50 次。

将 13 种工作流根据采集的硬件特征数据进行聚类分析并降维,结果如图 3-8 所示,横纵坐标分别代表该工作流运行数据距离所有工作流运行数据聚类中心点的相对距离。

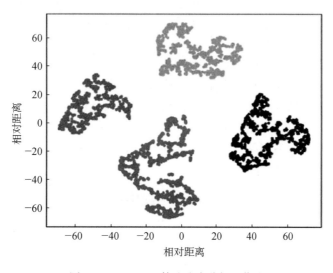

图 3-8 K-means 算法聚类分析工作流

根据工作流运行时对于硬件资源使用率的需求不同,可以将这 13 种工作流分为 4 类,分别为 CPU 密集型任务、CPU& 磁盘密集型任务、CPU& 内存密集型任务和磁盘 & 内存密集型任务四种类型,如表 3-3 所示。图 3-9 展示了工作流运行和数据采集的示意图。

表 3-3 工作流分类

类 型	工 作 流
CPU 密集型	blackscholes, bodytrack, ferret, facesim, fluidanimate, swaptions, frequmine, streamcluster
CPU& 内存密集型	canneal, raytrace 264
CPU& 磁盘密集型	vips, x264
磁盘 & 内存密集型	dedup

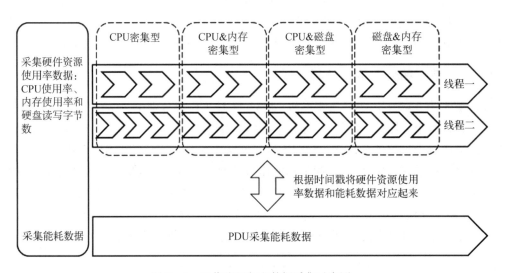

图 3-9 工作流运行和数据采集示意图

采用线性回归模型 XGboost、LightGBM 和深度模型 LSTM 来构建工作流能耗模型,在 3 种不同机器学习方法构建的能耗模型上对比 CAIM 和 SHAP 的可解释性性能。

选择最常用的物理硬件作为工作流能耗模型的输入特征,分别有 CPU 使用率、内存使用率和硬盘读/写字节,模型输出为能耗预测值。

实验中使用的模型评估指标是标准化的均方根误差(normalized root mean squared error, NRMSE)。具体计算公式如下:

$$\text{NRMSE} = \frac{\sqrt{\frac{1}{n}\sum_{i}^{n}(y_i - y_i')^2}}{\sigma} \qquad (3-41)$$

式中,y_i 是真实能耗值;y_i' 是模型的输出值;σ 是所有测量的标准偏差;n 是样本数。

针对四种工作流分别使用线性回归模型 XGBoost、LightGBM 和深度模型 LSTM 构建了三组能耗模型。选用 CPU 使用率、内存使用率和硬盘读写字节数作为工作流能耗模型的特征，根据服务器可解释性能耗框架，将工作流能耗分解为 CPU 工作能耗、硬盘工作能耗和内存工作能耗。分别用传统分解法 SHAP 和 CAIM 对构建好的三组能耗模型进行可解释性分析，并对比了最新的能耗分解方法在不同类型工作流下的分解效果。

在真实云数据中心环境中，一般无法直接采集硬件资源的能耗，因此无法直接使用硬件能耗真实值作为方法分解有效性的判断标准。根据工作流能耗模型的硬件特征可解释性框架，硬件特征贡献值对应于工作流运行时的硬件能耗。因为服务器硬件能耗与硬件资源使用程度具有高度相关性，所以通过将这两种解释方法的结果与服务器硬件资源使用程度进行相关分析，通过相关性分析来体现分解得到的能耗结果和真实能耗的接近程度，评估结果如表 3－4 所示。表中数字为机器学习模型采用可解释性方法的分解结果与对应硬件资源使用率的相关性系数，相关性系数表示可解释性方法得到的硬件能耗和硬件资源使用程度的相关性，相关性系数的数字越大，相关性越强；反之则越弱。本节使用相关性来表示分解能耗和真实能耗的接近程度，即数字越大，分解得到的硬件能耗越接近真实硬件能耗。

表 3－4　解释结果与特征相关性分析

方法	工作流类型	XGboost			LightGBM			LSTM		
		CPU	内存	磁盘	CPU	内存	磁盘	CPU	内存	磁盘
CAIM	CPU	0.89	0.65	0.44	0.88	0.64	0.44	0.81	0.64	0.51
	CPU& 磁盘	0.83	0.19	0.39	0.80	0.15	0.29	0.87	0.19	0.33
	CPU& 内存	0.88	0.25	0.23	0.82	0.23	0.17	0.91	0.23	0.35
	内存 & 磁盘	0.72	0.31	0.77	0.40	0.25	0.68	0.40	0.34	0.80
SHAP	CPU	0.83	0.52	0.12	0.79	0.38	0.08	0.84	0.53	0.11
	CPU& 磁盘	0.85	0.19	0.11	0.84	0.17	0.10	0.85	0.20	0.13
	CPU& 内存	0.88	0.24	0.21	0.71	0.15	0.07	0.82	0.20	0.22
	内存 & 磁盘	0.41	0.30	0.89	0.38	0.25	0.64	0.37	0.27	0.77

表中数字加粗的代表不同的可解释性分解法在相同能耗模型下的分解结果明显优于其他方法。由实验结果可知，在 CPU 密集型、CPU& 磁盘密集型和 CPU& 内存密集型任务中，CAIM 方法分解结果的相关性系数比另外两种方法的更高，因此对于模型的特征贡献值分解比 SHAP 方法更接近实际服务器硬件能耗。同时，在与 CPU 相关的密集型任务中，CPU 的能耗与 CPU 资源使用率呈现高度相关性。这是因为在这些工作流中，均具有较高的 CPU 负载。而在磁盘 & 内存密集型工作负载中，CAIM 的性能并没有比 SHAP 更好。因为在 dedup 工作流中这一类硬盘和内存密集型工作负载中，硬盘和内存之间交互很少，两个特征的交互贡献值相对很小。由于硬盘的连续读写操作，CPU 此时常处于等待状态。由于模型的能耗分解结果是根据特征所描述的资源使用率计算，CPU 的资源使用情况处于"占用并等待"的

状态会导致 CPU 的使用率和能耗呈现低相关性。同时,磁盘和内存密集型工作流在运行期间的功率仅有 17 W,要比其他三种工作负载低得多,其他类型工作流运行功率均不小于 30 W,服务器 idle 状态的功率为 15.4 W。与空闲状态相比,运行 dedup 这一类磁盘和内存密集型工作流的功耗没有太大变化,导致分解差异很不明显。因此,在此类工作流上,CAIM 分解的效果没有 SHAP 突出,但是差距也非常小。

采用能耗模型准确率较高的 LSTM 构建四种类型的工作流能耗模型。通过对四类工作流进行可解释性能耗分解,分别得到四类工作流的工作能耗特点。工作流在服务器上的能耗分布和服务器硬件资源使用率具有高度的相关性,而不同类型的实例会导致能耗和不同的硬件资源使用率呈现高度的相关性。相关性越高代表着模型的分解结果越接近实际情况。

1. CPU 密集型工作流

在 CPU 密集型工作流中,一共包含 8 种不同类型的任务。CPU 能耗为工作流运行主要能耗(如图 3-10,横坐标表示工作流执行时间戳,纵坐标表示工作流运行能耗和模型分解的各硬件能耗),大多数情况下能耗波动较小,较为稳定。经查验任务执行对应时间,图中波动较大的区域为执行 ferret 任务。这是因为 ferret 是一种内容相似度搜索服务器,旨在最大程度地找到相同文本的相同语义。所以在 ferret 任务中,相比其他任务,具有较高的内存缓存命中率。在内存缓存数据进出的同时,降低了 CPU 的吞吐量,因此产生了较大的能耗波动。

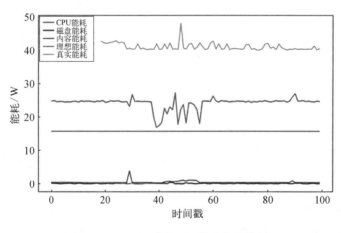

图 3-10 CPU 密集型工作流解释结果

CPU 密集型工作流的能耗与 CPU 资源使用率呈现较强的长期和短期趋势相关性。由于在以 blackscholes 等 8 种任务为基准的 CPU 密集型工作流中,CPU 能耗为主要能耗,而内存和硬盘能耗波动变化不大,因此这些工作流调度任务中,应该以 CPU 的能耗以及资源使用率作为主要调度依据。其中有关 ferret 任务的调度情况中,需要考虑内存缓存对 CPU 负载产生的影响。

2. 磁盘和内存密集型工作流

在磁盘 & 内存密集型工作流的能耗解释结果中,仅有 dedup 这 1 种任务。由于硬盘的连续读写操作,dedup 运行时的硬件能耗相比其他任务硬盘的能耗波动较为明显,如图 3-11 所示。同时 CPU 能耗的增加部分是由硬盘读写时控制 CPU 等待引起的。但是,CPU 等待不会导致过多的功率增加,因此可以观察到 CPU 的能耗较低且与硬盘能耗呈现相同长期趋势。这是由于 dedup 是一种重复数据删除的压缩任务。因此在 dedup 任务中,硬盘和 CPU 的交互较多,而和内存的交互较少。

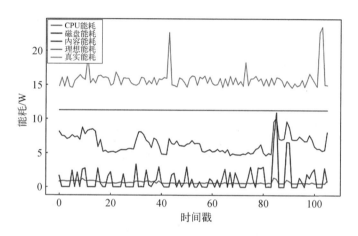

图 3-11　磁盘 & 内存密集型工作流解释结果

同时,由于 dedup 这类磁盘 & 内存密集型工作流 CPU 工作态较少,导致整体能耗较低。服务器 idle 态功率为 15.4 W,而 dedup 运行时平均功率仅为 17 W。磁盘 & 内存密集型工作流具有硬件能耗低、占用硬件资源使用率少的特点,因此在云数据中心磁盘 & 内存密集型工作流调度策略设计中,不必过多考虑服务器硬件使用情况,仅需考虑服务器安全运行能耗上限,可以和其他类型工作流捆绑调度。

3. CPU 和内存密集型与 CPU 和磁盘密集型工作流

在 CPU& 内存密集型工作流中,包含 canneal 和 raytrace 两种任务。这两种任务分别是模拟缓存感知退火和实时光线追踪任务,内存能耗波动和真实能耗波动呈现高度相关性(图 3-12)。在 CPU& 磁盘密集型工作流中,包含 vips 和 x264 两种任务。这两种任务分别是图像处理任务和 H.264 视频编码任务,内存能耗波动和真实能耗波动也呈现高度相关性,如图 3-12 所示。

与 ferret 相似,CPU& 内存密集型和 CPU& 磁盘密集型工作流都具有较高的内存缓存命中率,会直接影响 CPU 的使用率和能耗。因此在云数据中心 CPU& 内存密集型工作流和 CPU& 磁盘密集型工作流调度策略设计中,主要将内存和磁盘的能耗作为调度依据。

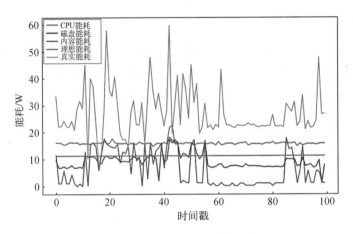

图 3–12　CPU& 内存密集型工作流与 CPU&
磁盘密集型工作流解释结果

3.3　云数据中心虚拟化环境能耗评估方法

　　近些年,云数据中心的数量和规模越来越大,导致云数据中心产生的能耗也越来越多,这引起了各界的广泛关注。IT 设备能耗是云数据中心的主要能耗之一,而 IT 设备的能耗主要来源于物理机,物理机上运行的虚拟化环境则是物理机能耗产生的主要原因。虚拟化资源的调度在云数据中心是一项至关重要的任务,同时虚拟化环境的能耗是虚拟化资源调度的一个重要参考指标。虚拟化环境主要包括虚拟机和容器,但它们的能耗无法直接测量得到。因此,需要建立一个用于评估虚拟机和容器的能耗评估算法。本节分别从虚拟机和容器两方面着手,探讨了目前虚拟化环境能耗评估的问题。

3.3.1　虚拟机能耗评估方法

　　本节主要解决的是虚拟化环境能耗评估中的虚拟机的能耗评估问题。虚拟机能耗评估中有两个主要问题,第一个问题是在云数据中心中,由于虚拟机的创建、迁移和销毁,单台物理机上的虚拟机数量是动态变化的。如果采用所有虚拟机的状态指标(特征)数据训练评估模型会导致每次虚拟机数量发生改变时,输入模型的特征数也会发生改变,最终导致模型需要重新训练才能满足新的特征数量的要求。频繁的模型重训练会带来额外的资源开销和能源消耗。第二个问题是不同云数据中心采用的虚拟化架构不同,导致能够采集到的虚拟机状态指标不同,从而需要建立不同的能耗评估模型。设计一个通用的虚拟机能耗评估模型是各界的关注重点。

　　1. 基于决策树的分段线性模型

　　本节中,采用基于决策树的分段线性模型对虚拟机能耗进行评估。决策树是一种自上而下,通过 if-then-else 规则进行数据划分,最后形成树型分类的过程。建树的过程也是择优的过程。常见的决策树算法有 ID3 算法、C4.5 算法和 CART 算法,它们除了择优标准不同以外,其他具体的实现细节上也有些许不同。

ID3 算法和 C4.5 算法只能用于分类任务,因此它们择优标准采用的也是概率相关的信息增益和信息增益率,衡量的是当已知某个特征时,在整个数据集上其类别的不确定性降低的程度。ID3 算法会偏向于取值较多的特征,因为特征取值越多意味着确定性更高。C4.5 算法则在 ID3 算法信息增益的基础上考虑了该特征的经验熵,对取值较多的特征进行惩罚,避免 ID3 的过拟合问题,提升决策树的拟合能力。CART 算法既能用于分类任务又能用于回归任务,只是择优标准不同。在分类任务上,CART 算法采用的是基尼指数,该标准主要衡量的是当前数据集的纯度,即从当前数据集中随机取出两个样本,这两个样本类别不同的概率。所以基尼指数越小,数据纯度越高。在回归任务上,CART 算法采用的是平方误差来作为择优标准,通过启发式算法寻找能让划分之后在两个子集上平方误差最小的最优划分特征和最优划分值。因此 CART 算法每个分支节点都只会产生两个分支,而 ID3 算法和 C4.5 算法的每个分支节点能产生多个分支。因此,ID3 算法和 C4.5 算法不同层级之间特征不会复用,而 CART 算法则可以复用。

决策树为防止过拟合采用了各种剪枝策略,剪枝策略可分为预剪枝策略和后剪枝策略。预剪枝策略是指在树生成的过程中就及时停止树的生长,主要有基于树深度、基于叶子节点数、基于划分增益阈值、基于叶子节点上最小样本数的预剪枝策略。预剪枝有算法简单、想法直接、效率高等优点,适合处理大规模数据下的问题。后剪枝策略是指先让树完全生长,再通过特定方法将置信度不高的子树替换为叶子节点,主要有基于误差降低剪枝、悲观代价剪枝、代价复杂度剪枝、最小误差剪枝这些后剪枝策略。后剪枝方法相比预剪枝方法有更小的欠拟合风险,因为预剪枝的停止条件比较难精确预测。

考虑到决策树的可解释性和分段性,对 CART 算法进行了改进使其更适用于当前虚拟机能耗评估的场景。

本节采用基于决策树的分段线性模型而非其他非线性模型的主要原因是决策树和线性模型相比其他模型有更为优异的可解释性,且在线运行效率高。对于本节所提出的方法而言,决策树上不同叶子节点代表的是不同的虚拟机状态,同时表示的是每一段的线性模型。

本节所提出的模型和 CART 回归树相似,在叶子节点处有所不同,模型结构如图 3 - 13 所示。在每个分支节点根据特定特征和特征值会划分出两个子节点,子节点再决定是否继续划分。分支节点上存储的就是该节点的划分特征与划分点,以及左右的两个结点。而在叶子节点上则进行线性模型的拟合以及计算,因此,叶子节点上存储的是该段数据的特征权重向量以及偏置项。

最优划分特征与最优划分点的选择是分支节点上的一个关键问题。由于物理机能耗数据是连续型数据,这是一个回归问题,基于信息增益最大化的传统方法并不适用。对于回归问题,本节采用最常见的平方误差作为划分点的选择标准,该误差表示如下:

$$\text{Err} = \sum_{\kappa}^{d} (P_{\text{pred}_{\kappa}} - P_{\text{true}_{\kappa}})^2 \qquad (3-42)$$

式中,d 表示划分到当前节点的数据的数量;$P_{\text{pred}_{\kappa}}$ 表示对于当前第 κ 个数据该线性模型的预测值;$P_{\text{true}_{\kappa}}$ 表示对应的物理机的真实能耗值。

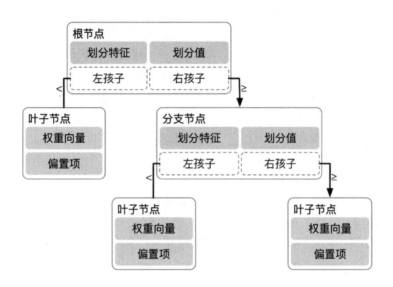

图 3-13　虚拟机能耗模型的结构图

对于每一个特征 c,该特征在当前节点的数据中有 u 个不同的取值,先把这些值从小到大排列,记为 $\{c_1, c_2, \cdots, c_u\}$。 对于每两个相邻值 c_ι、$c_{\iota+1}$,可以取出一个划分点 $t = \dfrac{c_\iota + c_{\iota+1}}{2}$ 将当前结点的数据划分为两个子集。因此可以得到一个关于该特征下所有可选划分点的集合 T_c,表示如下:

$$T_c = \left\{ \frac{c_\iota + c_{\iota+1}}{2} \,\middle|\, 1 \leqslant \iota \leqslant u - 1 \right\} \qquad (3-43)$$

对于 T_c 中每个划分点 t,分别计算划分后左右两个孩子节点上的模型在划分子集上的误差并对它们求和。如果划分后的误差比划分前降低超过了阈值 τ,则该划分特征和划分点对(c, t) 将作为一个备选方案。直到所有特征点下的所有划分点都遍历完成,将带来最小误差的划分特征-划分点对$(c_{\text{best}}, t_{\text{best}})$ 作为最优选择。如果没有任何一个 (c, t) 能让误差降低超过阈值 τ,则在该节点处不再进行划分,而是将该节点作为一个叶子节点并训练一个线性模型,该模型的参数将会保存在叶子节点上。

当划分到叶子节点上的数据太少时,这不利于线性模型学习真实的数据分布。因此,设定当被划分到孩子节点的数据子集的大小小于阈值 γ 时,不会将该次划分加入划分备选方案中。

2. 实验设计

1) 数据集处理

首先将采集得到的数据根据每个任务划分训练集(70%)和测试集(30%)。其次,将所有任务的训练集都拼接起来,最终得到了一个 PARSEC 上所有任务的混合训练集;并将所有任务的测试集拼接起来得到了 PARSEC 上所有任务的混合测试集。

在特征的选择上,选择了 OSM 中最常用的指标,包括 CPU 使用率、内存使用率、硬盘读/写字节数以及网络接收/发送字节数。由于硬盘读取字节数和硬盘写入字节数对能耗的贡献是相同的,因此将这两个特征直接相加作为一个特征——硬盘读写字节数。这些特征属于系统层级指标。而且,这些特征是 docker stats 原生支持的指标,不需要安装额外的插件去采集。

为了保证容器能耗评估的准确性,需要确保容器特征和虚拟机特征一一对应。因此,将 collectd 采集到的虚拟机特征和 docker stats 采集到的容器特征进行比较是非常必要的。表 3-5 展示了 docker 特征对应的虚拟机特征名。由于硬盘读和写对能耗的贡献没有明显的不同,将其相加作为 collectd 的"Disk.vda.Disk octets.rw"和 docker stats 的"block_io"。

表 3-5 与虚拟机特征对应的容器特征

特 征 名	collectd	docker stats
CPU usage	cpu.all.usage.percent	cpu%
Memory usage	Memory.used.percent	mem%
Hard Disk write bytes	Disk.vda.Disk octets.write	block_in
Hard Disk read bytes	Disk.vda.Disk octets.read	block_out
(相加)Hard Disk read/wirte bytes	Disk.vda.Disk octets.rw	block_io

当将容器特征直接代入到虚拟机模型中时,需要注意的是不管虚拟机有多少个核心,通过 collectd 采集到的虚拟机 CPU 使用率的范围是 $[0, 100]$。而通过 docker stats 采集到的容器 CPU 使用率的范围是 $[0, 100\times\theta]$,θ 表示 CPU 核心数量。因此,在对数据进行标准化的时候,有必要将容器和虚拟机的标准化范围分开设定而不是设置成相同的范围。

2) 实验超参数配置及运行环境

实验中使用的评价指标是标准化的均方根误差(NRMSE),具体的计算公式如下:

$$\mathrm{NRMSE} = \frac{\sqrt{\frac{1}{n}\sum_{i}^{n}(y_i - y_i')^2}}{\sigma} \tag{3-44}$$

式中,y_i 是测量值;y_i' 是模型的输出值;n 是样本数量;σ 是所有测量值的标准差。

在所提出的模型中,将最小划分子集大小 γ 设置为训练集尺寸的 1%,而对于特别小的训练集,规定 γ 不能小于 30,最小误差降低阈值 τ 设置为 20。

实验所使用的软硬件环境详见表 3 - 6。所提模型是运行在 CPU 上的,软件实现则主要是借助了 Scipy 包中的方法实现非负最小二乘线性回归。

表 3 - 6 运行实验的物理机的软硬件配置

项　　目	内　　容
CPU	Inte® Xeon® CPU E5-2660 v2 @ 2.20 GHz
内存	128 GB
硬盘	500 GB HDD
操作系统	CentOS Linux release 7.6.1810 (Core)
编程语言	Python 3.6.8
相关软件包	Scipy 1.4.1

3. 准确性分析

本节所提出的模型与最小二乘线性模型,分段线性模型,CART 回归树进行了比较。对于最小二乘线性模型,通过设置参数 postive 为 True 保证了模型的权重为非负;对于分段线性模型,则是在原有线性模型的基础上以[0.25, 0.5]的 CPU 使用率划分成了三段最小二乘线性模型;对于 CART 回归树,同样采用 MSE 作为划分点选择标准,并且最小划分子集的大小也和本节所提模型相同。

分别将这四个模型在所有任务的总测试集以及各个任务的测试集上进行测试,最终的比较结果见表 3 - 7。

表 3 - 7 各个模型给在不同任务上的性能

任务名称	线性模型	分段线性模型	回归树	本节所提模型
所有任务	0.771 2	0.768 4	0.453 4	0.395 8
blackscholes	0.951 3	0.917 4	0.588 0	0.541 4
bodytrack	0.887 3	0.864 9	0.725 3	0.708 9
canneal	4.213 7	4.197 6	2.050 0	1.271 8
dedup	2.009 5	1.977 1	1.295 0	1.402 5
facesim	0.918 9	0.916 2	0.378 0	0.262 4
ferret	0.697 7	0.720 0	0.378 5	0.330 8
fluidanimate	0.568 2	0.567 9	0.192 3	0.164 5
freqmine	0.380 8	0.390 9	0.262 9	0.230 6
raytrace	0.573 8	0.586 8	0.857 7	0.602 0
streamcluster	1.184 2	1.222 7	0.455 9	0.348 4
swaptions	0.714 3	0.730 5	0.179 6	0.209 4
vips	1.454 3	1.433 1	0.876 2	0.806 6
x264	1.168 7	1.151 7	0.650 2	0.595 3

　　在所有任务的测试集上,所提出的方法的误差是小于另外三个模型的,说明该模型在大部分任务上表现都相对优异。而分段线性模型相比线性模型能效评估性能有所提升,但提升并不明显,而且在有的任务下性能甚至有所下降(如 ferret、freqmine、raytrace 等)。这是因为通过人工设定分割点不够准确,最后划分得到的不一定是最优的能耗曲线。

　　通过表 3-7 可以发现所有模型在 canneal 与 dedup 任务下都没有那么理想,NRMSE 都在 1 以上。尤其是在 canneal 这个任务上,线性模型和分段线性模型的 NRMSE 都超过了 4.0,需要对这一现象进行进一步研究。造成这一现象的主要原因之一是这两个任务下的能耗波动较小,导致 NRMSE 计算公式中的分母真实值的标准差较小,在分子数值相同的情况下,NRMSE 的值会更大。

　　同时,图 3-14 为 canneal、dedup 和 fluidanimate 这三个任务下的特征-能耗对比。

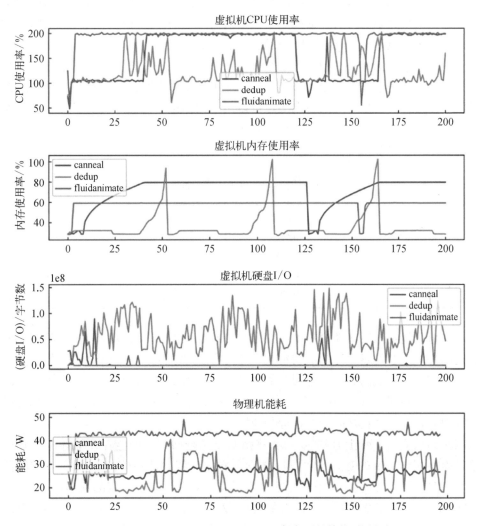

图 3-14　canneal、dedup 和 fluidanimate 任务下的特征-能耗对比

从图 3-14 中观察到 canneal 和 fludianimate 任务存在双核 CPU 满载(CPU 使用率 200%)的时间段,该时间段内 canneal 任务下的物理机能耗只有 fludianimate 任务下物理机能耗的 60%。同时在 canneal 下,单核满载与双核满载情况下的能耗差值相差不大,这与其他任务(如 fludianimate 任务)下学习得到的 CPU 使用率的权重不同,因此导致了较大的误差。

导致这一现象的另一个主要原因是任务类型。从图 3-14 中可知,canneal 和 dedup 任务是混合型任务,不是纯 CPU 密集型任务。纯 CPU 密集型任务在四个模型下表现都相对较好,说明模型学习到了 CPU 密集型的下的特征与能耗之间的关系。但该关系与混合型任务中的特征与能耗之间的关系存在差异,因此导致混合型任务的 NRMSE 偏高。

4. 多时间粒度分析

观察图 3-14 中的 fluidanimate 任务的物理机能耗曲线可以发现一些规律性的突变(如第 60 秒、第 120 秒和第 180 秒),这些能耗突变并非是虚拟机层级产生的,而是 OpenStack 平台控制节点检测计算结点是否存活的定期通信所产生的。这些非虚拟机所产生的能耗波动对于虚拟机来说是扰动数据,需要通过特定方法去除。

一种是通过特定的异常点检测算法对异常点进行标记并将它们从数据集移除。另一种是通过平滑的方法减小这些扰动的影响,该方法更为常见,因此,采用该方法对数据进行处理。同时通过平滑方法处理后的数据集也可以用于评估该模型在多时间粒度上的性能。

在原有时间粒度为 1 s 的基础上,测试模型在 10 s 和 30 s 粒度上的能耗评估效果。最后在所有任务下的模型效果如表 3-8 所示。

表 3-8 在不同时间粒度下的模型性能(NRMSE)

时间粒度	1 s	10 s	30 s
线性模型	0.771	0.74	0.741
分段线性模型	0.768	0.74	0.737
回归树	0.453	0.411	0.325
本模型	0.396	0.305	0.298

从表中可以发现当时间粒度从 1 s 上升到 10 s 时,平滑减少了上文描述的物理机所造成异常数据的影响,同时,频繁波动的特征在平滑后趋势也相对平缓,导致在所有模型上的能耗评估效果都有了一定的提升。但对于线性模型和分段线性模型,平滑对于其能耗评估性能的提升效果并不明显,说明这两个模型已经不再适用于当前存在 DVFS 技术的机器架构,不能很好地对特征与能耗之间的关系进行建模。

而当时间粒度从 10 s 上升到 30 s 时,平滑对于传统回归树的能耗评估性能提升比较明显。这是因为相比 10 s 的时间粒度,30 s 的时间粒度比较大,导致划分到叶子节点的数据的方差更小。对于回归树而言,它的叶子节点本身就是划分到叶子节点的数据的平均能耗值,相比 10 s 的时间粒度,30 s 时间粒度下的数据方差更小,其计算得到的误差更小。而对于本模型而言,大粒度的平滑并不会让模型更加准确,因为大粒度下特征与能耗之间的关系不会发生变化,而那些扰动已经在小粒度平滑时消除了,所以对性能的提升不大。

由此可见,所提出的模型在多时间粒度上都能有较好的效果,可以应用于不同粒度的虚拟机能耗评估。

3.3.2 基于虚拟机能耗模型的容器能耗评估方法

容器是虚拟化资源调度和迁移的最小单元,因此,容器的能耗评估对云数据中心智能调度具有重要意义。但容器能耗建模方面的研究相比虚拟机能耗建模的研究工作偏少。对于虚拟机中的容器能耗评估问题,目前主要有两种方案。第一种方案是基于虚拟机能耗评估得到容器能耗。首先,通过建立好的虚拟机能耗模型评估得到对应的虚拟机能耗;其次,将评估得到的虚拟机能耗作为 Ground Truth,建立采集得到的容器的状态指标和虚拟机能耗之间的模型。与虚拟机能耗评估采用的真实的 Ground Truth 相比,容器能耗评估采用的 Ground Truth 是评估得到的,该 Ground Truth 存在一定的误差,在这个误差上构建模型会带来更大的误差。对于该方案,需要保证虚拟机能耗评估模型有较高的评估精度。第二种方案是只建立一次模型解决虚拟机内容器能耗评估问题。在该方案下可细分为两个分支。第一个分支是直接将虚拟机能耗评估和容器能耗评估融合到一个模型中,建立虚拟机和容器的状态特征与物理机能耗之间的关系。第二个分支则是借助虚拟机能耗评估模型评估容器能耗。

由于第一种方案在不同数据上普适性不高,且已成功构建了虚拟机能耗评估模型,本节最终采用的是第二种方案的第二个分支。具体的实现将在下文中详细阐述。

1. 容器能耗评估方法

由于容器能够作为运行在宿主机上的一组进程组,容器的状态特征可以直接代入到虚拟机模型中从而求解得到容器能耗,但需要满足两个前提条件。第一个前提条件是虚拟机的特征是从系统层面采集得到的,以此保证这些特征是由虚拟机内所有进程(包括系统进程)的特征构成的。第二个前提条件是采集到的容器特征能够和虚拟机的特征一一对应。满足以上两个条件后,能够直接使用虚拟机的能耗模型进行容器能耗评估。

由于特征之间的依赖关系,例如,硬盘 I/O 字节数的提升也会导致 CPU 使用率的上升,偏置项也表示容器所消耗的能耗。由于 CPU 使用率对能耗的贡献远大于其他特征,公式(3−45)中的偏置项之和 B 能够通过每个容器 CPU 使用率占总容器 CPU 使用率的比例分解到各个容器上。因此对于在特定虚拟机类型 z 上的容器 t 的能耗可表示如下:

$$P_{\text{container}_t} = W_z^{\text{T}} D + \frac{x_{\text{CPU}_t}}{\sum_r^h x_{\text{CPU}_r}} B \qquad (3-45)$$

式中,W_z 表示容器 t 所在的虚拟机对应的类型 z 的权重向量;$D = \{d_1, d_2, \cdots, d_p\}$ 表示的是和虚拟机特征向量对应的容器 t 的特征向量;h 表示在该服务器上所有容器的数量;x_{CPU_r} 表示第 r 个容器的 CPU 使用率。

该模型直接利用虚拟机能耗评估模型评估得到容器能耗,避免了二次建模造成更大的拟合误差,从而实现虚拟机中容器的能耗评估。

2. 容器能耗评估框架

图 3-15 是本节模型的整体框架。首先在第一阶段为虚拟机和容器特征数据的相关处理;其次,在第二阶段将处理好的虚拟机数据代入虚拟机模型中,根据模型的划分条件找到对应叶子节点并获取对应参数;最后,在第三阶段,将容器数据和第二阶段获取得到的参数进行相应的运算,最终得到容器能耗评估结果。

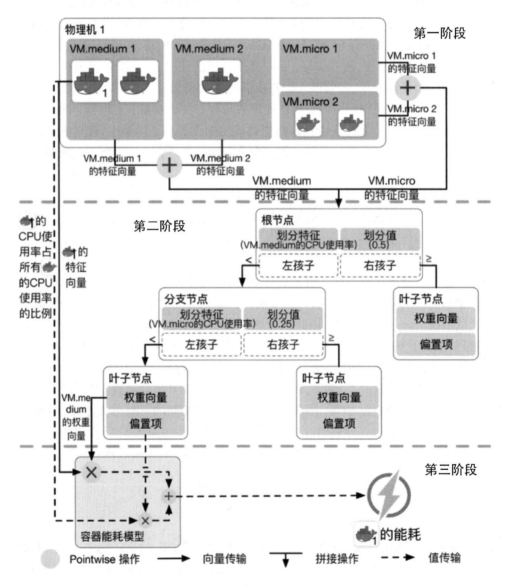

图 3-15 容器能耗评估整体框架

第一阶段为数据预处理阶段。如图 3-15 所示，物理机上运行着两种类型的虚拟机，分别为 VM.medium 和 VM.micro。虚拟机 VM.medium 1 和虚拟机 VM.micro2 中运行着两个容器，虚拟机 VM.medium 2 中运行着 1 个容器，而 VM.micro1 中没有运行容器。首先获取该时刻各个虚拟机的特征，然后将相同类型的虚拟机的特征向量相加，如图 3-15 所示，即虚拟机 VM.medium 1 和虚拟机 VM.medium 2 的特征向量加和作为虚拟机类型 VM.medium 的特征向量，虚拟机 VM.micro1 和虚拟机 VM.micro2 的特征向量加和作为虚拟机类型 VM.micro 的特征向量。如果该物理机上还可能存在虚拟机类型 VM.large，就算目前物理机上没有运行该类型的虚拟机，也需要将该类型的特征向量独立出来，全部置为 0。然后将各个虚拟机类型的特征向量按照一定的顺序拼接起来，例如［VM.large，VM.medium，VM.micro］，最终得到符合第二阶段模型输入特征维度的特征向量。同时，该物理机上所有容器的 CPU 使用率也会被加和作为总容器 CPU 使用率以备后用。

第二阶段与其说是模型评估阶段，不妨说是状态搜寻阶段。所谓状态搜寻，指的是根据决策树的划分条件，找到当前该物理机上所有虚拟机在某个时刻所处的状态。以图 3-15 为例，当前时刻的虚拟机类型特征向量经过第一个划分节点时，发现虚拟机类型 VM.medium 的 CPU 使用率小于 0.5，则该条数据被划分到该分支左侧的孩子节点。由于该孩子节点也是划分节点，继续进行划分，根据划分条件发现虚拟机类型 VM.micro 的 CPU 使用率小于 0.25，则将该条数据划分到左侧的孩子节点。该孩子节点为叶子节点，找到当前物理机上所有虚拟机所处的状态为虚拟机类型 VM.medium 的 CPU 使用率小于 0.5，虚拟机类型 VM.micro 的 CPU 使用率小于 0.25 的情况。同时也获取到了当前虚拟机状态对应的权重向量和偏置项，将这两个信息存储起来等待第三阶段使用。

第三阶段也是最关键的一个阶段，即容器能耗评估。由于第一阶段获取得到的容器的特征向量和第二阶段获取得到的虚拟机类型的特征向量两者的权重向量的维度不一，在此处有两种处理方案。第一种方案是根据容器所在的虚拟机对应的虚拟机类型从权重向量中截取对应虚拟机类型的权重向量，然后将这两个较短的向量做点乘得到容器能耗式(3-45)的前半部分；另一种方案是将容器特征向量拓展到权重向量的维度，将除该容器所在虚拟机的虚拟机类型以外的特征值都填充为 0 后，让两个长向量做点乘。为了简化模型的计算量，在本节中采用的是第一种方案。对于式(3-45)的后半部分，采用当前容器 CPU 使用率占所有容器的 CPU 使用率之和的比例将偏置项划分到各个容器上。最后将这两个部分相加，最终计算得到该容器的能耗。

3. 实验

在将虚拟机模型建立完成之后，即可对容器层级的能耗进行评估。在描述容器能耗评估方法时，说明了可以将容器视为虚拟机里的进程组，将容器与虚拟机对应的特征代入虚拟机模型中来评估其能耗。而不需要再通过容器级特征去拟合虚拟机能耗，因为这会造成二次误差，导致与真实情况产生较大偏差。

为了保证容器能耗评估方法提到的两个条件，对于图 3-14 中的容器和虚拟机的特征，还需要对比其是否有相同的趋势，是否为同步增长的。且一般情况下，容器的这些特征值不会超过虚拟机的特征值。

从图 3-16 中可以发现,docker 与虚拟机的特征曲线并不是完全贴合的。从 CPU 使用率来看,docker 的 CPU 使用率在上升时可能会较虚拟机的 CPU 使用率上升滞后 1 s 左右的时间,一种原因是宿主机首先会通过 cgroup 中的调度程序获取系统资源,然后才将资源提供给 docker 使用。另一种原因是虽然是同一秒采集的,但 docker 的状态是在前半秒采集的,而虚拟机的状态是后半秒采集的,导致看上去 docker 会比虚拟机慢半拍。在满载状态时,docker 的 CPU 使用率与虚拟机的 CPU 使用率是相仿的,因为在这个状态下几乎所有 CPU 都被 docker 所使用,虚拟机 CPU 状态表现的就是 docker 的 CPU 状态。而后半段容器 CPU 使用率低而虚拟机 CPU 使用率较高,仔细观察对应的硬盘 I/O 字节数的子图可以发现,在该段下虚拟机硬盘读写频次与字节数都比 docker 要高,所以导致了虚拟机的 I/O 等待状态下的 CPU 使用率升高。而造成这个现象的主要原因是 docker 对文件系统进行读写时,宿主系统需要进行额外的操作。比如说容器在对文件系统中现有文件进行修改时,对于 docker 来说只是修改了单个文件,但对于宿主系统来说,该文件会从只读层复制到读写层,而原始的只读版本文件将会被隐藏,因此会给宿主系统带来额外的开销。内存使用率的趋势则相对平稳,所以从图中也可以直接看出虚拟机内存使用率是在虚拟机的原始内存使用率的基础上加上了变化的 docker 内存使用率。

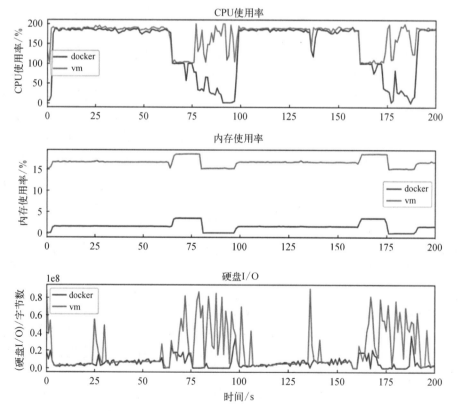

图 3-16　虚拟机和运行在该虚拟机中 docker 的 CPU
使用率、内存使用率、硬盘 I/O 字节数对照

虽然大部分的 docker 特征值是不大于虚拟机的特征值的,但也有部分 docker 特征值超过了虚拟机的特征值。导致这些偏差的原因可能有很多,比如采集的时间点有些许偏差或采集依据的标准不完全一样。对于这些数值,在后续计算过程中会进行舍弃。

满足上述条件后,就可以将容器的特征代入到虚拟机模型中以计算容器能耗。图 3 - 17 表示的是在同一个物理机下分别在两个虚拟机里的容器在虚拟机模型下的评估结果。

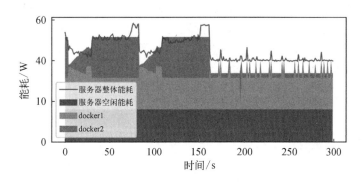

图 3 - 17　docker 能耗评估结果与物理机能耗对比

图 3 - 17 中最上面的那条红线表示的是该服务器的能耗曲线。最底部的部分代表服务器空闲状态能耗,在实验机器上为 16 W 左右。中间两块分别对应在虚拟机 1 中 docker 以及在虚拟机 2 中的 docker 通过虚拟机模型计算得到的能耗值。

对比图 3 - 16 中的曲线可以发现,虽然图 3 - 17 中最上侧的两条曲线并没有完全贴合,但整体的趋势是相同的。而容器总能耗与物理机能耗之间的空隙主要是由于在运行 docker 时,虚拟机内存在部分非 docker 本身状态所导致的能耗,该部分能耗是虚拟机调度 docker 所产生的能耗,在所提出的模型中是无法将这部分算作容器产生的能耗的。还有部分能耗是因为物理机本身所产生的能耗,就比如之前提到过的 OpenStack 的计算节点存活检测所导致的能耗。

图 3 - 17 中有部分空闲状态能耗与容器能耗之和超出了物理机能耗。由图 3 - 17 可知,在 [5, 80] 和 [80, 160] 之间,由于运行的是相同类型的任务,容器的能耗是相同的。而且服务器的总体平均能耗与容器能耗之和相对一致。因此,提出的方法能较好地评估运行在虚拟机中的容器的能耗,为容器调度提供数据基础。

3.4　云数据中心多指标融合的能效定性评估方法

云计算既推动着云数据中心规模快速增长,也带来了巨大的能源消耗。如何制定合理的云数据中心能效评估标准已成为指导云数据中心能效提升亟须解决的关键问题。针对单一指标很难全面衡量云数据中心的能源效率,且不同的云数据中心能效指标各有侧重,甚至存在互相矛盾的问题,本节提出了将多指标进行融合来综合评估云数据中心的能效,采用了主客观结合的赋权方法,为不同的能效指标设置权重,设计了基于云模型的多指标融合评估策略,得到了更加科学、全面的云数据中心能效评估结果。最后,利用灰色

大规模云数据中心智能管理技术及应用

关联法分析了评估结果与各能效指标之间的关系,分析结果对云数据中心能效的提升具有重要的指导意义。

3.4.1 云数据中心能效评估指标体系

云数据中心的电力来源通常来自电网或备用发电机,输入到云数据中心的能量将转换到它驱动的组件上,这些转换由于效率低而导致能量耗损。在某些云数据中心与其他业务并不独立分开的企业,云数据中心的能源消耗与办公室及生产消耗是没有严格区分的,因此,云数据中心的能耗极为复杂。云数据中心能效指标的选择应遵循以下原则:

(1)指标是可测量的,并且需要独立于硬件设备,如果它们无法测量,至少可以精确地预测;

(2)指标是独立的,不同指标之间没有重叠;

(3)指标是全面的,指标应该能够体现其衡量的功能系统能效,能够整合云数据中心的所有能效影响因素;

(4)指标应以优化云数据中心能源效率为导向,反映云数据中心能源效率,并有可追溯的优化方向;

(5)指标的测量不能消耗过多的资源,同时又不能影响正常的业务;

(6)指标的度量尺度和粒度需要满足实际的评估需求;

(7)指标可以有效地度量多个云数据中心的性能,并且是可推广的。

基于上述原则选取了5个云数据中心能效指标,这5个指标涵盖了云数据中心能耗的各个子系统,能够综合评估云数据中心的能效,这5个指标如下。

PLF:供电负载系数是云数据中心供配电系统的耗电与IT设备耗电量的比值。

CLF:制冷负载系数被定义为云数据中心的制冷设备功耗与IT设备功耗的比值。制冷是云数据中心能源消耗的主要来源之一,降低冷却能耗是提高云数据中心能源效率的关键。

oPUE:其他因素的能源使用效率是指除主要设备外所消耗的能源,例如IT设备、制冷设备及供配电设备、照明、消防、监控等。

CUE:二氧化碳使用效率是一个衡量云数据中心碳足迹的可持续性指标。CUE被定义为二氧化碳排放与IT设备使用能源的比值。

sPUE:服务器电力使用效率是IT设备消耗的电力与服务器消耗的电力的比值。

3.4.2 云数据中心多指标融合的能效定性评估模型

多指标融合的原理是从多个维度出发以全面评估云数据中心的能效,通过建立多指标分析过程将复杂的总体问题转换为多个细小的问题,从而提高评估结果的有效性和可靠性。多指标融合的能效定性评估模型利用主客观结合的赋权方法为指标加权,云模型将不同的指标加以融合得到定性评估结果,在此基础上,利用灰色关联分析得到各能效指标对评估结果的影响程度。云数据中心多指标融合的能效定性评估模型如图3-18所示。

云模型是一种不确定性识别模型,基于概率统计和模糊理论实现定性概念与定量数据的转换。普通的云模型已被证明具有通用性和适应性,已逐渐发展成为具有完善理论的认知模型,在时间序列预测,空间数据挖掘,综合评估以及其他领域都得到了广泛应用。利用云模型能够有效地完成云数据中心能效分级过程中定量和定性的转换。

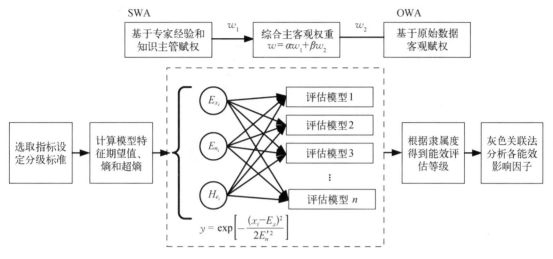

图 3-18　云数据中心多指标融合的能效定性评估模型

在云数据中心的多指标能效评估中要考虑的不确定性有两类: ① 随机性: 不同云数据中心的服务类型有差异且客户端存在动态且多变的用户行为,云数据中心能效指标相关数据的监测与采集也存在一定的困难;② 模糊性: 能效分级的概念是存在模糊性的,云数据中心本身的复杂性等也都决定了云数据中心能效无法精准评估。随机性与模糊性不可避免地与云数据中心的能效评估联系在一起。利用云模型从多个维度对云数据中心的能效进行评估,不仅克服了单一指标的不足,也兼顾了云数据中心能效评估存在的随机性与模糊性问题。

云模型主要由三个云数字特征(E_x, E_n, H_e)组成,分别代表云模型的期望值、熵和超熵,这三个特征值被用来描述整体概念。一个数字特征为$(15, 4, 0.3)$的正向云模型如图 3-19 所示。云模型的定义如下:假设有一个用精确数值表示的定量论域 Z, C 是 Z上的一个定性概念,如果论域 Z 中的随机数 $x \in Z$,且 x 是有稳定倾向的定性概念 C 的一个随机实现,样本值 x 满足 $x \sim \mathrm{Normrnd}(E_x, E_n'^2)$,并且 x 对 C 的隶属度满足 $\mu(x) = \exp\left\{-\dfrac{(x-E_x)^2}{2E_n'^2}\right\}$, $E_n' \sim \mathrm{Normrnd}(E_n, H_e^2)$,那么 x 在 Z 上的分布称为云。

虽然云模型评估充分利用了云模型所包含的信息,但是它没有考虑实际评估中不同指标对云数据中心综合能效的影响,考虑到云数据中心能效指标的重要性存在一定差异,有必要将指标权重与云模型相结。赋权通常有两种方法:主观赋权和客观赋权。主观赋权是基于人们对事物的理解、经验和知识,结合具体的判断规则,为不同的指标设定权重,存在一定的主观性。客观赋权是根据数据样本来获得相应的权重,存在脱离实际情况的风险。本节采用主客观相结合的方法为云数据中心指标设定权重,弱化单一赋权方法的不足。层次分析法(analytic hierarchy process, AHP)是美国匹兹堡大学运算学家 Saaty 教授早在 20 世纪 70 年代初提出的一种主观赋权方法,它是对定性问题进行定量分析的一种灵活实用的多标准制定方法,熵权法是一种有效的客观赋权方法,被广泛应用于工程技术、社会经济等领域,这两种方法的结合被称为最优赋权法。

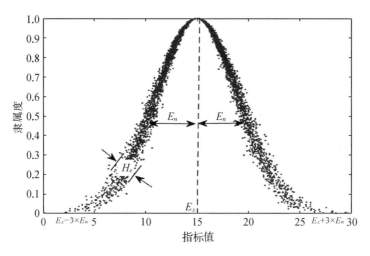

图 3 - 19　标准正态云模型

由于得到能效评估的等级结果同现有的方法一样都仅能起到监管作用,而不能确定影响云数据中心能效的薄弱环节,对于能效的改进缺乏意义,因此引入了灰色关联方法对能效评估的结果进行分析,从而利用评估结果来改进能效。此外,灰色关联分析适用于小样本评估,尤其适用于不易获得数据的场景。云数据中心往往由于测量上的困难缺乏有效的数据,因此应用灰色关联分析法在云数据中心的能效评估中极具优势。

灰色关联方法通过研究数据关联性大小(母序列与特征序列之间的关联程度),通过关联度(即关联性大小)度量数据之间的关联程度。在系统发展过程中,如果两个因素的变化趋势一致,则同步变化程度越高,即两个因素的相关性越高,反之相关性越低。因此,灰色关联方法可以帮助研究人员分析不同能效指标对评估结果的影响程度,从而对云数据中心的能效进行有针对性的改进。

3.4.3　仿真环境下的实验结果和分析

施耐德开发了一系列电力权衡工具。电力权衡工具是基于数据和科学的简单交互式工具,它使得在云数据中心规划期间改变参数、试验场景变得很容易。本研究使用权衡工具模拟具有不同配置的云数据中心,根据专家的经验和调研及数据分布情况,对所选的 5 个指标(PLF、CLF、oPUE、CUE、sPUE)进行分级,结合能效评级标准,各指标对应的能效评级云图如图 3 - 20 所示。

根据综合权重法对云数据中心的能源效率指标进行加权,由于客观加权是根据信息熵和样本数据的变异系数计算的,因此熵值较大时,由于其不稳定性,对结果的影响更大。熵值小的指标值由于不稳定性较低而对结果的影响较小。因此,可能存在重要指标权重较小的情况。本节使用主观加权方法进行调整,得到的主客观权重如表 3 - 9 所示。

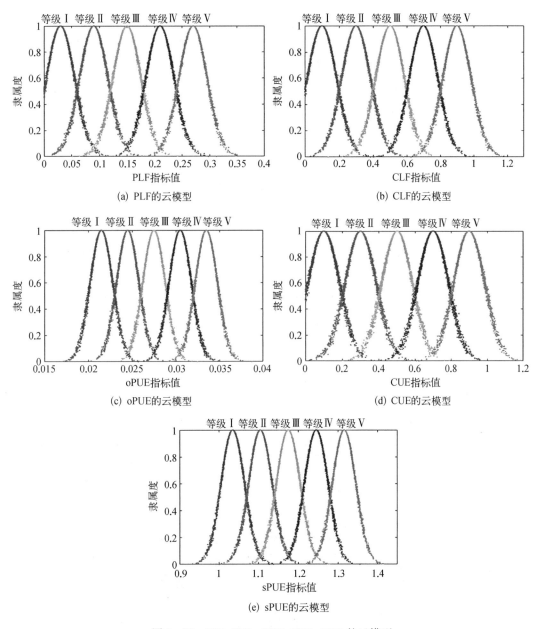

图 3-20 PLF、CLF、oPUE、CUE、sPUE 的云模型

表 3-9 能效指标权重

赋权方法	PLF	CLF	oPUE	CUE	sPUE
主观赋权	0.180 6	0.269 4	0.219 1	0.218 1	0.112 8
客观赋权	0.342 6	0.450 0	0.061 3	0.096 7	0.049 2
混合权重	0.297 4	0.399 6	0.105 4	0.130 6	0.067 0

通过 Matlab 将样本数据引入评估模型进行统计计算,得到不同云数据中心的能源效率评估结果。从表3-10中可以看到评估结果的置信因子 $\theta < 0$,证明评估结果是可信的。此外,利用逼近理想解排序法(technique for order preference by similarity to ideal solution, TOPSIS)、秩和比法(rank-sum-ratio,RSR)和最优赋权法(entropy weight TOPSIS methods, En-TOPSIS)对云数据中心能效进行了评估,其中 TOPSIS 和 En-TOPSIS 得到的都是云数据中心的排名,与本节的云能效评估方法(CEA)的等级结果趋势一致。RSR 也将能效分为5个等级,它的评级结果与云能效评估结果相差不超过一个等级,即结果是相似的。

表3-10 不同评估方法的评估结果比较

编 号	TOPSIS	RSR	En-TOPSIS	CEA
DC.1	I	II	I	I($\theta = 0.046$)
DC.2	II	II	II	II($\theta = 0.047$)
DC.3	III	III	III	III($\theta = 0.033$)
DC.4	IV	III	V	IV($\theta = 0.035$)
DC.5	V	IV	V	IV($\theta = 0.038$)
DC.6	VI	IV	VI	V($\theta = 0.034$)

TOPSIS 和 En-TOPSIS 在实际的评估过程中规范决策矩阵的处理比较复杂,不容易求出理想解,而 RSR 方法在使用的过程中有可能会损失一些数据信息,导致对数据信息的利用不完全。由于这些方法不如云模型在定性与定量转换上的有效性,且无法克服云数据中心能效评估不确定性的特点,云模型的方法在云数据中心的能效评估问题上是更具优势的。CEA 综合隶属度的结果如图3-21所示。

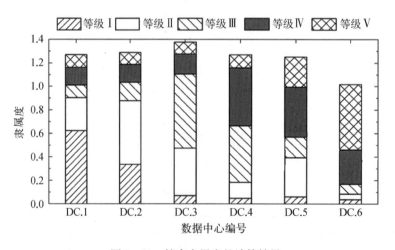

图3-21 综合隶属度的计算结果

将隶属度作为母序列,指标作为特征值序列,利用灰色关联分析得到各指标和隶属度之间的关联度。各能效指标对能效评估结果的关联度如图3-22所示。

可以发现 CUE 是一个高度相关的因素，其次是 CLF。研究云数据中心能效的根本目的是节约能源，实现可持续发展。碳排放控制是提高云数据中心能效的重要环节，这意味着清洁能源在云数据中心的使用将是未来发展的必然要求。该能效研究结果督促云数据中心运营商使用更清洁的能源以减少云数据中心的碳排放，提高能源效率。此外，CLF 对能效评估的结果也有很大影响，这与行业内对云数据中心能效的一般理解是一致的。

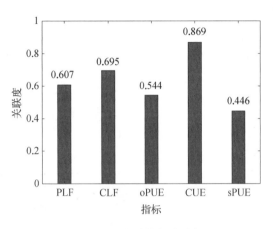

图 3-22　能效指标关联度

3.5　面向云计算的基于 QoS 参数的能效评估方法

一般来说，在实际的能效评估过程中，所评估的标准可以是定性、定量或者是动态的，往往得到的是能效真实值的接近值。本研究以云数据中心 IT 设备作为能效评估方法的建模核心，提出基于 QoS 参数规约的能效评估方法。首先将影响 QoS 需求的三个主要方面的 8 个指标值规约到同一个量纲范围内，所选取的 8 个指标值都是在能测量与采集的前提下，并在不影响系统操作情况下得到；然后建立置信规则库（belief rule base，BRB）评估模型，基于多准则决策方法中的最优最劣方法（best-worst method，BWM）确定 BRB 模型中前提属性的初始权重；然后基于均方误差优化 BRB 模型参数，能够较好解决 QoS 参数抉择时的用户主观性问题；通过求解规则的激活权重，基于证据推理算法集成所有已激活的规则，得到评估结果属性中每个参考值的信念度，最后经 BRB 模型输出得到 QoS 的评估值。在此基础上，通过将 QoS 评估值标准化，建立平均单位能耗下 QoS 值的能效评估模型，通过定量数据的转换技术将定量输入数据转换为信念度的形式，实现对云计算环境下能效的定量定性综合评估。

3.5.1　问题描述

基于 QoS 参数规约的能效评估方法解决的是多种因素如何影响 QoS 需求的问题，需要对各类不同的指标进行集成与分析。因为大多数的指标测量困难，本节主要从中断、存储、效益三个方面对 QoS 需求进行评估。

指标层由性能监视中断次数（irq-PMI）（I_1）、重调度中断次数（irq-RES）（I_2）、不可屏蔽中断次数（irq-NMI）（I_3）、页面缓存内存数（Memory-cached）（I_4）、被使用的文件存储量（df-root-used）（I_5）、传输数据包总数（if-eno1-packets-tx）（I_6）、I/O 负载比（Disk-sda）（I_7）和 CPU 利用率（CPU-usage）（I_8）八个指标组成。指标结构图如图 3-23 所示。

条件 1：目标层与要素层中的指标均为模型中的潜在变量，因为 QoS、中断、存储、效益的评估存在信息不确定性与类型多样化，不能直接表示为线性关系或者通过实际测量。指标层为可观察变量，能够直接通过系统软件确定或者根据网络流量、仪器设备测量得到。

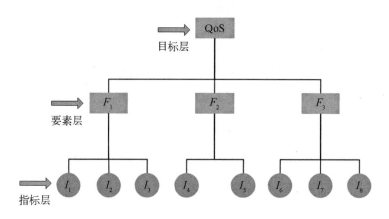

图 3 - 23　指标结构图

条件 2：各层次之间的指标没有线性或非线性关系，每层的指标相互独立，互不影响，建模时不需要考虑指标的独立性。

根据上述条件，基于 QoS 参数规约的能效评估能够建立规则库，即基于 QoS 参数规约的能效评估方法的置信规则库。

子规则库 1（BRB1）：

$$F_1 = \gamma_1^1 I_1 \wedge \gamma_2^1 I_2 \wedge \gamma_3^1 I_3 \tag{3-46}$$

子规则库 2（BRB2）：

$$F_2 = \gamma_4^2 I_4 \wedge \gamma_5^2 I_5 \tag{3-47}$$

子规则库 3（BRB3）：

$$F_3 = \gamma_6^1 I_6 \wedge \gamma_7^1 I_7 \wedge \gamma_8^1 I_8 \tag{3-48}$$

BRB：

$$QoS = \gamma_1^4 F_1 \wedge \gamma_2^4 F_2 \wedge \gamma_3^4 F_3 \tag{3-49}$$

式中，γ_r^q、$q \in [1, 4]$，$r \in [1, 3]$ 为前提属性权重。

3.5.2　基于 QoS 的能效评估模型

建立 BRB 评估模型，因为 BRB 模型中的初始前提属性权重具有较大的主观性，所以首先基于多准则决策方法中的最优最劣方法（BWM）确定 BRB 模型中的前提属性的初始权重，保证初始权重的可靠性，然后通过差分进化算法优化参数，能够较好解决 QoS 参数抉择时的用户主观性问题。经过激活权重的计算，并基于 ER 算法的激活规则集成评估结论的置信度，得到 QoS 的评估值。最终的能效评估值为 QoS 评估值与能耗值的比值。基于 QoS 的能效评估模型（EEE-QoS）如图 3 - 24 所示。

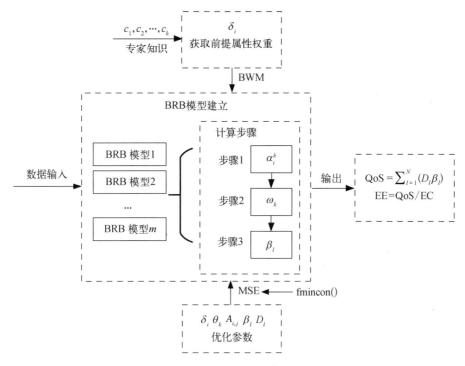

图 3 - 24　基于 QoS 的能效评估模型

1. 证据推理算法

BRB 评估模型推理的第一步是在并集条件下对输入信息进行转换,即计算输入和规则的综合匹配度,根据规则库 I_i 的输入,建立其数值与前提属性参考值 $A_{i,j}(j=1,\cdots,J_i)$ 的对应关系,第 i 个属性与第 k 条规则的综合匹配度为

$$a_i^k = \frac{\varphi(I_i, A_{i,j})}{\prod \varphi(I_{i,j})} \qquad (3-50)$$

$$\varphi(I_i, A_{i,m}) = \begin{cases} \dfrac{A_{i,(j+1)} - I_i}{A_{i,(j+1)} - A_{i,j}}, & m = k, A_{i,j} \leqslant I_j \leqslant A_{i(j+1)} \\ \dfrac{I_i - A_{i,j}}{A_{i,(j+1)} - A_{i,j}}, & m = k+1 \\ 0, & m \neq k, k+1 \end{cases} \qquad (3-51)$$

式中,$\varphi(I_i, A_{i,j})$ 为第 i 个属性与第 j 个参考值的匹配度。

第二步计算规则的激活权重。BRB 的初始规则库中的规则是通过考虑前提属性的参考值来构造的,因此,有必要确定该参考值的置信度,即式(3-52)所计算的综合匹配度,根据综合匹配度、规则权重及属性权重计算当前规则的参考程度,如果 $\omega_k \neq 0$,则说明该规则已

被部分激活。第 k 条规则的激活权重 ω_k 计算如式(3-52)所示:

$$\omega_k = \frac{\theta_k \sum_{i=1}^{M_k} (\alpha_i^k)^{\bar{\delta}_l}}{\sum_k^L \theta_k \prod_{i=1}^{M_k} (\alpha_i^l)^{\bar{\delta}_l}} \qquad (3-52)$$

$$\bar{\delta}_l = \frac{\delta_i}{\max\{\delta_i\}} \qquad (3-53)$$

式中,$\omega_k \in [0, 1]$,$k = 1, 2, \cdots, L$;δ_i 表示第 i 个属性的初始权重,$\bar{\delta}_l$ 为该属性的相对权重。

BRB 推理的第三步运用证据推理的算法对 BRB 中的所有规则进行组合,根据给定的输入信息,采用 ER 解析算法进行组合的过程为

$$\hat{\beta}_l = \frac{\mu \times \left[\prod_{k=1}^L (\omega_k \beta_{l,k} + 1 - \omega_k \sum_{i=1}^N \beta_{l,k}) - \prod_{k=1}^L (1 - \omega_k \sum_{i=1}^N \beta_{l,k}) \right]}{1 - \mu \times \left[\prod_{k=1}^L (1 - \omega_k) \right]}$$

$$(3-54)$$

$$\mu = \left\{ \sum_{l=1}^N \prod_{k=1}^L \left[\omega_k \beta_{l,k} + 1 - \omega_k \sum_{l=1}^N (\beta_{l,k}) \right] \right.$$
$$\left. - (N-1) \prod_{k=1}^L \left[1 - \omega_k \sum_{l=1}^N (\beta_{l,k}) \right] \right\}^{-1} \qquad (3-55)$$

式中,$\beta_{l,k}$ 为第 k 条规则中第 l 个等级的置信度;β_l 为第 l 个后项评估等级 D_l 的置信度。

通过置信度和后项评估等级得到最终的 QoS 评估值:

$$\text{QoS} = \sum_{l=1}^N (D_l, \beta_l) \qquad (3-56)$$

通过 QoS 评估值与能耗值(EC)的比值得到最终的能效值(EE):

$$\text{EE} = \frac{\text{QoS}}{\text{EC}} \qquad (3-57)$$

2. 初始前提属性权重确定

建模时考虑指标的不同前提属性对指标的影响,初始前提属性的确定有三种方法:等属性权重、固定属性权重、优化属性权重。具体地,等属性权重通常设为 1,即所有前提属性均相等;固定属性权重为按照属性与指标的相关性高低设置属性的大小,关联程度越高,属性权重越大,反之亦然;优化属性权重是指为了提高诊断模型的诊断效果,将属性权重作为优化参数进行调整。

本节结合固定属性权重和优化属性权重,通过 BWM,计算初始前提属性权重,再代入

模型优化属性值,将优化值作为最终的属性权重。确定权重使用的方法是 BWM,BWM 可以说是作为层次分析法(AHP)的改进升级,因为 BWM 的成对比较次数比 AHP 要少得多,使得 BWM 的错误风险更小,保证了判断的准确性,其计算结果也具有更高的一致性。在此基础上,BWM 还提出并解决了一个极大极小问题,以此确定不同准则的权重,用相同的方法得到不同准则下备选方案的权重,各个备选方案的最终得分是通过汇总不同标准和备选方案集的权重得出的,并据此选出最佳备选方案。最后,方法还提出使用一致性比来检验比较结果的可靠性。BWM 作为最新的多准则决策方法,在评估问题上能体现其优势所在。

前提属性权重的初始值确认步骤如下:

步骤 1. 确定一组决策准则 $\{C_1,\ C_2,\ \cdots,\ C_n\}$;

步骤 2. 在决策准则集 $\{C_1,\ C_2,\ \cdots,\ C_n\}$ 中确定最佳(例如:最可取、最重要)和最劣(例如:最不理想、最不重要)准则为 C_B 和 C_W;

步骤 3. 使用 1 到 9 之间的数字来决定最优准则相对于其他准则的优先级,得到比较向量 $A_B = (a_{B1},\ a_{B2},\ \cdots,\ a_{Bn})$;

步骤 4. 使用 1 到 9 之间的数字来决定其他准则相对于最劣准则的优先级,得到比较向量 $A_W = (a_{1W},\ a_{2W},\ \cdots,\ a_{nW})^{\mathrm{T}}$;

步骤 5. 由目标规划模型,求得最优权重 $(\omega_1^*,\ \omega_2^*,\ \cdots,\ \omega_n^*)$,其目标模型具体含义是:对于所有的 j,取全部 $\left|\dfrac{\omega_B}{\omega_j} - a_{Bj}\right|$、$\left|\dfrac{\omega_j}{\omega_W} - a_{jW}\right|$ 中最大的一个,使其最小化,即

$$\min \max_j \left\{ \left|\frac{\omega_B}{\omega_j} - a_{Bj}\right|,\ \left|\frac{\omega_j}{\omega_W} - a_{jW}\right| \right\},\ \mathrm{s.t.}\ \sum_j \omega_j = 1,\ \forall j,\ \omega_j \geqslant 0 \tag{3-58}$$

式中,ω_B、ω_W 和 ω_j 分别是 C_B、C_W 和 C_j 的权重;a_{Bj} 和 a_{jW} 表示其他准则对最优准则和最劣准则的不同重要程度值。

3. 能效模型优化

基于 QoS 的能效评估模型中需要优化的参数分别是 $\{\delta_i,\ A_{i,j},\ \theta_k,\ \beta_{l,k}\}$。

优化条件:规则权重 θ_k、前提属性的初始权重 δ_i 和置信度 $\beta_{l,k}$ 应保证在 $[0,\ 1]$ 变化,即

$$0 \leqslant \theta_k \leqslant 1;\ k = 1,\ \cdots,\ L$$

$$0 \leqslant \delta_i \leqslant 1;\ i = 1,\ \cdots,\ M_k$$

$$0 \leqslant \beta_{l,k} \leqslant 1;\ l = 1,\ \cdots,\ N$$

$$\sum_{l=1}^N \beta_{l,k} = 1 \tag{3-59}$$

前提属性等级的参考值必须满足以下条件:

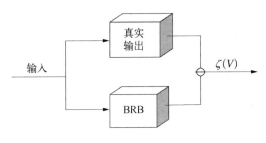

图 3 - 25　BRB 系统参数优化模型

$$A_{i,j} \leq A_{i,j+1} ; i = 1 , \cdots , M_k ; j = 1 , \cdots , J_i$$
$$(3-60)$$

本节采用均方误差优化参数,基本思路通过计算实际值与 BRB 系统输出值的最小的差值。$\zeta(V)$ 表示为两者之差中的最小的差值,它用来求得优化参数矩阵,即对参数进行了优化。如图 3 - 25 所示为 BRB 系统参数优化模型图。

3.5.3　实验分析与结果展示

1. 实验环境

根据上述的描述,EEE - QoS 需要测量 8 个可观察变量的 QoS 指标值。数据来源于江苏省大数据安全与智能处理重点实验室,本节选用 10 台 PC 机构建了基于 Hadoop HDFS 的云系统。实验环境配置如表 3 - 11 所示。

表 3 - 11　实验环境描述

项　　目	描　　述
节点	1 个管理节点,9 个运算节点
计算机型号	同构的计算机,CPU 为 Intel®Core®i5-6500 @ 3.20 GHz,8 G 内存,1 TB 机械硬盘
操作系统	CentOS 7
电量计型号	QZ - 4W -/I16 - 1.0
编程环境	Java 8
云计算环境	Hadoop3.1.3
测量单位	能耗(单位: J) 功率: 采用用功功率(单位: W)

2. 实验分析

在云环境下测量到 I_1、I_2、I_3、I_4、I_5、I_6、I_7、I_8 这 8 组指标数据,通过 BWM 确定各个指标的初始权重,首先确定要素层和指标层中的最优指标和最劣指标,如表 3 - 12 所示。

表 3 - 12　最优指标与最劣指标

指 标 层 面	最 优 指 标	最 劣 指 标
F_1, F_2, F_3	F_3	F_1
I_1, I_2, I_3	I_1	I_3
I_4, I_5	I_4	I_5
I_6, I_7, I_8	I_8	I_6

本节将每个指标层面的比较向量进行整合,得到 4 对整合比较向量。最后通过求解数学规划模型,得到指标结构中要素层和指标层的初始权重,如表 3-13 所示。

表 3-13　各指标层面下指标的初始权重

指　标　层　面	初　始　权　重
F_1, F_2, F_3	$W = (0.075, 0.332, 0.593)$
I_1, I_2, I_3	$W = (0.118, 0.291, 0.591)$
I_4, I_5	$W = (0.571, 0.429)$
I_6, I_7, I_8	$W = (0.138, 0.241, 0.621)$

因为等属性权重通常设为 1,使用 BWM 所求得的初始权重替换等属性权重,通过之前所介绍的参数优化方法,可以得到前面所提属性的优化权重,如表 3-14 所示。

表 3-14　前提属性的优化权重

指　标　层　面	初　始　权　重
F_1, F_2, F_3	$W = (0.510\,1, 0.509\,9, 0.510\,5)$
I_1, I_2, I_3	$W = (0.586\,6, 0.326\,1, 0.511\,6)$
I_4, I_5	$W = (0.082\,4, 0.644\,9)$
I_6, I_7, I_8	$W = (0.461\,8, 0.356\,2, 0.616\,5)$

本节通过把能效定义为 QoS 与能耗的比值来表示单位能耗下所能提供的 QoS 需求。将 8 组 QoS 评估指标及 5 组潜在变量的前提属性分别用语义值和参考值描述如表 3-15 所示。通过以上的描述,评估参考值有三个等级:L、M、H。L 表示程度低,M 表示程度中等,H 表示程度高。建立初始置信规则库,因为子规则库的建立基本都是相同的,将以子规则库 2 为例具体介绍构建过程,如表 3-16 所示。

表 3-15　描述 QoS 评估方法的语义值和参考值

语义值	L	M	H	语义值	L	M	H
I_1	0	1	2	I_8	0	0.5	1
I_2	0	150	300	F_1	0	50	100
I_3	0	1	2	F_2	0	50	100
I_4	2.3	2.45	2.6	F_3	0	50	100
I_5	200	450	700	QoS	0	50	100
I_6	1	50	100	EE	0	50	100
I_7	0	400	800				

大规模云数据中心智能管理技术及应用

表 3-16 初始置信规则库(子规则库2)

规则数	A_1^2	A_2^2	F_2存储置信结构
1	L	L	{(L, 1.00), (M, 0.00), (H, 0.00)}
2	L	M	{(L, 0.86), (M, 0.14), (H, 0.00)}
3	L	H	{(L, 0.56), (M, 0.00), (H, 0.44)}
4	M	L	{(L, 0.75), (M, 0.25), (H, 0.00)}
5	M	M	{(L, 0.00), (M, 1.00), (H, 0.00)}
6	M	H	{(L, 0.00), (M, 0.40), (H, 0.60)}
7	H	L	{(L, 0.64), (M, 0.00), (H, 0.36)}
8	H	M	{(L, 0.00), (M, 0.47), (H, 0.53)}
9	H	H	{(L, 0.00), (M, 0.00), (H, 1.00)}

建立好初始置信规则库以后,下一步是优化置信规则库。同理,子规则库的优化基本也是相同的。所以,这里也只给出子规则库2的优化过程。其中,子规则库2中共有9条规则,每条规则的权重分别是:0.506 1、0.41 7、0.502 4、0.554 2、0.037 6、0.584 3、0.779 4、0.063 5、0.355 2,子规则库2优化后的置信结果如表3-17所示。通过优化置信规则库之后,最后是优化能效评估方法中的参考值。同理,只给出子规则库2的优化参考值过程,如表3-18所示。

表 3-17 优化后的置信规则库(子规则库2)

规则数	A_1^2	A_2^2	F_2 存储置信结构
1	L	L	{(L, 0.56), (M, 0.26), (H, 0.18)}
2	L	M	{(L, 0.47), (M, 0.30), (H, 0.23)}
3	L	H	{(L, 0.34), (M, 0.33), (H, 0.33)}
4	M	L	{(L, 0.65), (M, 0.22), (H, 0.13)}
5	M	M	{(L, 0.26), (M, 0.29), (H, 0.45)}
6	M	H	{(L, 0.10), (M, 0.27), (H, 0.63)}
7	H	L	{(L, 0.24), (M, 0.31), (H, 0.45)}
8	H	M	{(L, 0.20), (M, 0.26), (H, 0.54)}
9	H	H	{(L, 0.23), (M, 0.32), (H, 0.45)}

表 3-18 子规则2优化后的参考值

语义值	L	M	H
I_4	2.351 8	2.449 9	2.549 8
I_5	221.395 4	453.936	679.012 3
F_2	18.408 4	50	81.591 6

3. 实验结果

1）QoS 评估实验

本节使用基于 AHP - TOPSIS 能效方法和基于 QoS 参数规约的能效评估方法（EEE - QoS）来评估 QoS 值。评估结果如图 3 - 26（a）所示，其中，横坐标表示数据组数；纵坐标表示 QoS 值。因为两种方法都具备决策分析方法的特点，评估效果会保证大体上的一致性。实验结果表明，两种方法的曲线变化趋势也是相似的。

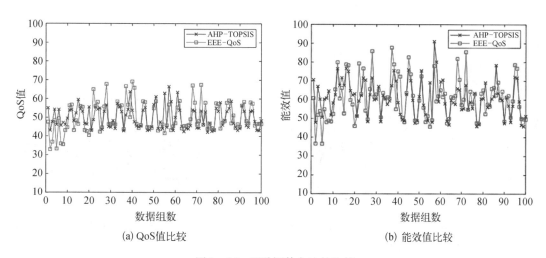

(a) QoS值比较　　　　　　　　　　(b) 能效值比较

图 3 - 26　两种评估方法的比较

2）能效评估实验

在 QoS 评估实验基础上，能效评估实验使用 AHP - TOPSIS 和 EEE - QoS 两种方法对能效（EE）值进行评估，评估结果如图 3 - 26（b）所示。其中，横坐标表示输入的数据组数，纵坐标表示能效值。在此之前，已经将 AHP 与 BWM 进行了对比分析，BWM 是 AHP 的升级改进，并且 BWM 在决策分析领域首次提出并解决了一个极大极小问题，以此确定不同准则的权重。分析结果表明 BWM 比 AHP 的评估错误风险更小，BWM 保证了判断的准确性，其计算结果也具有更高的一致性。实验结果表明，本节所提出的方法 EEE - QoS 与 AHP - TOPSIS 评估的结果也有明显区别。AHP - TOPSIS 无法有效地处理不确定信息，从图中看出 AHP - TOPSIS 的评估结果的波动幅度不大，违背了实际数据的评估预想。但是本节所提出的方法 EEE - QoS 能将语义值和参考值相结合，可以进一步考虑指标数据的可靠性和权重，并且可以对具有模糊不确定性和非线性特征的数据进行建模，能够很好地结合定量与定性信息实现云系统能效评估，符合预计评估值。

3）优化部分对比实验

优化部分对比实验是对未优化的 QoS 预测值，优化的 QoS 预测值和实际 QoS 值进行部分比较。由于指标 $I_1 \sim I_8$ 能够间接反映 QoS 的情况，所以，从 $F_1 \sim F_3$ 三个模型中分别随机选取三个指标。例如，此次的展示实验用 I_2、I_5、I_8 作为特征参数，构造特征参数预测模型，即 3

个置信规则库,可用历史特征参数 $t-1t-1t-1$、$t-2t-2t-2$ 相关数据,得出下一时刻 t 的 QoS 值。

该实验共使用 100 组数据,基于所提出的方法,通过预测特征参数从而预测 QoS 值,并将特征参数与其真实的值进行对比,如图 3-27 所示,其中,横坐标表示数据组数;纵坐标表示 3 个指标参数的 QoS 值;UPV 代表未优化的预测值;OPV 代表优化的预测值;AV 代表实际值。实验结果表明使用所提出的方法,优化后的预测值与真实特征参数值更加接近,进一步说明所提出方法对不确定信息评估的准确性,并且所提出的方法在数据预测方面也具备良好的表现。

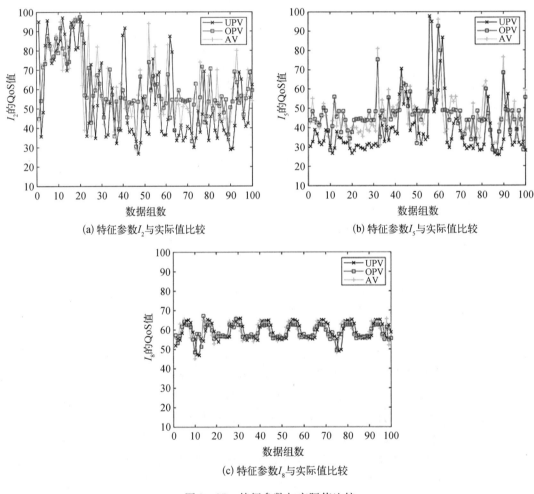

图 3-27 特征参数与实际值比较

4) 优化前后整体对比实验

优化前后整体对比实验使用 20 组数据,基于特征参数的预测值来预测 QoS 值和 EE 值。

通过现有特征参数的数据集反映下一个时刻的总体 QoS 值和能效值,如图 3-28 所示。其中,横坐标表示数据组数;纵坐标表示整体的 QoS 值;UV 代表未优化的 QoS 值;OV 代表优化的 QoS 值。图 3 - 28 中的横坐标同样表示数据组数;纵坐标表示整体的能效值;UV 代表未优化的能效值;OV 代表优化的能效值。因为实验数据是随机抽取的 20 组,导致实验结果上下波动很大。在实际的云数据中心当中,曲线会相对较高而且波动较小,也就是能效值和 QoS 值都会比实验效果好很多。

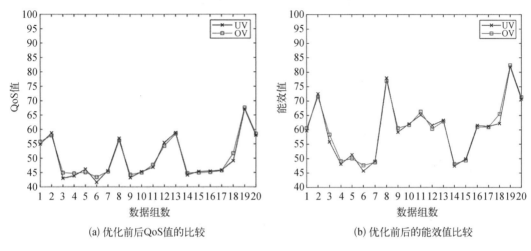

(a) 优化前后QoS值的比较　　　　　　(b) 优化前后的能效值比较

图 3 - 28　优化前后的比较

3.6　本　章　小　结

本节深入研究了云数据中心的发展现状以及面临的能耗挑战,在实验室环境下完成了模拟数据采集平台的搭建和不同任务请求下的数据采集。在云数据中心能耗预测和评估方面,提出了基于深度学习的云数据中心能效预测方法,解决传统深度学习循环网络在长序列上的记忆衰减问题和预测精度下降问题。在保证预测准确度的基础上,又探究了硬件能耗可解释性预测方法,为了解决物理机层级服务器能耗模型可解释性差的问题,设计了基于共同贡献值的事后可解释性方法。在云数据中心能效评估方面,为克服已有的能效评估技术单一化的问题,或是多个指标导致的矛盾冲突的评估结果,提出了一种多指标融合的能效定性评估技术,结合专家知识选取参与能效定性评估的指标,对指标进行统一的标准化处理,然后通过云模型来得到评估值,根据评估值得到相应的分数。该分数能够较为直观地反映云数据中心的能效情况。考虑用户服务质量的情况下,还提出了一个基于 QoS 参数,将性能、能耗和 QoS 整合在一起的能效评估方法。

第4章 大规模云数据中心资源智能
管理与调度关键技术

本章围绕大规模云数据中心资源智能调度的瓶颈问题,研究基于深度强化学习的云数据中心资源智能调度方法,综合考虑资源利用率、能耗与系统响应速度等指标。进一步研究成本与服务质量平衡的计算密集型任务资源分配与调度方法、多云数据中心的用户请求调度方法、基于模仿学习的深度强化学习训练优化方法和数据驱动的任务群并合智能调度技术。

4.1 基于深度强化学习的云数据
中心集群资源智能调度方法

随着互联网技术的飞速发展,云计算技术逐步进入人们的视野,在人们的工作和生活中扮演着不可替代的角色。云数据中心作为提供云服务的基本设施,对互联网的发展有至关重要的作用,对于不断增长的用户服务请求,如何高效进行云数据中心资源管理和任务调度成为学术界和工业界的一大难题。传统启发式调度算法通过在特定环境下找到一种可行的资源调度方案,其调度效率不高,且设计方法复杂。通过将资源调度过程建立成序列决策问题,利用深度强化学习适用于解决序列决策问题的优势,根据不同优化目标设计深度强化学习算法,能够更好解决资源调度问题。

在学术界和工业界,资源调度问题通常被认为是一个 NP 难问题。资源调度问题中的挑战是多方面的。首先,涉及资源调度的任务多种多样,例如 Kubernetes、Mesos 等集群管理系统中存在资源分配问题,Spark、Hadoop 等大数据分析框架同样存在资源调度问题,不同任务的调度需要考虑的因素和建模方法会有所不同。其次,资源调度的过程是一个十分复杂的流程,通常很难精准建模,例如在调度过程中,作业或任务的运行时间会受多方面因素的影响,很难精准地对调度流程进行建模分析。此外,资源调度的需求是动态变化的,在不同的调度环境中会有不同的优化目标,例如负载均衡、降低任务平均完成时间、降低系统能耗等。最后,集群环境通常是异构的,不同集群规模不同,机器数量不同,机器的各方面配置参数也通常不同,这导致使用通用的启发式方法进行资源管理不能达到理想的集群资源利用率。

4.1.1 深度强化学习基本原理

强化学习的基本思想是学习一种从环境状态到动作的映射关系,在这种映射关系所做的动作可以从环境中获得更多的累积奖励。不同于监督学习通过样本标注进行学习的方式,强化学习通过一系列试错来发现最优行为。图 4 - 1 为强化学习的基本结构,图中展示的状态、动作、奖励、智能体和环境是强化学习中最基本的部分。

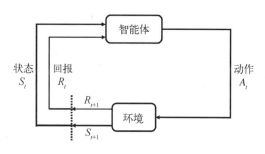

图 4 - 1　强化学习基本结构

强化学习中交互的两个对象是智能体(agent)和环境(environment)。环境是智能体外的所有事物,可以将当前环境的状态(state)传递给智能体,同时接受智能体的动作(action)并改变环境的状态,最后将奖励(reward)反馈给智能体。智能体可以获取环境当前时刻的状态 s_t,通过智能体中状态到动作的映射函数 $\pi(a_t|s_t)$(策略函数),可以得到该状态相应的动作 a_t,智能体将动作 a_t 传递给环境,环境根据当前的状态 s_t,智能体的动作 a_t 以及状态转移概率函数 $p(s_{t+1}\mid s_t,a_t)$ 得到下一时刻对应的状态 s_{t+1},同时获取动作 a_t 对状态 s_t 的即时奖励 r_t,将即时奖励 r_t 和下一个状态 s_{t+1} 反馈给智能体,这样的交互一直进行到结束。智能体通过和环境的交互,不断优化策略函数以得到更高的累积奖励。

演员-评论员算法(actor-critic algorithm,AC)结合策略梯度和时序差分的思想,使用动态规划的方法来提高训练效率。AC 算法是一种结合了值函数和策略梯度的强化学习方法,其中演员(actor)是指策略 $\pi_\theta(a\mid s)$,通过训练学习得到一个最佳策略来获得尽可能高的期望回报,评论员(critic)是指值函数 $V_\phi(s)$,是对当前策略的评估,即评价 actor 所做决策的好坏。AC 算法因为有了值函数的帮助,每一次决策之后进行参数更新,大大提高了算法的学习效率。

传统策略梯度方法存在策略更新不稳定和数据效率低的问题,PPO(proximal policy optimization)算法的出现解决了这个问题。在策略梯度方法中,如果步长设置过大,会导致策略更新不稳定,模型很难收敛;如果步长设置过小,则会导致模型学习效率低,收敛缓慢。同时策略梯度方法是同策略(on-policy)方法,模型只能借鉴现有策略的经验,在梯度更新后需要重新探索环境来获取更新后策略下的经验,这使得整个模型学习效率很低。PPO 算法因使用重要性采样原理,可以用过去的经验对当前策略进行更新,使一次采样数据可以对模型参数进行多次更新。PPO 算法有两种实现形式,分别为置信域策略优化(trust region policy optimization,TRPO)算法[110]和近端策略优化(proximal policy optimization,PPO)算法[111],通常使用裁剪(clip)方法来控制新旧策略更新幅度的 PPO 算法,也被称为 PPO2 算法。

4.1.2　基于深度强化学习的资源调度算法设计

面向容器应用管理系统 Kubernetes 的调度过程,设计了对应的离线仿真环境和相应的深度强化学习模型。DeepKubernetes 仿真环境使用 Python 语言进行编写,整体结构如图 4 - 2 所示。仿真环境主要包括任务生成器、监视器、集群机器和资源调度器四个部分。

s化术及应用

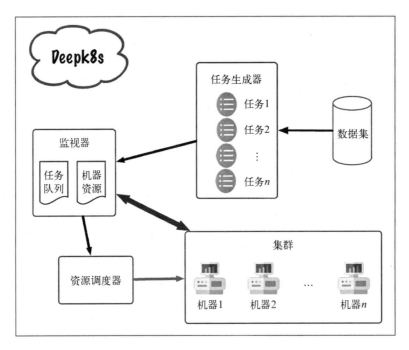

图 4-2　DeepKubernetes 仿真环境整体结构

　　任务生成器主要负责从数据集中读取任务信息,生成对应的任务。任务生成器将读取到的任务按照先后到达顺序存储在一个任务队列中,当仿真时间运行到队首任务的到达时间时,意味着该任务需要被提交到集群中。任务生成器在这里充当真实环境中用户的角色,在相应的时间进行相应任务的提交。监视器负责在每次调度时获取集群中机器的状态和任务的情况,并将获取到的信息反馈给调度器作为调度决策的依据。在获取集群状态信息时,主要获取各个机器上已运行的任务和剩余可用资源情况,而对于未调度的任务主要获取其资源需求情况,如 CPU 需求和内存需求等。集群包括所有建模的机器,每个机器按照数据集中的机器配置进行建模,所有机器构成整个集群,由集群向外提供统一接口。资源调度器从监视器读取到集群状态,根据当前集群状态决定对哪个任务进行调度,调度到哪个机器上运行。

　　状态是指强化学习中智能体感知到的环境信息。DeepKubernetes 调度算法中状态信息包含机器信息和任务信息两个部分。如图 4-3 所示,将状态信息使用图形的方式进行展示有利于对调度过程的理解。图 4-3 中状态空间可以分为三个部分,最上面是集群资源使用情况示意图,中间是待调度任务基本信息示意图,最下面是积压队列示意图(此处示意图仅用来说明调度流程,传入神经网络的真实状态不是图形信息)。

　　对于传入神经网络的集群状态分为四个部分:机器运行状态、待调度任务状态、积压队列状态和其他集群状态。其中机器运行状态包括集群中所有机器的 CPU 资源和内存资源的已使用情况和剩余使用情况,以及机器上运行任务数量,这部分信息可以基本表示一个机器节点的信息。待调度任务状态包括 K 个待调度任务的状态,固定大小 K 主要是为了固定

94 —

输入向量的维度,待调度任务考虑任务的 CPU 资源和内存资源需求情况和任务的实际执行时间。对于系统中任务数量超出 K 个的情况,使用积压队列状态进行表示,将超出 K 个待调度任务的其他任务存放到一个队列中,积压队列状态包含队列队首的任务情况和队列的长度。最后是其他集群状态,包含除以上三个状态之外的状态。

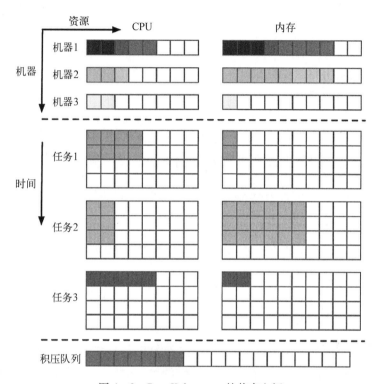

图 4 - 3　DeepKubernetes 的状态空间

　　模型通过机器运行状态可以学习到集群中所有机器所处状态,机器状态中已使用资源情况和剩余资源情况是为了让模型可以更清楚机器的配置,同时对机器剩余资源和待调度任务资源需求进行分析,可以更容易知道任务是否能够调度到该机器上。在此之外加入了机器上正在运行任务的数量,可以更进一步增加对机器负载情况的了解。最后加入机器上最快完成的任务的基本信息,可以知道机器在多久之后能够释放资源以及释放多少资源。虽然在机器运行状态信息中无法捕捉到机器上所有运行任务的信息,但是以上信息基本能够满足调度器在调度决策过程中分析使用。使用待调度任务状态和积压队列状态结合的表示方法主要是因为神经网络的输入向量需要有固定形状,因为任务数量的不固定导致任务信息无法直接作为神经网络的输入,因此使用固定大小的待调度任务状态作为调度决策时调度任务的选择,而对于超出部分使用积压队列进行存储,积压队列根据任务到达的时间进行出队操作,这也符合传统启发式算法中先来先服务的思想,即优先对等待时间较长的任务进行调度。其他集群信息则是对环境信息的补充。

动作是智能体根据当前环境状态给出的决策,环境执行智能体给出的决策后会使环境状态发生相应的改变。为了解决动作空间随任务数量的增多而指数增长的问题,考虑忽略系统每次调度的计算开销,这样系统可以在同一时刻可以进行多次调度,而每一次调度过程中,不再对 K 个任务进行排列组合,而是只选择其中一个任务,这样系统可以通过在同一时刻进行多次调度的方法,达到选择多个任务的目的,采用这种方法可以大大减小动作空间。

智能体根据环境反馈的即时奖励来判断所做动作的好坏,因此设计的奖励函数应该与所要优化的目标息息相关。从系统和任务两方面尝试对系统的资源调度算法进行优化,分别是任务的完工时间和带权周转时间。

对于集群调度系统而言,最关注是所有任务完成所需要耗费的时间。当云数据中心接收到一个作业(作业由一系列任务构成),从第一个任务提交到最后一个任务完成之间的时间间隔,称为作业的完工时间或者任务的完工时间。对应的奖励函数设置为

$$
r_{\mathrm{m}} = \begin{cases} -\mid J \mid \times T_{\mathrm{skip}}, & \text{当动作为 } \phi \text{ 或者调度无效} \\ 0, & \text{有效调度} \end{cases}
$$

$$
r_{\mathrm{m}} = \begin{cases} -\mid J \mid \times T_{\mathrm{skip}}, & \text{当动作为 } \phi \text{ 或者调度无效} \\ 0, & \text{有效调度} \end{cases} \tag{4-1}
$$

$$
r_{\mathrm{m}} = \begin{cases} -\mid J \mid \times T_{\mathrm{skip}}, & \text{当动作为 } \phi \text{ 或者调度无效} \\ 0, & \text{有效调度} \end{cases}
$$

对于单个任务来说并不关注任务整体的完成进度,只是关心任务本身的完成时间。因为每个任务实际运行时间的不同,它们能够接受的等待时间也应该不同。简单来讲短任务应该等待更短的时间,而长任务的等待时间则可以相对长一点,如果短任务等待的时间较长甚至超出其实际执行时间,未免显得调度算法十分不公平。为此引入第二个优化目标:最小化任务的平均带权周转时间。任务带权周转时间和作业的带权周转时间类似,等于任务完成时间除以任务实际执行时间。对应的奖励函数设置为

$$
r_{\mathrm{m}} = \begin{cases} -\sum_{j \in J} \dfrac{T_{\mathrm{skip}}}{d_j}, & \text{当动作为 } \phi \text{ 或者调度无效} \\[2mm] 0, & \text{有效调度} \end{cases}
$$

$$
r_{\mathrm{m}} = \begin{cases} -\sum_{j \in J} \dfrac{T_{\mathrm{skip}}}{d_j}, & \text{当动作为 } \phi \text{ 或者调度无效} \\[2mm] 0, & \text{有效调度} \end{cases} \tag{4-2}
$$

$$
r_{\mathrm{m}} = \begin{cases} -\sum_{j \in J} \dfrac{T_{\mathrm{skip}}}{d_j}, & \text{当动作为 } \phi \text{ 或者调度无效} \\[2mm] 0, & \text{有效调度} \end{cases}
$$

深度强化学习智能体通过和环境进行交互来学习如何更新模型参数。智能体从环境中获取环境当前状态,将向量表示的状态信息输入到神经网络进行特征提取,最后输出当前状态下的动作,环境根据智能体所做动作发生状态改变,并对之前状态下智能体所做动作进行评价,以奖励的方式反馈给智能体,智能体根据环境反馈的奖励,不断优化神经网络。图4-4为深度强化学习的模型结构,其中智能体中网络结构展示的是经典的 AC 算法框架。实验中环境的状态由机器运行状态、等待任务状态、积压队列状态和其他集群状态四部分构成,将这四部分状态信息表示为向量形式,作为神经网络的输入,通过几层全连接层之后分别输出到 Actor 网络和 Critic 网络。Actor 网络主要负责决策,Critic 网络主要负责预测评估。因为 Actor 网络和 Critic 网络都是从状态中提取信息,因此将前两层网络结构设计成相同的且进行参数共享。

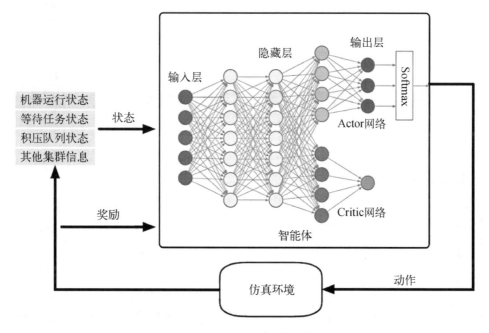

图 4-4 深度强化学习模型结构

A3C 算法通过将 Actor-Critic 网络放到多个线程中进行同步训练,有效提高了计算机的资源利用率和模型的训练效率。简单来说,计算机的每个 CPU 核都运行一个线程,每个线程都是 AC 模型和环境进行交互,线程的运行结果反馈给全局网络进行参数更新,然后每个线程从全局网络获取更新后的参数进行下一轮的训练。这样可以成倍提升模型的训练速度,同时因为各个线程是独立的,所以减弱了事件的相关性,有利于模型的收敛。图4-5为A3C 算法的整体框架,其中全局网络和各线程的网络结构相同,每个线程都与各自的环境进行交互,得到一定量数据之后计算各自的梯度,梯度并不用于线程中神经网络的参数更新,而是用各线程计算的梯度去更新全局网络的参数。每隔一段时间之后,线程会将自己的神经网络参数更新为全局网络的参数。

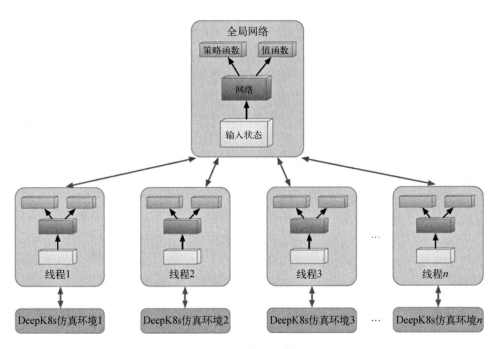

图 4 - 5   A3C 算法整体框架

4.1.3   仿真环境中的测试结果分析

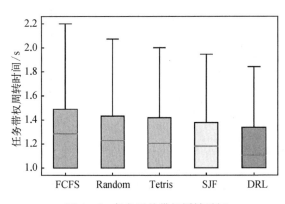

图 4 - 6   任务平均带权周转时间

首先介绍优化目标为任务周转时间的实验结果,如图 4 - 6 所示,纵轴为任务的带权周转时间,图中深度强化学习(deep reinforcement learning, DRL)调度算法明显优于其他启发式算法。性能最差的是先来先服务调度算法(FCFS),先来先服务算法对长任务和短任务无差别对待,在调度过程中经常存在长任务长期占用系统资源,导致大批短任务在任务队列中等待资源,从而使任务的带权周转时间增大。随机调度算法(Random)能够取得比先来先服务算法好的原因是当任务队列中最前面是长任务时,随机选择仍有可能选择后面的短任务。Tetris 算法[112]和短任务优先调度算法考虑了任务的实际执行时间,从任务带权周转时间的计算公式可以知道,优先调度短任务有利于降低任务的平均周转时间。深度强化学习调度算法学习了任务到达的规律,对即将到达的任务有一定预测,因此可以做出更好的决策。

图 4 - 7 展示了任务的平均完成时间。图 4 - 7(c)为所有任务的平均完成时间结果,

从所有任务的结果来看,深度强化学习的优势虽然不明显,但是依然存在。图中显示存在部分长任务在深度强化学习算法和短任务优先算法下,完成时间明显高于其他算法。将任务实际执行时间小于 100 s 的作为短任务,大于等于 100 s 的作为长任务,可以把所有任务分成两部分,对这两部分任务的实验结果分开展示,图 4-7(a)为短任务的平均完成时间,可以看到深度强化学习算法在短任务中的表现明显优于启发式算法,而对于长任务,如图 4-7(b)所示,深度强化学习算法下的任务平均完成时间比先来先服务算法更长。这个结果符合实验的优化目标,说明模型学习到的策略是优先对短任务进行调度,使短任务尽快完成,同时积压部分长任务,为后续可能到来的短任务预留系统资源。

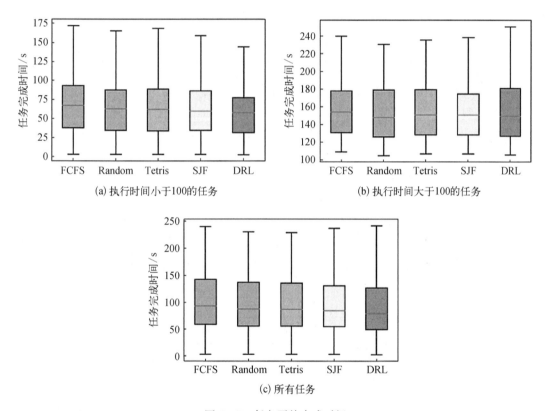

(a) 执行时间小于100的任务　　　　　　　(b) 执行时间大于100的任务

(c) 所有任务

图 4-7　任务平均完成时间

为了更清晰地比较实验结果,实验各项指标结果如表 4-1 中。从表 4-1 可以看到,基于深度强化学习的方法在以任务带权周转时间为优化目标的实验中,可以将任务平均带权周转时间降低至 1.325 s,相较于启发式算法中表现最优的短任务优先调度算法下降了约 7.5%。在任务平均完成时间上,深度强化学习方法也取得了 94.116 s 的最优效果,只是在该指标上相较于其他启发式算法优势并不大,因为模型学习到的思想是优先对短任务进行调度,延长长任务的完成时间,对于任务的平均完成时间并没有直接进行优化。在任务整体完工时间方面,先来先服务调度算法明显使整体任务完工时间变长,其他四种调度算法差距不大,Tetris 调度算法在任务完工时间上取得了最好成绩 639 s,深度强化学习调度算法仅比 Tetris 调度算法多0.6%,说明了模型在改善任务带权周转时间的同时,并没有延长任务整体的进度。

表 4 - 1　优化任务带权周转时间的测试结果

资源调度算法	带权周转时间/s	平均完成时间/s	完工时间/s
先来先服务调度算法	1.531	99.210	680
随机调度算法	1.463	94.726	645
Tetris 调度算法	1.470	95.366	**639**
短任务优先调度算法	1.433	94.324	646
深度强化学习调度算法	**1.325**	**94.116**	643

图 4 - 8 为不同深度强化学习模型训练时的收敛情况,横轴为训练时迭代的次数,纵轴为模型获得的累积奖励值,奖励函数为优化任务带权周转时间的奖励函数。图中黑色横线为启发式算法中的短任务优先调度算法在测试中的累积奖励,作为参考基线。对比 PPO 算法(红线)和 A3C 算法(蓝线)可以看到,PPO 算法在大概 1 000 步迭代训练之后模型基本收敛,而 A3C 算法大概在迭代到 2 000 步时模型收敛,从模型收敛速度上来看,PPO 算法远远超过 A3C 算法;对比模型收敛之后的曲线,PPO 算法的累积回报略高于 A3C 算法,且 PPO 算法相较于 A3C 算法收敛之后更加平稳。模仿学习模仿的专家对象是短任务优先调度算法,模仿学习的模型能够在大概 500 次迭代之后收敛,训练速度非常快,但由于其模仿的对象是短任务优先算法,因此其收敛结果较 PPO 算法和 A3C 算法差一些。

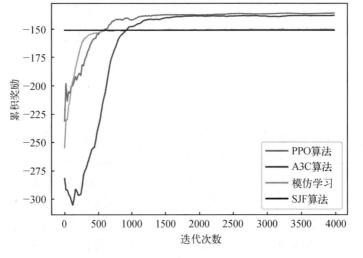

图 4 - 8　不同深度强化学习算法模型训练中的累积奖励

4.2 成本能耗与服务质量平衡的数据计算密集型任务资源分配与调度方法

4.2.1 数据计算密集型任务资源分配与调度方法

为了提高云平台处理数据计算任务的效率,在提升终端用户的使用体验的同时,降低整体资源的使用成本,需要解决的核心问题是如何针对差异化的 QoS 需求,高效调度从云端到终端的计算、存储和网络等异构资源。通过数据驱动的方法,以提高用户服务质量,减少资源使用成本为目标,研究云平台的资源分配和任务调度策略。该问题的本质是复杂环境下的多目标决策优化问题,决策优化的难度主要在于环境的复杂性和不确定性,以及约束条件的严格性。

然而,与传统的应用相比,数据计算密集型任务由于其特征不同,对云服务商提出的需求也有所不同:

(1)数据驱动:云平台在分配资源时应考虑数据生成端,即任务生成端,如何减少上下行的数据通信时间,进而减少任务延迟;

(2)延迟敏感性:计算任务都有一定的计算截止时间限制,如何保证在截止时间前完成任务的同时,减少任务集的平均完成时间和任务平均 slowdown(任务完成时间除以任务执行时间);

(3)难以预测性:云平台无法通过历史记录对当前或者将来到达的任务进行准确预测。

由于上述特点,在难以实现对工作负载实时、精准预测的情况下,为了满足服务等级协议(service level agreement, SLA)的约定,云服务提供商往往预先分配冗余的计算资源以保证服务质量,造成运营成本的提高。因此,针对云端提供的数据计算密集型任务的服务,以满足服务质量约定,减少资源开销为目标,研究云计算资源的高效调度策略。

计算任务的资源分配问题本质上是一个复杂环境输入下的决策优化问题,近年来,DRL在这个领域取得了很多突破性进展。在这些工作中,经过长时间训练的神经网络可以通过对当前系统状态的"模糊"判断,结合对历史决策效果的分析,进行智能决策,在围棋对弈、视频码率选择、网络流量优化等问题中都取得了非常好的效果。

4.2.2 系统架构与问题建模

下面介绍基于深度强化学习的云平台系统架构与工作流程,并对该系统中的资源分配与任务调度问题进行建模。系统的架构如图 4-9 所示,该系统主要包括任务生成模块、资源分配模块和任务调度模块,各模块的功能如下。

任务生成模块:该模块将根据真实的任务到达轨迹,模仿计算任务的生成,包括每个任务到达时间、任务期望的截止时间、任务所需的资源列表,生成若干个对应任务后,放入任务队列,等待被调度执行。

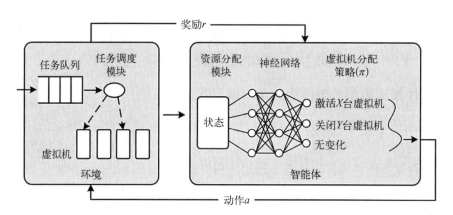

图 4 - 9　云平台任务调度系统架构与工作流程

资源分配模块：该模块根据系统的实时工作负载,动态调整计算资源数量,以满足到达任务的 QoS 需求。为了保证计算资源可弹性分配,通常使用虚拟机或容器实例为任务提供计算服务。比如采取虚拟机或者创建容器作为计算资源的形式,资源分配的策略就是决定激活虚拟机或者创建容器实例的数量。

任务调度模块：该模块将任务队列中的等待任务分配到已经激活的虚拟机实例上,为了避免多个任务竞争处理器资源,假设每个虚拟机实例上同一时刻只处理一个计算任务,因此,任务调度模块需要将计算任务分配到空闲的虚拟机实例上。

在该系统中,资源分配策略决定了用于计算服务的运营成本,激活的虚拟机实例数量越多,对应的资源开销就越高。而且,资源分配策略还会影响任务调度模块可以使用的虚拟机实例数量,当激活的虚拟机实例过少时,队列的任务不能及时得到执行,会造成服务质量下降。任务调度策略决定了计算任务的执行顺序,在已分配的可用资源上,不同的任务调度策略会导致不同的服务效果,由此产生的服务质量反馈会影响资源分配模块对当前资源规模与任务负载是否匹配的判断。因此,资源分配策略和任务调度策略都会对云平台的服务质量产生影响。

4.2.3　基于深度强化学习的任务调度方法

系统的计算资源定义为云平台上的虚拟机实例,假设所有的虚拟机实例具有相同的处理性能,M 表示云平台中所有虚拟机实例的数量;$VM = \{vm_1, vm_2, \cdots, vm_M\}$ 表示 M 台虚拟机实例的集合。在任意时刻 t,虚拟机实例 vm_i 的状态为激活或关闭,若虚拟机实例处于激活状态且未在执行任务,则称其为空闲状态,可由任务分配模块分配计算任务。如图 4 - 9 所示,每个计算任务的工作量定义为该任务在虚拟机实例上的实际执行时间,用 $g(x)$ 表示,每个时间段的计算工作量定义为该时间段内单位时间执行的任务量,用 w_t 表示,因此 $w_t = \dfrac{\sum g(x)}{T}$。云平台服务的 QoS 主要取决于实时性的要求,即计算任务是否能在执行时限以前完成。因此,在时间段 t 内系统的 QoS 开销定义为未能在时限以前

完成的计算任务的百分比。令 z_t 表示时间段 t 内的任务数，y_t 表示未能在时限以前完成的任务数，则 $d(t) = y_t/z_t \times 100\%$，其中，$y_t = |\{x \mid t_{ij}^{\hat{a}} + g(x) > b^d(x)\}|$。根据上述描述，系统的计算资源开销主要包括处于激活状态的虚拟机实例的计算开销。令 c_v 表示一台处于激活状态的虚拟机实例在一个时间段内的计算开销，n_t 表示时间段 t 内激活的虚拟机数量，则时间段 t 内系统的计算开销为：$c(t) = c_v \cdot n_t$。在深度强化学习中，系统被分为智能体和环境，其中，智能体负责资源分配的决策，环境向智能体提供当前系统状态，并根据智能体的决策结果，反馈系统的收益（也称为奖励），如图 4-9 所示。具体的系统工作流程如下。

离线学习阶段：资源分配模块利用计算任务的历史执行数据在模拟环境中训练神经网络。具体的训练过程为：

在每个时间段 t 开始时，智能体从环境接收当前系统的状态 s_t，作为神经网络的输入。负责决策的神经网络根据当前系统状态输出动作 a_t，决定该时间段内激活的虚拟机实例数量。在时间段 t 内，任务进入等待队列，任务调度模块根据调度策略把任务分配到空闲的虚拟机实例上执行。在该时间段结束后，环境把新的系统状态 s_{t+1} 和该时间段内的系统收益 r_t 传递给智能体。智能体根据 s_t、a_t 和 r_t 修正神经网络参数，以最大化优化目标。该优化目标是有衰减的累积期望奖励，即 $\mathbb{E}\left[\sum_{t=0}^{\infty} \gamma^t r_t\right]$，其中 $\gamma \in (0, 1]$ 是收益衰减系数。重复该过程直至神经网络的参数收敛。

在该阶段中，神经网络的收敛条件定义为连续若干个时间段内的平均奖励变化量小于一个阈值，在这种情况下，意味着训练过程对神经网络参数的调整已经变得很小，神经网络的参数趋于稳定。

在线决策阶段：资源分配模块利用训练好的神经网络，根据系统状态做出资源分配的实时决策。该阶段的工作流程与离线学习阶段类似，不同之处在于系统状态来自真实环境，另外在该阶段神经网络的参数不再进行改变。

系统的上述两个阶段可以交替进行，每隔一段时间，智能体可以利用这段时间内收集的数据进行离线训练，更新神经网络参数，在训练完成后，把新训练好的神经网络更新到线上，进行在线决策。

4.2.4　基于深度强化学习的云资源分配策略

下面详细介绍基于深度强化学习的云资源分配算法，包括模拟训练环境设置、问题定义、神经网络结构、训练方法等。在使用深度强化学习方法解决现实问题时，往往需要构建能够准确反映真实系统运行过程的模拟环境对训练进行加速，以避免在真实系统中训练带来的时间开销。

状态空间：系统需要向神经网络传递有效的当前系统状态以供其生成决策。状态空间的定义通常要考虑神经网络在决策时需要参考的指标，神经网络在进行资源分配决策时，需要根据系统的历史负载变化对未来的负载状态作出判断，同时，还要根据系统当前 QoS 和计算开销，判断计算资源变化对两者的影响。因此，令 $S = \{s_1, s_2, \cdots, s_t \cdots\}$ 表示系统状态空间。时刻 t 的系统状态定义为 $s_t = \{w_t, d_t, n_t\}$，其中一维向量 w_t 表示过去 k 个时间段的任务工作量，d_t 和 n_t 的定义同上。在 s_t 中，w_t 反映了过去一段时间内系统的计算量需求，d_t 反映了当前的资源规模对计算量需求的满足情况，n_t 反映了当前的系统开销。

动作空间：智能体的动作空间是在每个决策时刻智能体根据系统状态产生的资源分配方案。令 $A = \{a_1, a_2, \cdots, a_t, \cdots\}$ 表示智能体的动作空间。每个时刻智能体的动作决定了下一时间段内系统分配的计算资源规模（虚拟机实例数量），为了减小动作空间的大小，加速训练过程，将每个时刻的动作 a_t 定义为在下一个时间段内需要关闭或新激活的虚拟机实例数量，即

$$a_t = \begin{cases} \text{打开 } a_t \text{ 个虚拟机}, & a_t > 0 \\ \text{什么也不做}, & a_t = 0 \\ \text{关闭 } a_t \text{ 个虚拟机}, & a_t < 0 \end{cases} \quad (4-3)$$

若限制每次开启或关闭的最大虚拟机实例数量为 N，则 a_t 是区间 $[-N, N]$ 内的整数，a_t 为正表示在下个时间段内新激活 a_t 台虚拟机实例，a_t 为负表示在下个时间段内关闭当前处于激活状态的虚拟机实例中的 a_t 台，a_t 为零表示下个时间段内的虚拟机实例数量无变化。

奖励函数：奖励函数反映了在前一时刻的系统状态下，智能体的决策对系统产生的影响。将每个时间段的奖励函数 r_t 定义为

$$r_t = -\frac{c(t)}{w_t} - \lambda f[d(t)] \quad (4-4)$$

式中，第一项表示资源分配策略为单位计算量分配的计算资源，该项反映了系统计算资源的利用效率。第二项反映了在考虑服务等级协议的情况下，该时间段内的 QoS 开销。若提供服务的云服务商与用户签订的服务等级协议约定此计算服务在时限以内完成的比例不低于 $\varphi\%$，则 $\eta = (100 - \varphi)\%$ 即为考虑服务等级协议情况下系统执行实时率的阈值，由此 $f(d_t)$ 定义为

$$f(d_t) = \begin{cases} \varepsilon d(t), & d(t) < \eta \\ d(t), & \text{其他} \end{cases} \quad (4-5)$$

式中，$\varepsilon < 1$ 是 QoS 开销的折扣系数。在奖励函数中使用 $f(d_t)$ 代替 $d(t)$ 表示 QoS 开销的主要原因是为了让神经网络在训练过程中对 SLA 规定的 QoS 阈值有感知，使训练好的神经网络在进行资源分配决策时以 η 作为 QoS 开销的界限。

使用 A3C[113] 算法来训练用于资源分配的神经网络。该算法使用多个智能体并行训练同一个神经网络，每个智能体被称为一个执行者（executor），拥有一份独立的模拟训练环境和训练样本的不同部分。每个执行者使用不同的样本进行训练，同时收集每一步的训练记

录 $\{s_t, a_t, r_t\}$。在经过 n 步后,所有执行者把各自的训练记录发送给一个被称为协调者(coordinator)的中心智能体,协调者收集来自所有执行者的训练记录,对神经网络的参数进行更新,并将更新后的参数同步给每个执行者,如图 4-10 所示。

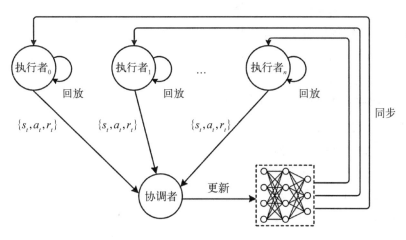

图 4-10　多智能体并行训练流程

在每个智能体上,用于决策的神经网络包含一个策略网络和一个评估网络,令 θ 和 θ_v 分别表示策略网络和评估网络的参数,策略网络的输出是状态 s 下到动作 a 的映射,表示为策略函数 $\pi_\theta(s, a)$,评估网络的输出是在当前状态和策略下对长期期望奖励的预测,表示为价值函数 $V^{\pi_\theta}(s; \theta_v)$。对每一条训练记录,$\theta$ 按照策略梯度下降的方法进行更新:

$$\theta \leftarrow \theta + \alpha \sum_t \nabla_\theta \lg \pi_\theta(s_t, a_t) A(s_t, a_t) + \beta \nabla_\theta H(\pi_\theta(\cdot \mid s_t)) \qquad (4-6)$$

式中,α 是策略网络的学习速率,用来控制策略网络参数更新的速度;$H(\cdot)$ 是策略熵函数,反映了当前策略的随机性;β 是一个超参数,用来控制策略熵的强度,β 越大,在做决策时越鼓励探索未知动作(exploration),反之则鼓励在已知动作中做出最优决策(exploitation);$A(s_t, a_t)$ 是优势函数,反映了在状态 s_t 选择动作 a_t 带来的期望价值提升,定义为

$$A(s_t, a_t) = r_t + \gamma V^{\pi_\theta}(s_{t+1}; \theta_v) - V^{\pi_\theta}(s_t; \theta_v) \qquad (4-7)$$

式中,γ 是衰减参数,用来控制远期奖励的权重,γ 越小,智能体越重视短期奖励,γ 越大,智能体越重视未来可能的收益。θ_v 更新采用时间差分方法[114]:

$$\theta_v \leftarrow \theta_v - \alpha' \sum_t \nabla_{\theta_v} [A(s_t, a_t)]^2 \qquad (4-8)$$

式中,α' 是评估网络的学习速率。关于上述训练过程的详细定义见算法 4.1。

算法 4.1：A3C 训练过程

输入：$t_{\max}$

1:　　中心智能体初始化参数向量 θ 和 θ_v

2:　　并行的智能体初始化特定的参数向量 θ' 和 θ'_v

3:　　初始化轮次 $t = 1$

4:　　while $t < t_{\max}$

5:　　　　同步参数向量 $\theta' \leftarrow \theta$，$\theta'_v \leftarrow \theta_v$

6:　　　　执行器执行 n 步

7:　　　　记录每一步的 $\{s_t, a_t, a_t\}$

8:　　　　把 $\{s_t, a_t, a_t\}$ 发送到中心智能体

9:　　　　根据式（4-6）更新 θ

10:　　　　根据式（4-8）更新 θ_v

11:　　endwhile

输出：A3C 算法模型

4.2.5　服务质量感知的计算任务调度策略

接下来从服务用户角度出发,提出了服务质量感知任务调度策略。针对计算时间的不确定性,提出一种对计算时间上下限进行预测的方法。利用历史任务调度记录来预测当前任务执行时间上下限。对于计算任务 x,其计算时间 $g(x)$ 的上限通过以下公式得到:

$$g^u(x^p_{ij}) = P_{95\text{th}}(\{g(x^p_{iq}), \ \forall q < j\}) \tag{4-9}$$

式中,$P_{95\text{th}}$ 表示集合 X 的 95 分位数。类似的,计算时间 $g(x)$ 的下限计算方式为

$$g^l(x^p_{ij}) = P_{5\text{th}}(\{g(x^p_{iq}), \ \forall q < j\}) \tag{4-10}$$

考虑到计算任务的实时性要求,基于计算时间上下限预测方法提出了启发式任务调度算法。上述公式计算的 $g^u(x)$ 和 $g^l(x)$ 分别代表了计算任务 x 在最差与最好情况下的执行时间预测,由此,定义计算任务 x 的调度优先级 $b^u(x)$ 为:$b^u(x) = b^d(x) - g^u(x^p_{ij})$ 同时,定义 x 的放弃时间为 $b^l(x)$ 为

$$b^l(x) = b^d(x) - g^l(x^p_{ij}) \tag{4-11}$$

优先级 $b^u(x)$ 体现了 x 在最坏情况下需要被调度的时间点,而放弃时间 $b^l(x)$ 体现了 x 最晚需要被调度的时间点。基于 $b^u(x)$ 和 $b^l(x)$,提出的启发式任务调度算法具体调度过程为:

（1）检查任务队列中的每个任务,若其放弃时间早于当前系统时间,则放弃执行,将其从队列中移出,原因在于该任务在最好情况下也有很大概率无法按时完成,可以放弃执行以

节省计算资源;

(2) 检查每个正在执行的任务,若其执行时限早于当前系统时间,则表示该任务已超时,放弃执行以释放资源;

(3) 对每一台处于激活状态但是未执行计算任务的虚拟机实例,依次从任务队列中取出 $b^u(x)$ 最小的任务,分配给该虚拟机实例。

可以看出,该调度算法既考虑了满足任务的实时性又考虑了对计算资源的节省,基于对执行时间的上下限预测,在调度任务时,按最坏情况下的时间预测安排任务的优先级,最大可能保证实时性,同时对可能无法按时完成的任务和已经超时的任务做放弃处理,以避免资源浪费。

4.2.6 实验部署与性能评测

采用数据驱动的模拟实验来评测基于 DRL 的资源分配与计算任务调度策略的整体性能。将前两节介绍的基于 DRL 的资源分配策略,以及 4.2.5 节介绍的服务质量感知的任务调度策略与以下算法进行性能对比。

1. 资源分配算法的对比算法

离线最优分配算法(offline):该算法假设每次做资源分配决策时,不仅知道历史任务记录,而且还知道未来任务到达情况。基于此假设,在每次决策时,对每种可能存在的资源分配方案做模拟执行,在所有资源分配方案中,选择在下个时间段中满足 $d(t) > \eta$ 的最小虚拟机实例数量 n_t。由以上过程可知,该算法给出了资源分配问题的性能上界。

基于系统负载的分配算法(load-based):该算法在每次做资源分配决策时,根据前一时间段的负载 $w_t - 1$ 来设置下一个时间段的虚拟机实例数量,即设置 $n_t = \lceil w_t - 1 \rceil$。

被动式动态分配算法(reactive):其基本原理是当前一个时间段内未满足实时约束的任务比例[即 $d(t - 1)$]大于阈值上限时,在下一个时间段内增加虚拟机实例分配数量,当前一个时间段内的 $d(t - 1)$ 小于一个阈值下限时,在下一个时间段内减少虚拟机实例分配数量。在此,设置该算法的阈值上下限分别为 $0.8 \times \eta$ 和 $0.5 \times \eta$,每次增加的虚拟机实例数量为 3,每次减少的虚拟机实例数量为 1。

2. 任务调度算法的对比算法

先到先服务算法(FCFS):最先到达的任务最先被调度执行。

最早时限优先(EDF):队列中执行时限最早的任务最先被调度执行。

最早完成优先(SJF):队列中预测最早完成的任务最先被调度执行。

3. 实验结果

1) 执行效率

离线学习阶段,默认参数设置下,训练过程在服务器上使用 10 个智能体并行训练,在 6 小时后达到收敛。在测试集上,神经网络每次决策的平均执行时间为 5 ms。

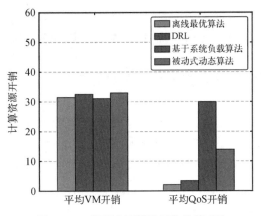

图 4-11　资源分配算法平均性能对比

2）资源分配算法性能对比

不同资源分配算法的平均性能对比如图 4-11 所示。为了显示方便，其中服务质量开销转化为千分比（‰）显示。可以发现，在计算资源开销方面，提出的基于 DRL 的算法略高于离线最优算法（3%）和基于系统负载的分配算法（4%），低于被动式动态分配算法；在服务质量开销方面，提出的 DRL 算法接近最优算法，远低于基于系统负载的分配算法（89%）和被动式动态分配算法（71%）。可见，提出的资源分配策略以较小的计算开销实现了极大的服务质量提升。

此外，统计算法在测试集数据上的服务质量开销分布情况，实验结果如图 4-12 所示。由图可知，只有离线最优算法和 DRL 的算法能满足 SLA 的要求，另外两种启发式的算法在大部分测试集数据上都无法很好地满足 SLA 的要求。显然，能满足 SLA 要求的算法更符合云服务提供商的实际需求。从图 4-12 的实验结果可以看出，基于当前时刻系统负载的启发式算法（load-based 和 reactive）难以处理动态负载的情况，只有通过历史记录提取特征，做出一定预测，并根据预测结果进行决策分析与改进的 DRL 方法可以很好地面对这种情况。

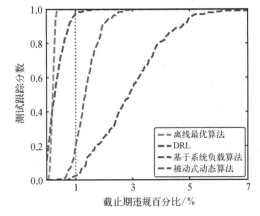

图 4-12　测试集上 QoS 开销分布的对比

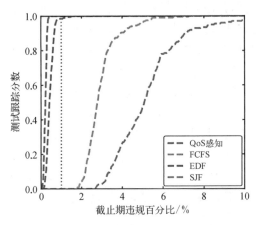

图 4-13　不同任务调度算法在测试集上 QoS 开销分布的对比

3）任务调度算法性能对比

在测量不同任务调度算法的性能时，为了比较的公平性，均使用上文中提到的离线最优算法的资源分配策略。图 4-13 给出了当资源分配策略不变时，不同任务调度算法在测试集上的 QoS 开销的分布。可以看出，QoS 感知（QoS-aware）算法在所有测试集数据上的性能均优于其他三种启发式任务调度算法。另外，只有服务质量感知的算法和最早时限优先算法可以满足 SLA 的要求，而先到先服务算法和最快任务优先算法在几乎所有测试集数据上都不能成功满足 SLA 的要求。

4）权重参数的效果测量

由于权重参数 λ 平衡了奖励函数中的计算开销和服务质量开销,它的设置对系统整体性能有重要的影响:如果云平台服务提供商更关注计算开销,那么需要把 λ 设置为一个较小的值,促使系统在分配资源时尽可能保守;反之,如果云平台服务提供商更关注服务质量,那么需要把 λ 设置为一个较大的值,促使系统在分配资源时尽可能留出冗余,以避免QoS下降。图4-14给出了权重参数 λ 对系统开销的影响:当 λ 的值逐渐增大,系统的计算开销逐渐增加,而服务质量开销逐渐减少。该结果表明,在实际系统中,可以根据具体需求设置合适的 λ 值来平衡两部分开销。

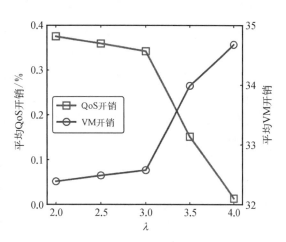

图4-14 权重参数 λ 的效果评测

4.3 多云数据中心的用户请求调度方法

随着高速网络的快速部署、智能设备的普及和用户需求的演进,如何更好地利用云数据中心网络为用户提供高质量的内容分发服务已经成为业界的核心问题。不同的云数据中心的服务质量在各个地区、各个时段不断变化,为了更好地提供服务,网络服务商往往会租用多家云服务中心,共同提供计算服务,即为多云数据中心架构。

图4-15为一个标准的多云数据中心调度架构。然而,这种架构依然存在诸多问题和挑战。从服务侧来看,云数据中心的性能受地域环境、机房配置、负载等多方面影响,因而表现出明显的时空动态性;从用户侧来看,一方面用户请求时变、预测难度大;另一方面,用户对资源的需求也有明显的异质性。综上所述,如何综合考虑服务侧和用户侧的动态性,有效利用多云数据中心的分发架构为用户提供更优质的服务变得异常重要。

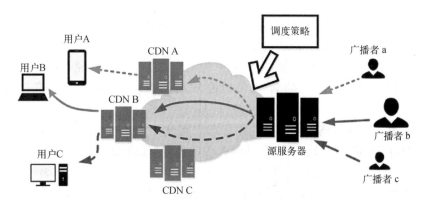

图4-15 多云数据中心调度架构

4.3.1 基于深度强化学习的多云数据中心调度策略

提高云数据中心的服务质量是多云调度策略关注的核心问题之一。当前调度策略可以分为两大类,一类是基于关键特征预测,另一类是基于实时的"探索-利用"。前一类方法往往采用特征工程的方法对不同的云服务商的服务质量做建模,利用历史服务信息预测下一个调度周期内的服务质量,以此指导调度决策。这种方法手动选择特征,所以难以泛化到多种服务场景,同时算法性能受预测精度影响,对预测误差非常敏感。后一类则摒弃了模型预测,通过实时采集用户端侧信息保证预测精度,然而实时收集和更新对系统要求过高,所以这种方法难以适用于大规模用户访问场景。

为了解决上述问题,Zhang 等[115-118]提出了学习调度(learn to schedule, LTS),一种基于深度强化学习的多云数据中心调度策略。相较于传统方法,深度强化学习有效地利用了深度学习和强化学习的优势:一方面,因为深度神经网络具有强大的状态表征能力,因而只需要输入原始数据而不需要类似特征工程手动选择特征的过程,从而减少了人为假设带来了系统误差,同时也增加了算法的泛化能力;另一方面,因为强化学习的优化目标是长期收益,因而可以避免算法陷入局部最优解;最后,基于深度强化学习的调度方式是一种端到端的策略,因而实际应用时只需要简单定义目标函数即可,从而可以定制化地训练各种优化目标。图 4 - 16 为 LTS 系统架构。

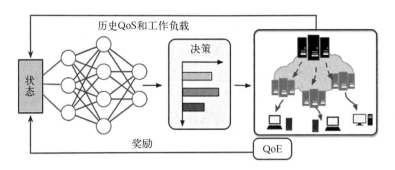

图 4 - 16　LTS 系统架构

如图 4 - 16 所示,在每一个时间窗口下,LTS 会将各个云数据中心的历史服务质量和用户访问记录作为深度神经网络的输入,而输出即为下一个时间窗口内,用户在各个云数据中心的配置比例,而 LTS 再通过统计每次决策下的用户体验来持续优化调度性能。在此基础上,进一步给出了 LTS 各个部分的细节,包括状态空间设计、动作空间设计和神经网络结构设计。

图 4 - 17 为 LTS 的整体设计。首先在状态空间设计上,LTS 会输入每家云服务厂商的信息,这些信息由两部分组成:一部分是服务侧的信息,比如负载状态;另一部分是端侧的信息,比如用户体验。通过这样的状态设计,LTS 可以综合考虑服务侧和端侧的动态性,有利于制定最优决策。其次是动作空间的设计。因为决策变量是下个时刻的用户配置(比如 20% 的用户调度到云数据中心 A,24% 调度到云数据中心 B),因而决策空间会随着云服务

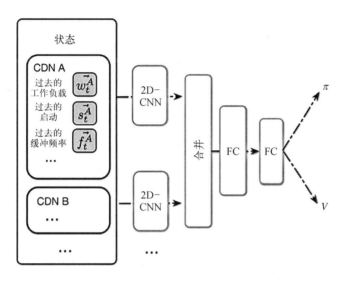

图 4 - 17 LTS 整体设计

厂商数量的增加而指数增加。所以不能将决策变量和 LTS 的动作空间简单地一一映射起来。为了解决动作空间爆炸的问题,提出了一种启发式的动作空间设计方法。具体而言,每一个云数据中心配置三种可能的决策,即"较上一个时刻增加 1%、5%、10%"的比例,同时为了保证整体的决策比求和之后为 100%,增加某一家云数据中心的比例之后,对应的会选择上一个时刻服务质量最差的那家云数据中心并且减少其相同的调度比例。这种设计一方面使得动作空间由过去指数级增长减少为线性增长,从而增加了算法的训练效率,提高了算法的可扩展性;另一方面,增加比例既包括 1% 这样的小比例,同时也包括 10% 这样的大比例,从而保证了算法既可以小幅度精细调整策略,又可以大幅度调整以应对环境突变(比如某个云数据中心性能急剧下降)。最后,在神经网络结构设计上,使用二维卷积作为特征提取网络。相较于传统的全连接网络,二维卷积网络既减少了网络参数(从而使得网络更小),又可以提取特征之间的耦合关系。使用真实的云数据服务数据验证了提出的算法,图 4 - 18 为统计结果。

由图 4 - 18 可知,LTS 算法显著优于其他算法。与此同时,测试自研算法在不同云数据中心数量下的收敛性能,结果如图 4 - 19 所示,可以看出,通过使用启发式的动作空间设计,LTS 即使在多个云厂商的场景下也可以快速收敛。

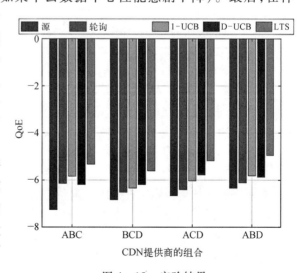

图 4 - 18 实验结果

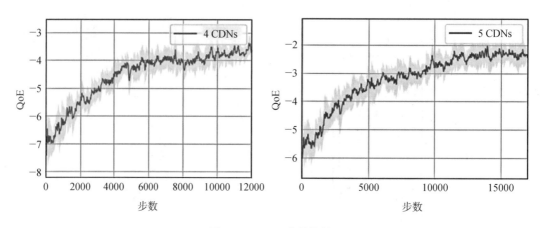

图 4 - 19 LTS 收敛性能

4.3.2 用户体验感知的多云数据中心调度策略

提高用户体验是多云数据中心调度算法的重要优化目标,但实际上服务质量和用户体验之间相当复杂。这种复杂体现在两个方面,首先用户体验和服务质量之间是非线性相关的。图 4 - 20 给出了两个例子。

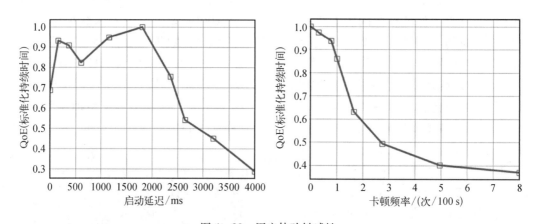

图 4 - 20 用户体验敏感性

图 4 - 20 左图给出了用户体验和延迟之间的关系,可以看出,当延迟在 2 s 之内的时候,用户其实对延迟的容忍程度很高,而 2 s 之后,随着延迟的增加,用户体验才有了明显的下降。图 4 - 20 右图则给出了用户体验和服务平稳程度之间的关系。可以观察到类似的现象:当网络服务的卡顿频次在 1 次之内时,用户容忍度较高,而之后随着卡顿频次的增加,用户体验显著下降。其次,用户体验受多种因素的影响,且用户之间可以表现出明显的异质性。比如有的用户提交的任务对延迟要求更高,所以对延迟更加敏感;而有的用户提交的任务则对计算资源要求更高(比如更稳定的服务),而对延迟则不敏感。图 4 - 21 给出了两个例子。

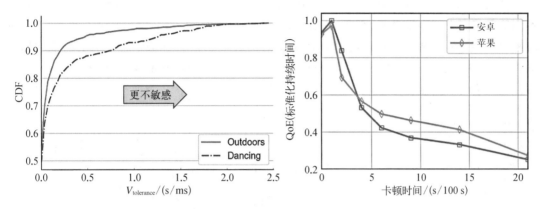

图 4-21 多因素影响用户体验

图 4-21 的左图给出了两种不同的任务类型下,对延迟的敏感程度,曲线越靠右,则表示越不敏感。可以看出,相较于 Dancing 这种任务类型,任务类型为 Outdoors 的用户显然对延迟更加敏感。与此同时,也画出了不同设备下,用户对于服务平稳性的敏感程度,如图 4-21 右图所示,从图中可以看出,设备类型也会对用户体验有明显的影响。

不幸的是现有的算法并不能很好地应对上面的特性:一方面,绝大多数算法没有细致地研究用户体验和服务质量的关系,也没有考虑到用户之间的异质性;另一方面,虽然有些算法也尝试针对用户个性化的需求,自适应地选择不同的云服务商为其提供服务,但是因为他们往往针对单个用户做处理,而没有考虑到多个用户并发请求的场景,所以无法适用于大规模调度场景。为了解决这个问题,研究人员提出了 HeteroCast[119],一种适用于大规模场景下的、基于用户体验异质性的多云数据中心调度算法,图 4-22 为 HeteroCast 的系统结构。

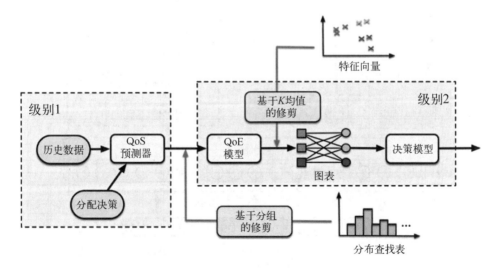

图 4-22 HeteroCast 调度框架

由图 4-22 可知,HeteroCast 的调度逻辑分为两层:上层使用一个 QoS 预测模块来预测不同负载状态下各个云服务商的服务质量;下层则包含一个 QoE 预测模块和决策模块,分别用来建模用户体验和输出调度逻辑。在每个时间周期内,HeteroCast 通过上下层依次做决策,做到同时考虑了 QoS 的动态性和 QoE 的异质性。其中 QoS 预测模块使用了一种基于深度神经网络的预测器,其网络结构如图 4-23 所示。

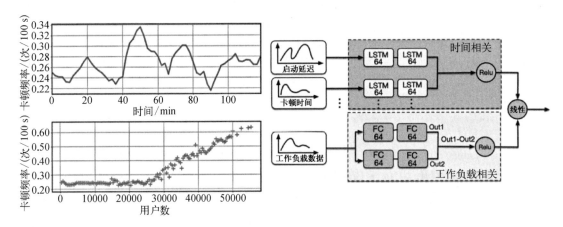

图 4-23　QoS 预测模块

特别地,鉴于云数据中心的性能一方面随着时间动态变化,另一方面也会随着负载状态的改变而改变(如图 4-23 中左图所示),研究的 QoS 预测器使用两个不同的模块来刻画其时域动态性和负载动态性。

其次,为了更好地刻画 QoE 的非线性特点,以及其与各种因素之间的耦合关系,本节提出了一种基于深度因子分解机(DeepFM)的用户体验模型,模型结构如图 4-24 所示。

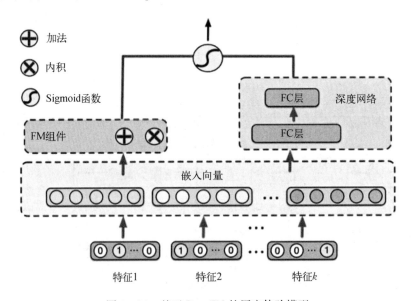

图 4-24　基于 DeepFM 的用户体验模型

该模型由两部分组成：因子分解机部分（FM component）和深度网络部分（deep component），其中因子分解机部分通过将各个因素之间的关系建立为向量的点乘捕捉多个因素之间的耦合关系，深度网络部分则利用了神经网络的表征能力刻画 QoS 和 QoE 之间的非线性的关系。

在得到用户体验和 QoS 之间的关系之后，HeteroCast 则将调度问题转化为二分图匹配问题，整个过程如图 4-25 所示。

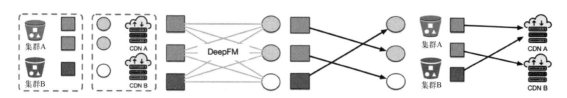

图 4-25　基于二分图匹配的最优决策

通过使用匈牙利算法等成熟的求解方法，HeteroCast 可以近乎实时地输出最终的调度决策。使用了真实的调度服务数据测试了 HeteroCast，结果如图 4-26。可以看到，相较于其他算法，HeteroCast 显著提高了用户体验。

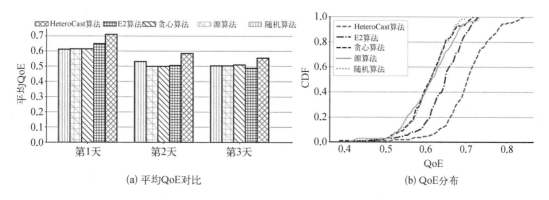

(a) 平均QoE对比　　　　　　　　　(b) QoE分布

图 4-26　实验结果

4.3.3　复杂约束下的成本优化策略

除了优化用户体验，优化带宽成本也是多云数据中心调度问题中关注的重点问题。特别的，如何在确保 QoS 的前提下，尽可能优化带宽使用成本是本问题关注的核心。事实上，一方面绝大多数的多云数据中心调度算法只关注 QoS 优化，很少关注成本。另一方面，几乎所有算法均没有考虑到用户任务存在不可调度性，即对于那些已经在服务的用户任务，调度算法不能中途中断任务，重新分配（比如视频直播任务），而只能针对新来用户做决策。

为了解决上面问题，提出了一种全新的多云数据中心调度算法[120]。事实上，要想既控制成本，又保证 QoS，调度算法需要满足下面两个特性。

首先,调度算法要能很好地刻画用户访问的动态性。图 4 - 27 给出了一个用户访问云数据中心的实例。

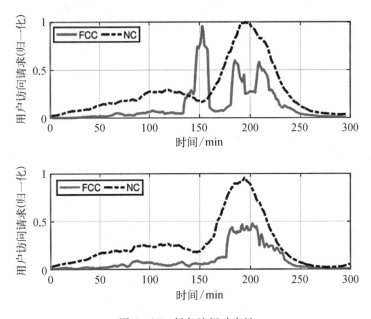

图 4 - 27　任务访问动态性

研究将用户访问请求按照其变化剧烈程度分为"普通任务(即 NC)"和"陡变任务(即 FCC)"。由图 4 - 27 可以看到,NC 模式的任务访问相对来说比较稳定,即高峰期出现的位置相对固定(虚线);但与之相对的,FCC 任务的访问模式动态性极高(实线),其峰值位置可以出现在任意位置,且每天出现的位置也不尽相同(上下子图对比)。

其次,调度算法也需要能很好地区分用户任务中的"不可调度部分"。这些不可调度部分是指在上一个调度周期已经配置好云服务节点,且下一个调度周期中仍在服务的任务。以直播服务为例,那些已经被分配了云服务节点且正在观看的直播流即为不可调度任务(因为中断会导致卡顿,从而使得用户体验急剧下降)。不可调度用户的刻画非常重要,因为成本只和总的任务流量模式有关,所以调度算法需要在只控制"可调度流量"的前提下,精细控制总的任务负载。事实上,不可调度用户占总用户的比例也是时刻变化的,图 4 - 28 给出了一个实例。

由图 4 - 28 可以看出,在统计的一个小时的时间里,"不可调度任务(remaining viewers)"占比在 80% ~ 95% 的区间内剧烈变化。为了解决上面的问题,提出了 Livesmart。Livesmart 调度框架如图 4 - 29 所示。

如图 4 - 29 所示,Livesmart 主要由三个模块组成,分别是 QoS 预测模块(QoS manager)、任务负载预测模块(workload manager)以及决策模块(optimizer)。负载预测模块负责刻画下一个决策周期内的任务访问模式。特别地,通过使用一种"概率迁移模型",Livesmart 可以有效地区分任务流量类型。图 4 - 30 给出了"概率迁移模型"的工作原理。

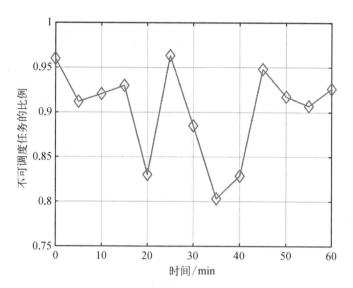

图 4 - 28　不可调度任务比例

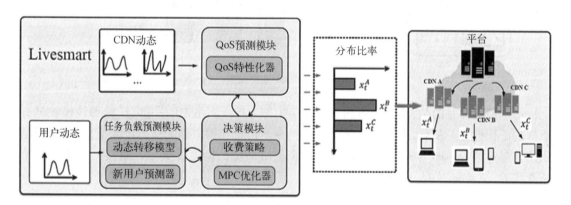

图 4 - 29　Livesmart 调度框架

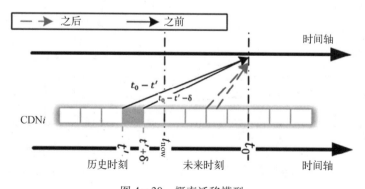

图 4 - 30　概率迁移模型

大规模云数据中心智能管理技术及应用

从图 4-30 可以看出,对于未来时刻,其"不可调度"流量即为之前时刻已经服务的任务流量中的留存部分。因而可以通过计算任务的衰减概率,即可计算出留存任务数。计算方式如下:

$$w_{t_0}^{i, \text{re}} = \sum_{k=1}^{\infty} w_{t_k}^{i, \text{new}} P(t \geq t_0 - t_k) \qquad (4-12)$$

式中,k 表示之前的决策周期。接下来,使用 QoS 预测模块来预测云数据中心的服务性能。QoS 预测模块主要使用深度神经网络来拟合,且其结构如图 4-31 所示。

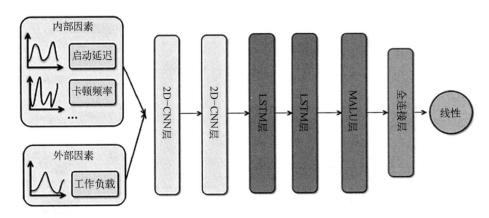

图 4-31　QoS 预测模型

特别值得注意的是,使用最新的 NALU 结构作为神经网络中的一部分,使得该模块具有更好的泛化性能。最后,决策模块综合服务侧 QoS 信息和用户侧的任务负载信息,采用模型预测控制算法(model predict control, MPC)来求解最优的调度配置。在真实的数据上做了仿真实验,结果如图 4-32 所示。

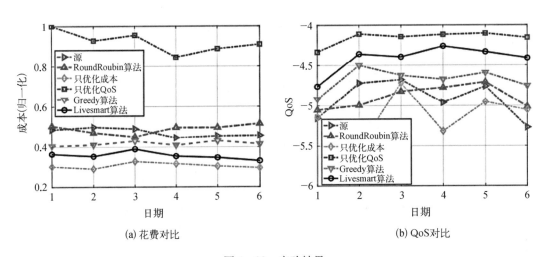

(a) 花费对比　　　　　　　　　　(b) QoS对比

图 4-32　实验结果

分别比较了成本和 QoS，从图 4 - 32 左图可以看出，研究的算法相较于传统算法大大节约了带宽使用成本，特别的，相较于只优化 QoS（即 QoSOnly）的算法，可以减少超过 50% 的成本。从图 4 - 32 右图可以看出，相较于只优化成本的算法（即 CostOnly），研究的算法可以很大程度保证 QoS。

4.4　基于模仿学习的深度强化学习训练优化方法

与以往启发式算法不同，深度强化学习从零开始学习策略，在不停地探索和利用中最终取得优异的策略。然而，其训练效率一直较为低下。通常学习一个新的任务需要至少 100 万步的试错，然而对于人类而言大约 1 000 次即可掌握相关技巧。于是近年来，学术圈与工业界愈发关注深度强化学习的训练效率（learning efficiency）以及数据利用效率（sample efficiency）。模仿学习（imitation learning）是解决该问题的一种可行的方法。本节将首先详细阐述模仿学习的基本原理，随后将介绍模仿学习的训练优化方法。最后，将介绍基于模仿学习的云计算文件传输任务的设计与实现，并报告其详细性能。

4.4.1　模仿学习基本原理

在传统的强化学习任务中，通常通过计算累积奖赏来学习最优策略，这种方式简单直接，而且在可以获得较多训练数据的情况下有较好的表现。然而在多步决策（sequential decision）中，学习器不能频繁地得到奖励，且这种学习方式存在巨大的搜索空间。而模仿学习（imitation learning）的方法经过多年的发展，已经能够很好地解决多步决策问题，在机器人、自然语言处理（natural language processing，NLP）等领域也有很多的应用。

模仿学习是指从示教者提供的范例中学习，一般提供人类专家的决策数据，每个决策包含状态和动作序列，将所有「状态-动作对」抽取出来构造新的集合。随后可以根据当前状态（state）推断动作，而将动作作为标记（label）进行分类（对于离散动作）或回归（对于连续动作）的学习从而得到最优策略模型。模型的训练目标是使模型生成的状态-动作轨迹分布和输入的轨迹分布相匹配。一般情况下将人类专家提供的决策数据称为专家序列。然而在实际过程中，一味地模仿专家序列并不能获得优异的策略。

如图 4 - 33 所示，展示了传统的监督学习和模仿学习在相同环境中与最优专家轨迹的对比，监督学习训练完成的策略在一开始能较好做出与专家轨迹相同的决策。但是一旦做出一个较小错误的动作之后（点画线之后），智能体将观测到专家数据集之外的状态，从而做出更大的错误决策，继续观测到更远离专家数据集的状态，最后完全偏离专家策略（阴影范围）。相反，模仿学习专注于自探索自寻找最优解，选择在专家策略周围的状态中探索状态并得到较好的策略，这种"神似形不似"的方法使得模仿学习学到的策略能够在高鲁棒的环境中运行，即使做出了一两次与专家序列错误的决策也能挽救回来，避免累计错误。自此，得出模仿学习的优势在于可以快速学习专家策略，避免深度强化学习中的不必要的频繁探索，从而有效地解决训练效率和样本低效的问题。

大规模云数据中心智能管理技术及应用

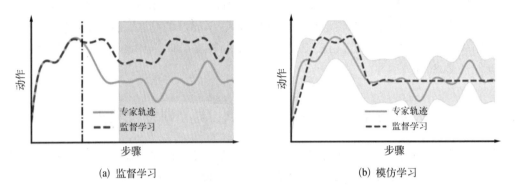

(a) 监督学习   (b) 模仿学习

图 4-33　监督学习与模仿学习的行为区别：模仿学习策略能妥善解决累计错误的问题

4.4.2　模仿学习训练优化技术

本节将详细介绍模仿学习的训练与优化技术。首先,在第 t 步,模仿学习算法通过当前的状态 S_t 推断出下一步的动作 A_t,与此同时根据专家决策出当前状态下的最优策略 A_t^*。随后,根据智能体的推断和专家给出的结果计算出两者之间的损失函数 $L_t(A_t,A_t^*)$。智能体在 S_t 下继而执行 A_t 动作并观测到状态 S_{t+1},从而可以获得新的损失 $L_t(A_{t+1},A_{t+1}^*)$,直到智能体进入终止状态。最后,使用任意一种监督学习的方式来最小化该损失函数,如下函数所示:

$$\hat{\pi} = \underset{\pi \in T}{\operatorname{argmin}} \, \mathbb{E}_{s \sim d_\pi} \left[\ell_t(\pi_t, \pi_t^*) \right] \tag{4-13}$$

4.4.3　基于模仿学习的云端资源自适应调度

本节主要介绍基于模仿学习的云端资源自适应调度算法。在云计算中,通常会传输一定的云资源到某个节点。资源分为很多种,可以为普通的文件,也可以是可以观看的音视频资源。由于节点网络资源限制,完整云资源无法在规定时间内传输到位,故通常使用部分云资源,或将有损的云资源传输到节点上以满足节点的需求。换句话说,云端资源自适应调度主要将云中的这些文件或音视频资源在不同的网络状态下传输到节点上,旨在平衡节点对接收资源文件的质量和接收时间。本节提出 Comyco,充分考虑网络的特性、云资源质量与视频资源中码率的特性,实现质量感知的自适应传输。同时,Comyco 采用模仿学习来优化模型的架构,大大提升了效率。

图 4-34 为 Comyco 的基本系统工作流,其主要由待训练的神经网络、场景模拟器、即时解算器以及经验回放池(replay buffer)组成。在训练过程中,Comyco 创新地通过模仿即时解算器给出的专家轨迹来训练策略,这不仅可以避免重复探索,而且可以更好地利用采集到的样本。Comyco 将及时求解当前探索到的状态下的最佳策略,并加入经验回放池中,在训练过程中边采样边优化神经网络,从而 Comyco 拥有了快速生成策略的能力。

— 120 —

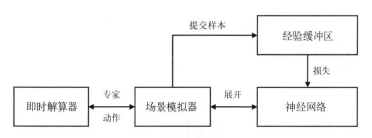

图 4-34 Comyco 基本系统工作流

Comyco 根据云视频资源传输任务构建了一套神经网络结构,如图 4-35 所示。Comyco
考虑了节点上能观测到的信息,包括资源信息、网络状态信息和视频质量信息。这些指标都
分别通过全连接或者一维卷积提取特征,随后使用 GRU 网络将这些特征合并并输出下一个
请求云资源文件的大小。

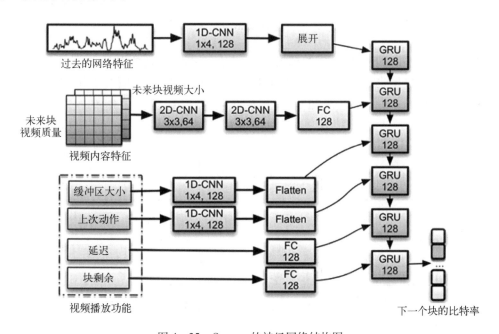

图 4-35 Comyco 的神经网络结构图

此外,针对模仿学习泛化能力不足的缺陷,进一步提出了终身 Comyco。终身 Comyco 的
系统架构如图 4-36 所示。该系统由外循环系统(outer-loop)和内循环(inner-loop)系统两
部分组成。其中内循环系统使用模仿学习方法更快更有效地从专家序列中学到策略;外循
环系统则给予了系统持续更新能力,采用终身学习的方式自主"查缺补漏",学习有必要的
数据。

如图 4-36 所示,该系统的工作流程为:在视频开始之前,位于节点的资源下载器从模
型服务器下载最新的神经网络模型。每次当云资源内容(例如视频)在节点上展示完成后,
节点的资源下载器将通过过去的下载块大小和下载时间生成带宽数据。随后,收集到的带

宽数据将被提交到位于服务器端的外循环系统。外循环系统将即时预测当前策略与最优策略之间的差距。根据该差距,可以确定该网络带宽数据是否需要加入训练集中。随后,在每个时间段,在内循环系统将被调用并通过终身模仿学习有效地更新神经网络。最后,每隔一段时间,会将训练好的模型冻结并提交给模型服务器。

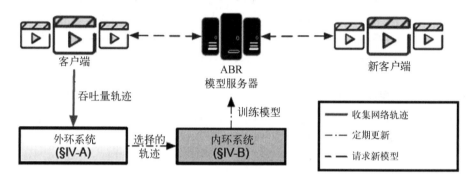

图 4-36　终身 Comyco 整体流程图

　　如图 4-37 所示,外循环系统的核心思想是进一步减少训练时所需训练集。会先对节点上报的带宽数据进行整理,核算线下最优解。随后查看当前线上策略与线下最优解所取得的性能的差距,当差距超过某个值时,会将当前带宽数据放入要训练的数据集中。

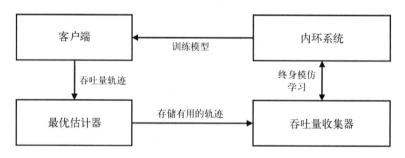

图 4-37　终身 Comyco 外循环系统图

　　本节采用终身学习的训练方法训练神经网络,利用一种经典的主动学习(active learning)技术架构,可以在不忘记过去表现良好的带宽数据的情况下,记住表现不好的带宽数据。

　　Comyco 算法在 FCC 和 HSDPA 数据集上进行细致的测试实验结果,测试了内循环系统训练出的神经网络的性能,图 4-38 为内循环的训练曲线。Comyco 的模仿学习有效并快速地学习到了更好的策略:整体训练步数相较于强化学习的训练步数减少至 1/1 700,整体训练时长减少至 1/16。与此同时,如图 4-39 所示,算法的整体性能还有提升。在 HSDPA 数据集上,测得模仿学习训练出的策略比已有方法提高了 7.5%~17.99% 的性能,同时在 FCC 数据集上性能提升了 4.85%~16.79%。

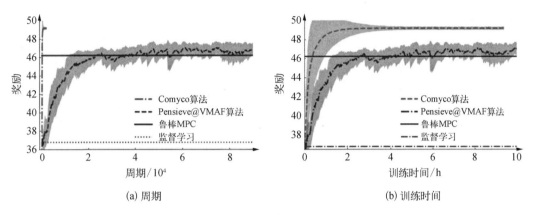

图 4-38　Comyco 训练曲线

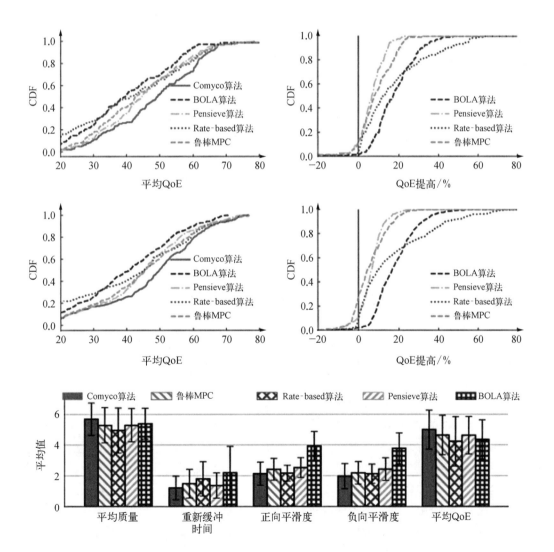

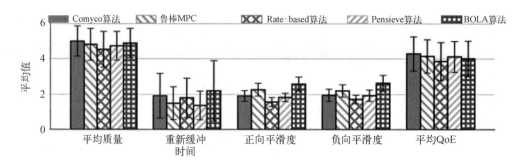

图 4-39 Comyco 内循环性能对比

随后对外循环系统进行了测试。测试数据是搜集 12 h 带宽序列数据,在整点对神经网络进行更新,并在其他时候记录需要使用的带宽数据集。实验结果如图 4-40 所示,使用终身学习算法将有效避免灾难性遗忘问题,并且能够跟随网络分布的变化实时更新自己的策略,使其性能处于较好的状态。反观其他算法,包括实时微调重新训练,与只是用内循环系统,都不能很好地做到这一点。

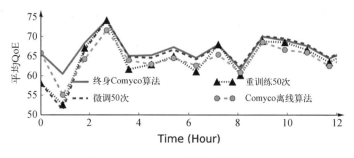

图 4-40 Comyco 外循环性能对比

4.5 数据驱动的任务群并合智能调度技术

在云计算环境下,随着计算资源的逐步扩充,计算任务也呈指数级增长。面对海量任务向数十万台计算资源提交请求,如何快速分派海量任务至云环境下多个集群,是云计算系统面临的一个重要问题。

云计算环境下大规模任务调度问题本质上是一个 NP 难问题,工业界大多采用启发式算法合并计算资源冗余分配的策略来提高任务响应率和任务执行效率,而学术界大多采用元启发算法,如遗传算法、粒子群算法等随机迭代方法寻找问题的可行解。元启发式算法简单、可移植性强,尤其是其中基于种群进化的元启发式算法,具有自然界规律启发式特征且具有强鲁棒性。然而,当任务和资源均达到数万级规模时,待求解变量也达数万级,随机迭代方法将变得严重耗时,如何快速对大规模任务进行指派成为云计算环境扩展面临的一个挑战。

为了解决上述挑战,本节采用并合调度方法求解大规模异构任务调度问题。采用降维处理的思路,将待调度的任务、计算资源以及种群进行分组,并行化求解各个降维子问题,再将各进程给出的子问题解归并后获得最终的调度策略,极大地降低算法的求解时间。本节设计求解大规模异构任务调度模型的算法研究思路如图 4-41 所示。

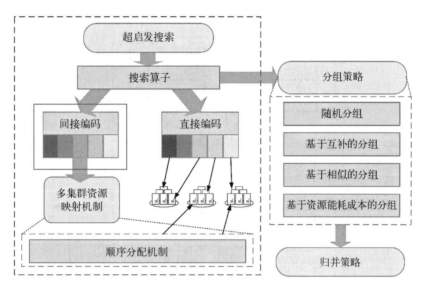

图 4-41　并合调度算法设计思路

本节面向云数据中心大规模、高并发计算任务快速调度问题,依次介绍并合调度框架、并合调度算法设计与配置,进行并合调度算法测试,说明其性能优势,以及基于 multicluster-scheduler 的集群级并合调度工具。

4.5.1　并合调度框架

为提高算法的计算速度和降低集群能耗,本节设计了一种任务群并合调度算法求解云数据中心任务调度问题,并合调度算法框架如图 4-42 所示。

在并合调度算法中,第一步是初始化算法的基本配置,包括种群大小、最大迭代次数、分组数,以及完成各种搜索算子的相应初始化要求,并生成各个个体的随机编码。考虑到算法是用来处理大规模任务调度问题的,首先采用分组策略对任务、集群、种群进行分组,通过分解调度问题实现降维,采用多进程的方式并行求解各个分组中的子调度问题。本节针对云数据中心任务调度问题改进了五种基于种群的元启发式算法作为搜索算子,并设计了超启发方法在每次迭代时为种群选择搜索算子。当各子种群满足终止条件时,通过归并各子种群给出的解,最终给出在时间和能耗成本上表现较优越的解。

4.5.2　并合调度算法设计与配置

基于上述并合调度框架,下面详细介绍并合调度算法各个模块的设计与配置,包括分组策略、进化算子设计、局部搜索算子以及归并策略。

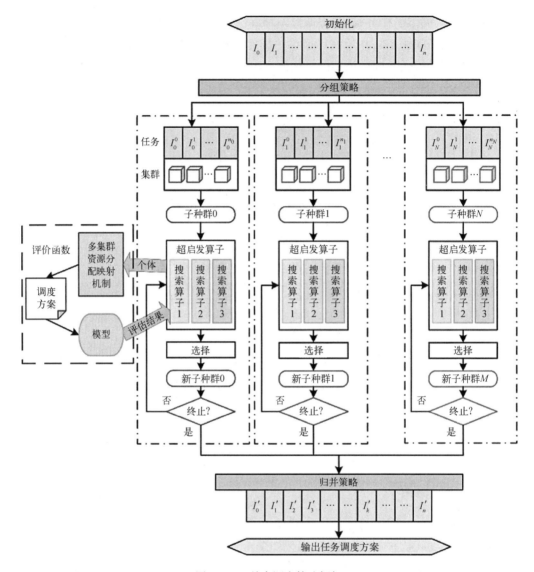

图 4-42　并合调度算法框架

1. 分组策略

将大规模优化问题分解成多个子问题分别进行处理是比较常见的提高算法效率的方法,本节参考这种复杂问题分解的思想设计了任务群变量降维处理方法,其核心思想为将待调度的任务和计算资源进行分组,分别求解各个子问题后归并子调度策略得到最终调度策略,从而达到降维处理的目的。考虑到分组多进程的引入,如何对种群、任务和集群进行划分和最终的归并是有待研究的问题。

根据优化目标以及任务和资源的特性,本节设计了几种分组策略,首先通过对任务和资源重新排序,有助于生成更好的初始解,提高算法在初始阶段的收敛性;再划分成多组,并引入 MPI 多进程计算,从而大幅度提升算法的求解效率。在分组策略中,总种群中的个体也被按顺序平均分到各个组内,原始种群数量为 POP,则分组后各子种群数量为 $\frac{POP}{M}$。下面将详细介绍这几种任务与资源分组策略。

1)随机分组策略

随机分组策略是最直接的分组方法。首先直接对任务序列和集群序列进行打乱重新排序,即打乱个体中各编码位对应的任务,以及集群占用顺序。完成重排序后,任务平均分组。有 n 个任务待调度,将任务分为 M 组,则第一组中的待调度任务对应任务序列中第 $1\sim\frac{n}{M}$ 个任务,第二组对应任务序列中第 $\frac{n+1}{M}\sim\frac{2n}{M}$ 个,以此类推;第一组对应的集群为打乱重排序后的第 $1\sim\frac{m}{M}$ 个集群,以此类推。

2)基于互补的分组策略

基于互补的分组策略利用任务对资源的需求和资源中已经被占用的特征。如果一个任务可以被看作一个二维的物体(假定对内存和 CPU 的需求为两个维度),那么任务调度问题就可以看作是一类二维装箱问题。但是它们之间还是有一定的区别的。在装箱问题中,物体可以被肩并肩放置,一个物体也可以被放在另一个物体的上方,但是在任务调度问题中这是不可行的。很显然,一旦一个资源被某个任务占用,就不能再分配给其他任务利用。这一差别通过图 4-43 可以看出,一定量的集群计算资源已经被占用(蓝色部分),当一个新的任务(黄色部分)被指派到这个集群中时,唯一可选的位置只有标记了"√"的长方形所在的位置。但是在装箱问题中,另外两个标记了"×"的位置是完全可行的。因此任务调度问题更类似于向量装箱问题。

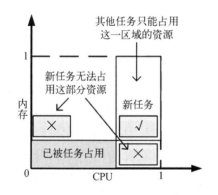

图 4-43 二维资源空间中的任务放置图

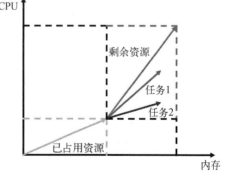

图 4-44 集群资源向量与任务需求向量

当任务的向量表示与集群剩余资源量的向量表示之间夹角越小时,即更能满足互补的要求时,集群的资源利用率越能够提高,如图 4-44 所示,相较于任务 2,任务 1 与集群剩余资源量的向量夹角更小,因此任务 1 更能满足互补的要求。为了统一表示,用向量与 x 轴夹角的反正切值表现任务与集群资源的互补性,对任务和集群进行分组,其中任务对应计算公式如公式(4-14)所示,为任务对 CPU 的需求与对内存的需求的比值;集群对应计算公式如公式(4-15)所示,为集群剩余 CPU 资源与剩余内存资源的比值。在分组时,算法根据任务和集群资源的互补率进行排序分组:

$$CR_{\text{task}, i} = \frac{R_{\text{CPU}, i}}{R_{\text{mem}, i}} \qquad (4-14)$$

$$CR_{\text{cluster}, j} = \frac{C_{\text{CPU}, j}}{C_{\text{mem}, j}} \qquad (4-15)$$

3) 基于相似的分组策略

基于相似的分组策略也是考虑集群中被占用资源和任务资源需求的关系。与基于互补的分组策略恰恰相反,这种策略倾向于将任务分配至被占用计算资源与其资源需求相似的集群中。也就是说,这种策略更容易把任务分配至被占用资源的向量表示与任务需求的向量表示夹角小的集群中,例如在图 4-43 中,相较于任务 1,任务 2 需求向量与集群中被占用资源的蓝色向量夹角更小,因此更倾向于将任务 2 分配给该集群。

4) 基于资源能耗比的分组策略

云数据中心计算资源丰富,集群之间具有一定的异构性,因此可以选择将任务调度倾向于资源的能耗成本较低的集群上,在资源能耗成本较低的集群上,任务能够以较低的能耗占用相同的资源进行计算。定义资源能耗成本如式(4-16)所示:

$$\text{overhead}_j = \frac{P_j^{\text{static}} + P_j^{\text{dynamic}}}{\alpha_1 C_{\text{CPU}, j} + \alpha_2 C_{\text{mem}, j}} \qquad (4-16)$$

基于资源能耗成本的分组策略首先根据集群的资源能耗成本对集群进行升序排列,根据任务的资源需求量对任务进行降序排列,以期望以消耗最少的能源完成工业计算任务的计算,然后顺序分组。

2. 进化算子设计

1) 算子编码设计

本节采用了基于种群进化的元启发式算法,首先需要为个体设计编码方式。虽然直接编码的方式比较直观、简单,即任务对应编码位取值为任务被指派到的集群序号,但是由于集群资源有限,在搜索空间中存在大量不可行解,浪费了搜索空间。并且在进化过程中搜索到不可行解时也会浪费求解时间。因此中采用了较为复杂、需要映射、但是能够充分利用搜索空间的间接编码表示。图 4-45 展示了一个采用此种编码的个体。具体地说,当处理 n 个任务的调度问题时,一个个体共包含 n 个对应的编码位,编码位取值为 $0 \sim (n-1)$ 之间的正整数。编码位的取值对应的是任务在任务序列中的编号。编码位对应任务通过多集群资源

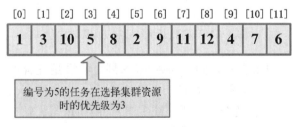

图 4-45　排序的离散整数编码

映射机制调度的优先级,即任务在选择集群资源时的优先级。但是无论在哪种情况下,在一个个体中,各个编码位取值是互不相同的,其全部编码位覆盖范围内全部的正整数值。

2)底层进化算子设计与改进

根据云计算任务调度模型的特征以及排序离散编码对多种基于种群的元启发式算法进行了改进,通过交换序的方法实现了三种搜索算子,包括遗传算子、粒子群算子、差分进化算子,并设计了一种改进的变异方法。种群的更新策略选择的是经营策略。

在遗传算子中,采用了经典的"轮盘赌"选择[*]方法和交换变异的方法作为种群进化过程中的选择和变异算子。对于交叉算子,考虑到算法中采用的是排序的离散编码,优先序保护交叉算子(precedence preservative crossover, PPX)是一种典型的交叉算子。这种交叉算子能够保证两个父代交叉后获得的子代,依旧可以保留原有各父代中的优先序关系。首先以向量的形式随机生成掩码,其中掩码向量中元素数量与个体编码位数相同,掩码向量中各元素取值为0或1。从掩码向量的第一个元素开始,其取值为0则表示选择了父代1中的第一个基因,即掩码向量的意义为表示从哪个父代选择继承元素。然后选择的基因值1将在父代2中被删除。以此类推,直到构成了一个完整的子代。这种从父代"抽取"工作的过程保证了所有共同的优先序都被保留下来,并且所有后代的优先关系都来自父母中的一个。但是PPX算子时间复杂度相对较高,并不适合大规模离散编码的交叉操作。

本节采用的交叉算子是基于交换序的交叉算子,即交叉是通过交换序方法来实现的。交换序方法的伪代码如算法4.2所示。给定两个个体Pop1和Pop2,前者作为交换序的实现对象,后者作为交换序列的参考对象。对Pop1和Pop2进行逐位遍历,寻找由Pop2向Pop1转换的交换对。具体来说,根据编码位Pop2[i]对应的数值,在Pop1中寻找具有相同数值的编码位,记录下在Pop1中的编号j,即通过交换Pop2中的第i和第j个编码位中的内容,可以使得Pop1[i]和Pop2[j]中的数值相同。然后在交换对组V中记录下交换对(i,j)。完成对Pop2的遍历后,即可获得一个交换对组,实现其中所有的交换对,即可将Pop2转换成Pop1。

图4-46中给出了两个具有十个编码位的个体进行交换对记录的例子,其中以Pop1为实现对象,Pop2为参考对象,设计交换概率为0.5。首先从Pop1的序号为0的编码位开始,其数值为2,生成一个0到1之间的随机数0.24,小于交换概率,因此在Pop2中找到数值为2的编码位,序号为4,并在交换对组V中记录下此次交换对$(0, 4)$,执行该交换对获得newPop2′,该过程在图中以绿色表示。然后Pop1

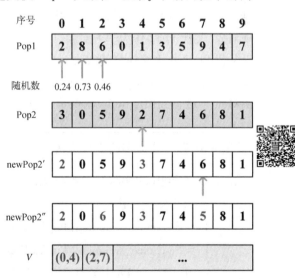

图4-46 以Pop1为实现对象的交换序算法

---

[*] "轮盘赌"选择又称比例选择算子。

中序号为 1 的编码位,数值为 8,生成一个随机数 0.73 大于交换概率,因此放弃该编码位的交换序执行。Pop1 中序号为 2 的编码位对应数值是 6,生成随机数 0.46 小于交换概率,可以执行交换,在 newPop2′ 中找到数值为 6 的编码位,对应序号为 7,因此记录交换对(2, 7),并执行该交换对获得如图中所示 newPop2″,该过程在图中以紫色表示。以此类推,最终获得经过完整交换序操作的 newPop2。

算法 4.2:交换序算法(Sequence_swapping)

输入:实现对象 Pop1,参考对象 Pop2,交换概率 p_{swap}

1:     for i from 0 to $n-1$ do

2:         产生随机数 r

3:         if r 小于 p_{swap} do

4:            for j from i to n do

5:              if Pop1$[j]$ 等于 Pop2$[i]$ do

6:                 记录 j

7:            end for

8:            $V \leftarrow$ pair$(i,\ position)$

9:            交换 Pop1$[i]$ 和 Pop1$[position]$

10:     end for

输出:成对集合 V

基于交换序的交叉算子的伪代码如算法 4.3 所示。首先,以父代 Pop1 作为交换序的实现对象,父代 Pop2 作为学习对象,以交换概率 p_{swap} 执行交换序方法,获得交换对组 V_1;然后以父代 Pop2 作为交换序的实现对象,父代 Pop1 作为学习对象,以 p_{swap} 进行同样操作,获得交换对组 V_2。对 Pop1 按照交换对组 V_1 进行交换序操作,获得子代 newPop1;对 Pop2 按照交换对组 V_2 进行交换序操作,获得子代 newPop2。

算法 4.3:基于交换序的交叉算法

输入:父代 Pop1,Pop2,交换概率 p_{swap}

1:     初始化空的交换对组 V_1,V_2

2:     V_1 = Sequence_swapping(Pop1, Pop2, p_{swap})

3:     V_2 = Sequence_swapping(Pop2, Pop1, p_{swap})

4:     newPop1 $\leftarrow$ 对 Pop1 按照交换对组 V_1 进行交换序操作

5:     newPop2 $\leftarrow$ 对 Pop2 按照交换对组 V_2 进行交换序操作

输出:newPop1, newPop2

粒子群算法(particle swarm optimization, PSO)最早由 Eberhart 和 Kennedy 于 1995 年提出,这种算法受到鸟群觅食行为的启发而设计。在基本的粒子群优化算法中,每个粒子对应搜索空间中的一个搜索个体,粒子的当前位置就代表着对应优化问题的一个候选解。每个粒子有两个属性,位置和速度。其中速度代表移动的速度,位置表示移动的方向。在粒子群中定义每个个体在数次迭代中的最优解为个体极值,定义其中最优的个体极值为当前全局最优解。每一次迭代过程中不断更新位置和速度,直到最终满足中止条件。在本节改进的粒子群算法中,基于排序的离散编码,任务设计了通过交换序实现的粒子速度更新方法,伪代码如算法 4.4 所示。

算法 4.4:基于交换序的粒子速度更新算法

输入: **POP**, P_{alpha}, P_{beta}, **gbest**, **ibest**

1:     for pop[i] in POP do
2:         *初始化空的交换对组 V_1, V_2*
3:         V_1 = Sequence_swapping(pop[i], ibest[i], P_{alpha})
4:         newPop[i]←*对 pop[i] 按照交换对组 V_1 进行交换序操作*
5:         V_2 = Sequence_swapping(pop[i], gbest, P_{beta})
6:         newPop[i]′ ← *对 pop[i] 按照交换对组 V_2 进行交换序操作*
7:         *改进变异算法*(pop[i])
8:     end for

输出: **newPOP′**

具体来说,对于粒子群算子中的一个粒子,首先需要初始化两个交换对组,相当于粒子的速度矩阵。然后根据交换序方法,以对个体极值 ibest 的学习概率 P_{alpha},记录由 pop[i] 向其对应个体极值 ibest[i] 转换的交换对组,获得 V_1,根据该交换对组从 pop[i] 更新成新的粒子 newpop[i];然后,以对当前全局最优解的学习概率 P_{beta},记录由 newpop[i] 向 gbest 的交换对组,获得 V_2,根据该交换对组从 newpop[i] 更新成新的粒子 newpop[i]′,完成向全局最优解的位置学习更新。最后调用改进的变异算子,完成本次迭代中该粒子的更新。

在进化算法中,高斯变异和柯西变异是常见的改进变异方法。这两种方法分别采用概率分布的方式获得随机数,前者采用正态分布,具有较好的局部搜索能力,但是容易陷入局部最优,后者采用的是柯西分布,具有相对较大的变异步长,因此会使得算法有较好的全局搜索能力。这两种方法都能够在进化算法寻找到重点区域后进行适当的探索,参考这两种方法,本节设计了改进的变异方法,使得变异算子可以根据迭代所处阶段自适应地调整变异概率,伪代码如算法 4.5 所示。

算法 4.5：改进变异算法

输入：pop，generation，总迭代数 MAXGEN

1:　　生成随机数 r

2:　　$p_{\mathrm{mu}} = \mathrm{pow}\left(r,\ 1 - \dfrac{\mathrm{generation}}{\mathrm{MAXGEN}}\right)$

3:　　生成随机数 p

4:　　if p 小于 p_{mu} do

5:　　　　在 $[0, n]$ 区间内随机生成两个不同的数 i, j

6:　　　　交换 pop$[i]$，pop$[j]$

输出：pop

对于一个执行改进突变方法的粒子，首先需要输入它的当前迭代次数 generation 和总迭代次数 MAXGEN，系统首先产生一个 0 到 1 的随机数 r，$r^{1-\frac{\mathrm{generation}}{\mathrm{MAXGEN}}}$ 将作为突变概率 p_{mu}。然后系统再次生成一个 0 到 1 的随机数 p，如果 $p < r^{1-\frac{\mathrm{generation}}{\mathrm{MAXGEN}}}$，将发生变异事件，在粒子的编码位中随机选择两个进行交换。可以看到，随着迭代次数 generation 的增加，突变概率大概率向 1 趋近，则粒子产生突变的可能性越大，有利于引导粒子跳出局部较优解，具有较好的全局搜索能力。

差分进化算法起源于遗传算法，是由 Store 和 Price 于 1997 年提出的一种经典的基于种群的优化算法，其灵感来源于自然界中生物体优胜劣汰、不断地由低级向高级进化的适者生存模式。除了基于种群的进化算法共有的初始化和选择过程以外，差分进化算法与遗传算法还具有其他共同环节，包括交叉和突变。但是在差分进化算法的交叉与遗传算法中的交叉所操作的维度有所不同，前者的交叉是针对整个种群的某一个维度，而后者的交叉是针对种群中的每一个个体。

在本节中改进的差分进化算子主要分为两个部分，差分变异算子和差分交叉算子。设计了两种差分变异算子，第一种变异算子如算法 4.6 所示。在种群中随机选择三个互不相同的个体 pop$_1$、pop$_2$、pop$_3$，以 pop$_1$ 个体作为新个体的初始状态，通过交叉序方法对 pop$_2$、pop$_3$ 进行求解，获得交换对组 V_1，然后根据交换对组对新个体进行交换序更新，获得变异后的新个体。

算法 4.6：基于交换序的差分变异算子 1

输入：Pop，$P_{\mathrm{d\_mu}}$，gbest，ibest

1:　　for i from 1 to Popsize do

2:　　　　初始化空的交换对组 V_1，V_2

3:　　　　从 Pop 中随机选择 3 个,记为 pop_1, pop_2, pop_3

4:　　　　Newpop = pop_1.ibest

5:　　　　V_1 = Sequence_swapping(pop_1.ibest, pop_2.ibest, P_{d_mu})

6:　　　　Newpop'←对 Newpop 按照交换对组 V_1 进行交换序操作

7:　　end for

输出: **Newpop'**

第二种差分变异算子伪代码如算法 4.7 所示。在种群中随机选择一个个体 pop_0,以 pop_0 个体作为新个体的初始状态,再随机选择四个互不相同的个体 pop_1、pop_2、pop_3、pop_4,可以与 pop_0 相同。通过交叉序方法对 pop_1、pop_2 进行求解,获得交换对组 V_1,再通过交叉序方法对 pop_3、pop_4 进行求解,获得交换对组 V_2,然后根据交换对组对新个体进行交换序更新。对种群中所有个体完成变异操作后,获得新种群 Newpop。

算法 4.7: 基于交换序的差分变异算子 2

输入: **Pop, P_{d_mu}, gbest, ibest**

1:　　for i from 1 to Popsize do

2:　　　　初始化空的交换对组 V_1, V_2

3:　　　　随机选择 pop_0

4:　　　　从 Pop 中随机选择 4 个,记为 pop_1, pop_2, pop_3, pop_4

5:　　　　Newpop = pop_0.ibest

6:　　　　V_1 = Sequence_swapping(pop_1.ibest, pop_2.ibest, P_{d_mu})

7:　　　　Newpop'←对 Newpop 按照交换对组 V_1 进行交换序操作

8:　　　　V_2 = Sequence_swapping(pop_3.ibest, pop_4.ibest, P_{d_mu})

9:　　　　Newpop''←对 Newpop 按照交换对组 V_2 进行交换序操作

10:　　end for

输出: **Newpop', Newpop''**

相对于差分变异算子,差分交叉算子相对比较简单。交叉操作针对种群中的每一个个体,首先初始化一个空的交换对组,在个体 Pop[i] 中随机选择一个编码位作为禁止位。通过交叉序方法对通过交叉变异算子获得的新种群中的个体 Newpop[i]、Pop[i] 进行求解,获得交换对组 V。然后对于 Newpop[i],逐位进行判断,如果产生的随机数大于差分交叉概率 P_{d_xover},则对其中除禁止位以外的其他所有编码位根据交换对组 V 执行交换序。其伪代码如算法 4.8 所示。

算法 4.8：基于交换序的差分交换算法

输入：Pop，Newpop，P$_{d\_xover}$

1:　　　for Pop[i] in Pop do
2:　　　　初始化空的交换对组 V
3:　　　　在 Pop[i]随机选择一个基因 d
4:　　　　V = Sequence_swapping(Newpop[i]，Pop[i]，P$_{d\_xover}$)
5:　　　　for Pop[i][j] in Pop[i] do
6:　　　　　生成随机数 r
7:　　　　　if r 大于 P$_{d\_xover}$且 j 不等于 d do
8:　　　　　　交换 Newpop[i][V[j][0]]和 Newpop[i][V[j][1]]
9:　　　　end for
10:　　　end for

输出：Pop，Newpop

　　针对云数据中心任务调度问题,以及算法选择的离散排序编码,本节改进设计了遗传算子、粒子群算子和差分进化算子。但是在并合调度算法中,由于单一搜索算子具有一定的偏向性,为了实现大规模解空间的均匀搜索,并不会单独采用以上任何一种搜索算子,而是通过在每一次迭代寻优中以一定的选择策略选择合适的搜索算子,这种选择策略将在4.6节详细介绍。

　　a. 超启发方法

　　当遇到新问题时,在缺乏测试和人为判断的条件下,仍旧难以判断哪种启发式搜索方法是最佳解决方案,或选择合适的参数配置算法。超启发方法能够有效解决此类问题,在一个超启发框架中,通常包含一个上层启发式方法和数个底层算子。上层启发式方法即超启发方法的原理是观察不同底层算子的优势和劣势,它能够在底层算子中选择出一组较优算子,为各种问题提供近似最优的解决方案。

　　为了能够从以往的决策中获得经验,许多研究将机器学习方法引入底层算子的选择,如具有简单学习机制的随机梯度方法、广义随机梯度方法等。具有强化学习思想的"多臂赌博机"算法 * 常用来解答如何进行最优选择。本节设计并实现了六种选择超启发方法,包括两种简单的超启发方法和四种具有学习机制的超启发方法,后三种改进于"多臂赌博机"算法。下面对各个方法展开详细介绍。

　　b. 简单随机超启发方法

　　在一组搜索算子 H 中独立地以 p$_h$概率选择一个搜索算子 h。每一个搜索算子是被均匀随机选择的,即 $p_h = \dfrac{1}{|H|}$。

---

　　* "多臂"指多个选择,"赌博机"暗示了不确定性和风险,故名"多臂赌博机"。

c. 随机步长超启发方法

这种方法与简单随机方法类似,具有较强的随机性。这种算法的选择特性主要体现在每一代中生成一个随机步长 step,是 $-|H| \sim |H|$ 之间的整数,步长通过相应处理后可以对应到不同的搜索算子。步长的方向不同步长的产生概率可以互不相同。本节实现的随机步长超启发算法中根据进化阶段的不同设计了随机步长概率分布。

d. 简单贪婪超启发方法

这种方法源自最简单的贪婪策略。为了简化计算、加快搜索速度,算法在前 $|H|$ 次迭代是逐个调用搜索算子,在之后的迭代中每次会根据各个算法的收益依照贪婪策略进行选择。每次迭代后,搜索算子的收益更新如公式(4-17)所示。

$$R_{[i]}^{t+1} = \frac{R_{[i]}^{t} \times \text{count}_i + \Delta F^{t+1}}{\text{count}_i + 1} \tag{4-17}$$

式中,$R_{[i]}^{t}$ 表示序号为 i 的搜索算子在 t 次迭代后的收益,count 表示当前时刻搜索算子 i 被调用的次数,ΔF^{t+1} 表示在 $t+1$ 次迭代相对于上一次提升的适应度值。

e. ε-贪婪算法

ε-贪婪算法是一种朴素算法,通过控制较小的数 $\varepsilon \in [0, 1]$ 可以调整随机选择和贪婪选择的概率。首先在前几次迭代中分别调用所有的搜索算子,并更新计数,根据公式(4-17)更新算子收益。然后在每次迭代中,生成一个 0~1 之间的随机数 r,若 $r < \varepsilon$,则在所有搜索算子中随机选一个,并更新计数和收益;否则,选择到这一代为止平均收益最大的搜索算子。这种算法的伪代码如算法4.9所示。

算法 4.9: ε-贪婪算法

输入: **MaxGen, $H = \{h_1, h_2, \cdots, h_{|H|}\}$, $\varepsilon \in (0, 1)$**

1:     for i from 1 to $|H|$ do
2:         选择 h_i 作为第 i 代的搜索算子
3:         $\text{count}_i = \text{count}_i + 1$
4:         更新 h_i 的奖励
5:     while 停止条件不满足 do
6:         生成随机数 r
7:         if r 小于 ε do
8:           随机从 H 中选择一个搜索算子
9:           更新此算子的 count 和奖励
10:        else
11:           选择奖励最高的算子
12:           更新此算子的 count 的和奖励
13:     end while

输出: **更新的算子 $H = \{h_1, h_2, \cdots, h_{|H|}\}$**

---

f. 置信区间上界算法(upper confidence bound, UCB)

相较于 ε-贪婪算法,UCB 算法在进行决策时,除了考虑当前状态下的收益情况,还会考虑这个收益回报的置信度,是一种确定性的算法。在本算法中,置信度通过公式(4-18)来计算。

$$UCB = R_{[i]}^{t} + \sqrt{\frac{2\ln(\text{generation})}{\text{count}_i}} \qquad (4-18)$$

式中,generation 表示当前的迭代次数。

首先对搜索算子进行轮选完成收益的初始化。在接下来的每一次迭代中,计算所有搜索算子在当前状态下的置信区间上界,选择具有最高值的算子作为本次迭代中的搜索算子,最后更新算子的计数和收益。UCB 算法的伪代码如算法 4.10 所示。

算法 4.10:更新置信度算法(UCB)

输入: MaxGen, $H = \{h_1, h_2, \cdots, h_{|H|}\}$

1:      for i from 1 to $|H|$ do

2:          选择 h_i 作为第 i 代的搜索算子

3:          初始化计数 $\text{count}_i = 1$

4:          更新 h_i 的奖励

5:      while 停止条件不满足 do

6:          for h 在 H do

7:             $UCB_i = UCB(h)$

8:          end for

9:          选择最高 UCB 值的 h_{max} 作为本次的搜索算子

10:         更新计数 count_{max} 和算子的奖励

11:      end while

输出: 更新的算子 $H = \{h_1, h_2, \cdots, h_{|H|}\}$

---

g. Thompson 采样

Thompson 采样算法常用于推荐系统中,它根据广告推荐后的点击次数和没有点击次数生成 Beta 分布进行采样。Beta 分布可以描述在区间[0, 1]之间的各种分布,十分适合用于为某个事件的发生或成功的概率进行建模。本算法中,以采用搜索算子后性能提升作为一次有效选择,计入 w_i 中,若性能保持不变则计为一次无效选择,计入 l_i 中,并根据有效和无效选择次数生成相应的 Beta 分布。

算法伪代码如算法 4.11 所示。首先为每一个搜索算子初始化相应的 Beta 分布,两个参数 α、β 均为 1。然后轮选各个搜索算子,更新相应的参数。在此后的每一次迭代中,首先根据每个搜索算子的 Beta 分布生成一个随机数,然后选择生成随机数最大的搜索算子作为本次迭代的搜索算子。最后更新有效选择和无效选择的次数。

算法 4.11: Thompson 采样算法

输入: MaxGen, $H = \{h_1, h_2, \cdots, h_{|H|}\}$

1:     初始化一个对组 $V = <(w_i, l_i)$ 来记录每个搜索算子的成功和失败

        for i from 1 to $|H|$ do

2:         选择 h_i 作为第 i 代的搜索算子

3:         初始化计数 $count_i = 1$

4:         更新 h_i 的 Beta 分布

5:     while 停止条件不满足 do

6:       for h 在 H do

7:         $b = \text{rand\_beta}(w_i, l_i)$

8:       end for

9:       选择最高 b 值的 $h_{\max}$ 作为本次的搜索算子

10:     if 适应值更新 do

11:       $w_i = w_i + 1$

12:     else

13:       $l_i = l_i + 1$

14:     end while

输出: 更新的算子 $H = \{h_1, h_2, \cdots, h_{|H|}\}$

---

h. 局部搜索算子

为了提升基于种群的元启发式算法的局部搜索能力,本节引入了几类经典的局部搜索算子,在迭代过程中进行局部搜索,改善算法性能。本节将介绍几种典型的局部搜索算子,包括位爬山法、基于模拟退火机制的局部搜索算子以及基于禁忌搜索的局部搜索算子。

位爬山法。随机选择父代,在规定迭代次数内对父代个体的某一位进行变异生成子代个体,若目标函数值更优则接受该子代。

基于模拟退火机制的局部搜索算子。根据 Metropolis 准则,粒子在温度 T 时趋于平衡的概率为 $e^{-\frac{\Delta E}{kT}}$,其中 E 为温度 T 时的内能,ΔE 为其改变量,k 为玻尔兹曼(Boltzmann)常数。将内能 E 模拟为目标函数值 f,温度 T 演化成控制参数 t。模拟退火机制由初始解和控制参数初值 t 开始,对当前解重复产生新解、计算目标函数差、接受或舍弃的迭代,并逐步衰减 t 值,算法终止时的当前解即为所得近似最优解,这是基于蒙特卡罗迭代求解法的一种启发式随机搜索过程。由模拟退火算法在最优个体周围进行一次有限定的局部搜索,尝试获得更优

解作为子代个体。

基于禁忌搜索的局部搜索算子。简单的禁忌搜索是在领域搜索的基础上,通过设置禁忌表来禁忌一些已经历的操作,或奖励一些优良状态,其中领域结构、候选解、禁忌长度、禁忌对象、藐视准则、终止准则等是影响禁忌搜索算法性能的关键。邻域搜索结构可以定义多种,如位交换、移位变异等方式。

3) 归并策略

为了加快并合调度算法求解大规模任务调度问题的速度,设计了分组策略并通过 MPI 实现多组并行求解,这样调度问题就被分解成了多个子调度问题,在求解子调度问题后,需要对各个子问题的解进行合并,因此算法中设计了解归并机制。

归并机制设计如图 4-47 所示。首先在各自进程中通过多集群资源映射机制映射出最终给出的子调度策略,给出各任务被指派到的层级和具体的资源,根据分组数量调整任务和云端节点的序号,获得总体的调度策略。然后根据公式(4-19)和式(4-20)计算出所有任务最大完成时间和总能耗成本,该调度策略最终的适应度值通过公式(4-21)给出:

$$time_{max} = \max_{m \in [1, M]} time_{max, m} \quad (4-19)$$

$$E_{total} = \sum_{i=1}^{i=M} E_i \quad (4-20)$$

$$Z_{final} = \lambda_1 \frac{time_{max}}{T_m} + \lambda_2 \frac{E_{total}}{E_m} \quad (4-21)$$

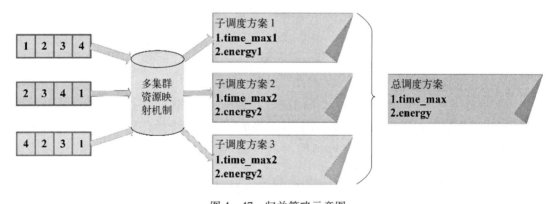

图 4-47 归并策略示意图

4.5.3 并合调度算法测试

1. 分组策略对比测试

本节在 CloudSim 中实现了三个案例的仿真场景,设定具体如下:

(1)共有 10 000 个任务需要云数据中心去处理,远程云数据中心可提供集群 300;

（2）共有 20 000 个任务需要云数据中心去处理,远程云数据中心可提供集群 500;

（3）共有 30 000 个任务需要云数据中心去处理,远程云数据中心可提供集群 1 000。

本测试将算法迭代次数设置为 1 000 次,对引入分组策略模块的算法性能进行对比测试。图 4-48 给出了引入四种分组方法的算法运行时间平均值。从图中可以看到,在四种分组策略中,在三个案例中引入随机分组策略时算法耗时最低,这是由于这种分组策略时间复杂度是 $O(n)$,而另外三种分组策略都是基于启发式的思想设计,时间复杂度为 $O(n^2)$。图 4-49 给出了引入四种分组策略后,各个算法给出的目标函数值的方差。图 4-50 给出了四种分组策略在不同规模案例下的性能比较,其中天蓝色的条形图代表随机分组策略,橙色条形图代表基于互补的分组策略,粉色条形图代表基于相似的分组策略,紫色条形图代表基于资源能耗比的分组策略。

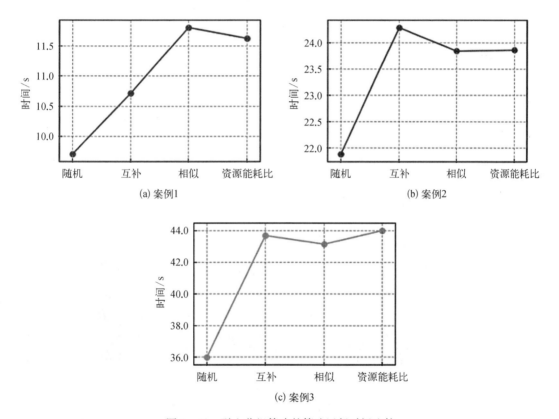

图 4-48　引入分组策略的算法运行时间比较

可以看到在较小规模案例中,采用基于资源能耗比的分组策略的算法表现出了明显的优势,无论是在任务执行时间上,还是在能耗上都表现得更好,且随机分组策略在案例 1 中也贡献了较小的方差。采用基于互补的分组策略的算法能够给出任务执行时间较短的解。在较大规模的两个案例中,基于相似的分组策略表现最差,随机分组策略和基于资源能耗比的分组策略表现都较为突出,两种方法对帮助搜索能耗较低的解贡献显著,但是基于资源能耗比的分组策略贡献的解的目标函数值的方差略小,求解最为稳定。

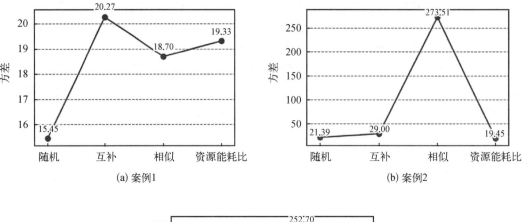

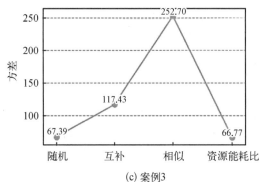

图 4 - 49　引入分组策略的算法解目标函数值的方差

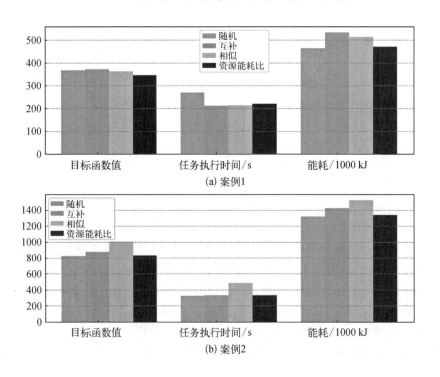

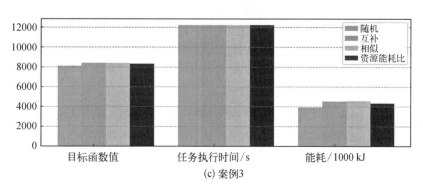

(c) 案例3

图 4 - 50　分组策略在不同规模案例下的性能比较

2. 超启发方法对比测试

图 4 - 51 中给出了三种方案下超启发方法求解模型的平均目标函数值,图 4 - 52 中给出了相应的箱形图。其中"-"表示不引入超启发方法且仅使用遗传算子的情况,设简单随机超启发方法为 Random,随机步长超启发方法简称 RW,简单贪婪超启发方法为 SG,ε - 贪婪算法简称 EG,置信区间上界算法为 UCB,Thompson 采样算法简称为 TS。

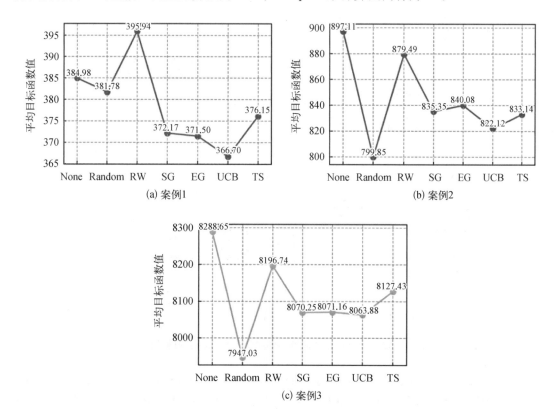

图 4 - 51　超启发方法求解不同案例的平均目标函数值

大规模云数据中心智能管理技术及应用

从图 4-51 中可以看出,相较于不采用超启发方法的情况下,在三个案例中,几乎每一种超启发方法的求解性能都有较大幅度的提升。RW 方法虽然相对比较稳定,但是对于解的质量的提升效果最差。从目标函数平均值上来看,Random 方法在案例 2、3 等较大规模的案例上能够生成合适的搜索算子排列,从而找到任务完成时间和能耗均比较低的解,但是从图 4-52 中可以看到,虽然 Random 方法的分布占区间较小,但是采用此种方法搜索到的解存在较多的异常值,因此效果并不稳定。在六种超启发方法中,UCB 算法能够协助搜索算子集搜索到次最优解,在所给解目标函数值平均值较低的情况下具有较少的异常点。

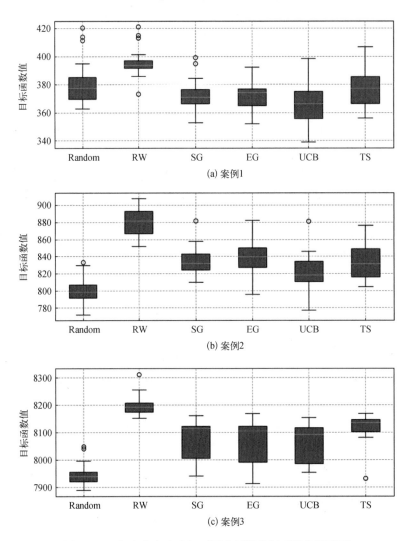

(a) 案例1

(b) 案例2

(c) 案例3

图 4-52 超启发方法求解不同案例的目标函数值箱形图

表 4-2 给出了各种超启发方法的求解时间。在案例 1 中,UCB 求解时间最短;在案例 2 中,RW 求解时间最短,Random 和 UCB 方法次之;在案例 3 中,不使用超启发方法的情况下求解时间最短。可以看出来随着案例规模的增加,由于时间复杂度较高,EG 和 UCB 的求解

时间增加较多,与 Random 方法差别较小,仅有 0.504 s;相比起来,其他耗时较低的方法性能将会随着案例规模增加有较大衰减。

表 4 - 2　超启发方法求解时间　　　　　　　　　　　　（单位：s）

案　例	—	Random	RW	SG	EG	UCB	TS
案例 1	11.048	10.069	9.921 0	10.453	10.141	**9.710 6**	10.152
案例 2	22.688	21.782	**20.413**	22.837	22.198	21.884	23.093
案例 3	**32.200**	35.480	33.211	36.180	38.360	35.984	33.220

3. 并合调度算法性能对比测试

为了对本节中提出的并合调度算法整体性能测试,本节利用两种面向云环境中计算任务调度的最新算法使用遗传算法运算器的离散粒子群优化算法（discrete particle swarm optimization algorithm with genetic algorithm operators，GADPSO）和基于 BAT 算法的服务分配算法（BAT-based service allocation algorithm，BAT - SAA）进行比较测试。GADPSO[121] 是由 Lin 等在 2019 年提出的基于种群的启发式方法,主要是为了解决边云协同环境下如何合理地安排科学工作流的数据位置、优化数据在不同云数据中心之间的传输时间。BAT - SAA[122] 是 Mishra 在 2018 年提出的基于元启发式的服务分配算法,主要是为了协助解决雾计算环境下的服务请求分配问题。其中声波响度衰减系数 α 依照 BAT 算法的提出者 Yang 的建议[123]设置为 0.9,脉冲频度增强系数 γ 设置为 0.9。

测试过程中三种算法迭代次数为 1 000,每组实验在相同条件下重复 20 次。三种算法的平均目标函数值如图 4 - 53 所示。20 次重复实验下三种算法的目标函数值箱形图如图 4 - 54 所示。根据折线图,从求解结果的角度来看,有 PSA>GADPSO>BAT - SAA,并且在三个案例下,PSA 都能够在相同条件下搜索到目标函数值较低的解,能够给出综合任务完成时间和能耗都较低的调度策略。根据箱形图,从算法稳定性的角度来看,PSA>GADPSO>BAT - SAA,PSA 具有较少的异常值,而后两种算法随着问题规模的增大稳定性减弱。

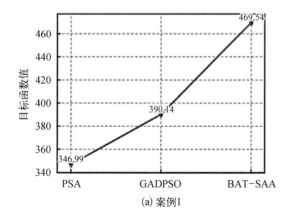

(a) 案例1

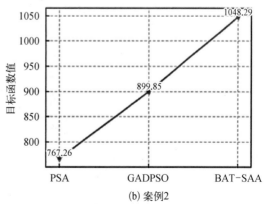

(b) 案例2

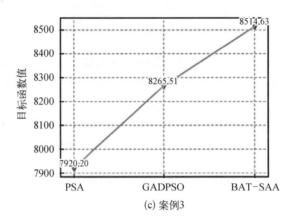

(c) 案例3

图 4-53　算法对比测试-目标函数值

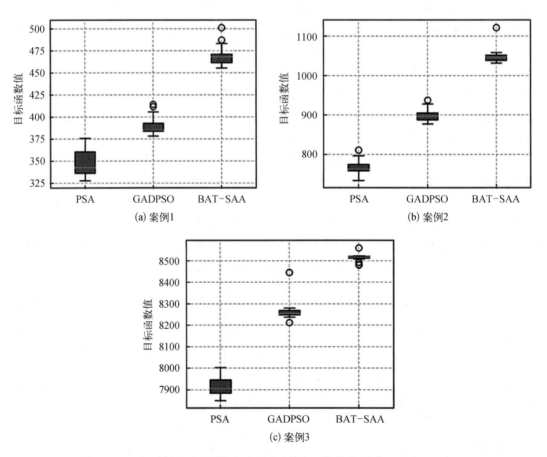

(a) 案例1

(b) 案例2

(c) 案例3

图 4-54　算法对比测试目标函数值箱形图

三种算法的运行时间如表 4-3 所示。由表 4-3 可知,并合调度框架能为调度算法带来较大的加速,该框架也可用于与其他基于种群的元启发式算法结合以达到问题降维加速求解的目的,具有很强的扩展性。综合前面对于算法求解能力和稳定性上的分析来看,PSA 算法能够获得目标函数值更小的解,即该算法能够获得能耗更少的调度策略。

表 4-3　不同算法运行时间　　　　　　　　　　　　　　（单位：s）

案　例	元启发式算法		并合调度算法		
	GADPSO	BAT-SAA	4 进程	8 进程	16 进程
案例 1	64.31	56.3	9.797 2	4.149 0	3.936 0
案例 2	161.3	145.26	21.625 5	10.568 0	7.899 0
案例 3	310.72	254.32	40.118 6	22.375 0	15.238 0

综合以上的实验结果及实验分析,可以给出结论,本节设计的面向云数据中心大规模任务的并合调度算法,应用顺序分配机制,通过基于资源能耗比的分组策略对种群和任务、集群进行分组,引入置信区间上界超启发算法,在数秒内找到数万级大规模计算任务在云计算环境中的调度策略,且该调度策略总是任务完成时间更短,能耗较少。

4.6　本 章 小 结

云数据中心的资源调度问题是学术界和工业界广泛研究的对象。基于当前常用的容器编排工具 Kubernetes 系统,本章设计相应的深度强化学习模型,根据不同的优化目标学习相应的资源调度模型,将调度策略以容器的形式部署到真实 Kubernetes 集群中进行测试。为了保证服务质量的同时,兼顾成本能耗,本章提出基于深度强化学习的计算密集型任务的资源调度策略,保证有效提升服务质量,同时合理平衡云平台的系统资源开销。针对多云数据中心架构下服务侧和用户侧的动态性,有效利用多云数据中心的分发架构为用户提供更优质的服务,本章提出了基于深度强化学习的多云数据中心调度策略来提高云数据中心的服务质量。为了提高用户体验和优化带宽成本,本章提出基于模仿学习的云资源自适应传输算法,提高了深度强化学习采样效率和训练效率。进一步地,在联邦层智能并合调度器的研究方面,本章引入 MPI 并行实现搜索过程多进程提升算法求解的计算效率和搜索性能,利用基于资源能耗比的分组策略引导算法搜索到更优的调度策略,提高算法的求解稳定性。利用超启发方法中置信区间上界算法给出搜索能力更强的搜索算子排列,引导调度算法向着任务执行时间更短、能耗更低的方向探索。

第5章　大规模云工作流智能管理
与调度关键技术

大规模云工作流智能管理与调度关键技术研究,主要包括支持云工作流管理与调度的关键预测技术、大规模云工作流动态优化调度技术、满足用户个性化需求调度技术。在此基础上,设计支持用户定制的云工作流系统架构,开发大规模智能云工作流管理调度平台。

5.1　支持云工作流管理与调度的关键预测技术

支持云工作流管理与调度的关键预测技术包括容器资源使用量的预测方法和云工作流任务执行时间的预测方法。其中,容器的资源使用量预测是云服务商制定容器云弹性伸缩策略的关键环节,它不仅为云容量规划、容器配置提供有效的决策支持,同时对云计算资源的优化配置、云服务商成本的降低、云系统的平稳运行有着重要影响。另外,云工作流任务执行时间的准确预测是在云数据中心环境下工作流调度的前提。工作流调度算法的设计、调度性能的优劣以及调度方案的可实施性,直接取决于任务执行时间的预测准确度。

基于上述原因,本节针对以上两种支持云工作流管理与调度的关键预测技术展开研究。首先,提供了一种容器的资源使用量预测方法,通过构建密集型宽度学习模型,实现了对容器的资源使用量的精确预测,能够有效提高预测精度和效率;然后,提出了一种基于极限梯度提升的云工作流任务执行时间预测方法和一种基于多维度特征融合的云工作流任务执行时间预测方法,以实现相关指标的精确预测。

5.1.1　基于密集型宽度学习的容器资源使用量预测方法

本节构建、训练了共轭梯度的密集型宽度学习模型,并基于该模型对云容器资源使用量进行预测。其中,采用容器资源使用量的历史数据,使用宽度学习模型进行预测,得到当前容器的资源使用量。同时,建立了密集型宽度学习模型,在宽度学习模型的基础上,将特征节点矩阵和增强节点矩阵分别进行线性组合形成新的密集型的特征节点矩阵与增强节点矩阵。在此基础上,利用基于迭代式的最小二乘法与共轭梯度方法分别计算特征节点和增强节点的输出权值矩阵,从而完成对密集型宽度学习模型的训练。

1. 采集训练样本

采集预测时间点前 M 天的容器的资源使用量(本实施例中"时间点"的单位为"天"),

记录每天从 0 时到 24 时容器的资源使用量,再对记录到的结果求平均值作为当天的容器的资源使用量,一共记录 M 个时间点的数据,$M > 4$,形成历史数据集 $K = \{k_1, k_2, \cdots, k_m, \cdots, k_M\}$,其中,$k_m$ 为第 m 天的容器的资源使用量。

从历史数据集 $K = \{k_1, k_2, \cdots, k_m, \cdots, k_M\}$ 中选取训练样本的输入和输出,其中输出为第 j 个时间点的容器的资源使用量,表达为 $y_j = k_j$;对应的输入为第 j 个时间之前的连续 Q 个时间点的容器的资源使用量,Q 为大于或等于 2 的正整数。这里可以设定由宽度为 $Q = 4$ 个时间点的滑动窗口按照 1 个时间点的宽度为步长移动选择作为输入的时间点,那么第 j 个时间的输入样本表达为 $x_j = [k_{p-1}, k_{p-2}, k_{p-3}, k_{p-4}]$,其中 $(p - 4) > j$。那么建立的训练样本集为 $\phi = (x_j, y_j)_{j=1}^N$;$j$ 表示第 j 个样本,N 为训练样本集中样本的总数。

2. 建立密集型宽度学习模型

建立密集型宽度学习模型为公式(5-1),并利用训练样本集进行训练:

$$
\begin{aligned}
F^{N\times 1} &= \tilde{Z}^{N\times b} \cdot W^{b\times 1} + \tilde{H}^{N\times d} \cdot W^{d\times 1} \\
&= \left[Z_1^{N\times 1}, Z_2^{N\times 1} + Z_1^{N\times 1}, \cdots, Z_b^{N\times 1} + \sum_{i=1}^{b-1} Z_i^{N\times 1} \right] \cdot W^{b\times 1} \\
&\quad + \left[H_1^{N\times 1}, H_2^{N\times 1} + H_1^{N\times 1}, \cdots, H_d^{N\times 1} + \sum_{i=1}^{d-1} H_i^{N\times 1} \right] \cdot W^{d\times 1} \\
&= \left[Z_1^{N\times 1}, Z_2^{N\times 1} + Z_1^{N\times 1}, \cdots, Z_b^{N\times 1} + \sum_{i=1}^{b-1} Z_i^{N\times 1} \,\middle|\, \begin{matrix} H_1^{N\times 1}, H_2^{N\times 1} + H_1^{N\times 1}, \cdots, H_d^{N\times 1} \\ + \sum_{i=1}^{d-1} H_i^{N\times 1} \end{matrix} \right] \cdot W^{(b+d)\times 1}
\end{aligned}
$$

$$
Z_i^{N\times 1} = \phi(X^{N\times M} \cdot W_e^{M\times i} + \beta_e^{N\times i}) \tag{5-1}
$$

$$
H_i^{N\times 1} = \varphi[\phi(X^{N\times M} \cdot W_e^{M\times b} + \beta_e^{N\times b}) \cdot W_h^{b\times i} + \beta_h^{N\times i}]
$$

式中,$F^{N\times 1} \in \mathbb{R}^{N\times 1}$ 表示密集型宽度学习模型的输出数据;N 表示样本个数;b 表示密集型特征节点的个数;d 表示密集型增强节点的个数;$\tilde{Z}^{N\times b}$ 表示密集型特征节点矩阵;$\tilde{H}^{N\times d}$ 表示密集型增强节点矩阵;$W^{b\times 1}$ 表示密集型特征节点输出权值矩阵;$W^{d\times 1}$ 表示密集型增强节点输出权值矩阵;$W^{(b+d)\times 1}$ 表示输出权值矩阵;$Z_i^{N\times 1}$ 表示第 i 个特征节点向量;$X^{N\times M} \in \mathbb{R}^{N\times M}$ 表示密集型宽度学习模型的输入数据;M 表示每个输入样本向量的特征维数;$W_e^{M\times i}$ 表示输入到第 i 个特征节点之间的输入权值矩阵;$\beta_e^{N\times i}$ 表示第 i 个特征节点的偏置;$H_i^{N\times 1}$ 表示第 i 个增强节点向量;$W_h^{b\times i}$ 表示特征节点到第 i 个增强节点之间的输入权值矩阵;$\beta_h^{N\times i}$ 表示第 i 个增强节点的偏置;ϕ 与 φ 均为可选择的非线性激活函数;$W_e^{M\times i}$、$W_h^{b\times i}$、$\beta_e^{N\times i}$ 和 $\beta_h^{N\times i}$ 均为随机生成,且生成后保持不变。其中,现有技术中特征节点矩阵由特征节点向量构成,而所提方法中的密集型特征节点矩阵是由公式(5-1)中的 $Z_1^{N\times 1}$,$Z_2^{N\times 1} + Z_1^{N\times 1}$,$\cdots$,$Z_b^{N\times 1} + \sum_{i=1}^{b-1} Z_i^{N\times 1}$ 构成,由此可见,密集型特征节点矩阵中的特征节点向量是由特征节点向量线性组合而成,即每项密集型特征节点矩阵中的特征节点向量为每项特征节点向量与其前向特征节点向量的和;同理,密集型增强节点矩阵是由公式(5-1)中的 $H_1^{N\times1}$, $H_2^{N\times1}+H_1^{N\times1}$, $\cdots$, $H_d^{N\times1}+\sum_{i=1}^{d-1}H_i^{N\times1}$ 构成,密集型增强节点矩阵是由增强节点向量线性组合而成,即每项密集型增强节点矩阵中的增强节点向量为每项增强节点向量与其前向增强节点向量的和。

与原始的宽度学习模型相比,本节所提密集型宽度学习模型提出了一个激进的密集连接机制,即分别将所有的特征节点和增强节点间的输出矩阵逐个实现相互连接,从而建立了前面特征节点与后续特征节点、前面增强节点与后续增强节点的密集连接,实现了特征节点与增强节点输出矩阵的特征重用,该模型在相同节点参数的情形下具有比宽度学习更优的泛化性能。

3. 训练样本训练密集型宽度学习模型

采用基于迭代式的最小二乘法求解特征节点的输出权值矩阵,在此基础上,以完成训练的特征节点形成的误差作为输入,采用共轭梯度法求解增强节点的输出权值矩阵,从而完成所述密集型宽度学习模型的训练。训练样本分为两个部分,一部分用于训练,另一部分用于测试;当密集型宽度学习模型的训练完成后,利用测试样本进行测试。

4. 预测容器的资源使用量

利用上述方法训练得到的基于共轭梯度的密集型宽度学习模型,可对容器的资源使用量进行预测,将当前时间点之前的连续 Q 个时间点的容器的资源使用量输入上述容器的资源使用量预测模型中,便可得到当前时间点的容器的资源使用量。基于迭代式的最小二乘法求解密集型特征节点的输出权值矩阵,具体包括如下步骤:定义 L 为所述密集型宽度学习模型中的第 L 个密集型特征节点,L 的初始值为 $L=1$,且 $1\leqslant L\leqslant b$;$E^{N\times1}$ 为所述密集型宽度学习模型的误差,其初始值为 $E_0^{N\times1}=Y^{N\times1}$,$Y^{N\times1}$ 为所述密集型宽度学习模型的理想输出矩阵。

(1) 根据最小二乘法采用公式(5-2)计算第 L 个密集型特征节点的输出权值:

$$W_L=\frac{\langle E_{L-1}^{N\times1},\ \tilde{Z}_L^{N\times1}\rangle}{\|\ \tilde{Z}_L^{N\times1}\ \|^2} \tag{5-2}$$

式中,$E_{L-1}^{N\times1}$ 表示当所述密集型宽度学习模型中包含 $L-1$ 个密集型特征节点时,所述密集型宽度学习模型存在的误差;$\tilde{Z}_L^{N\times1}$ 表示第 L 个密集型特征节点的输出矩阵;W_L 表示第 L 个密集型特征节点的输出权值;

(2) 根据步骤(1)中计算出的输出权值,采用公式(5-3)计算所述密集型宽度学习模型当前的误差值:

$$E_L^{N\times1}=Y^{N\times1}-\sum_{i=1}^{L}\tilde{Z}_i^{N\times1}\cdot W_i \tag{5-3}$$

式中,$E_L^{N\times1}$ 表示当所述密集型宽度学习模型中包含 L 个密集型特征节点时,所述密集型宽度

学习模型存在的误差;

(3) 令 L 自加1,当 $L \leq b$,执行步骤(1);否则,则完成训练,输出全部密集型特征节点的误差 $E_b^{N\times1}$ 及特征节点的输出权值矩阵 $W^{b\times1}$,结束本流程。

将步骤(3)中输出的全部密集型特征节点的误差 $E_b^{N\times1}$ 作为共轭梯度法的输入,采用共轭梯度法求解增强节点的输出权值矩阵,具体包括如下步骤:

(a) 随机产生密集型增强节点的输出权值矩阵 $W_0^{d\times1}$,误差期望值为 $\varepsilon > 0$,密集型增强节点的编号为 k,且令 $k = 0$,则初始误差为 $r_0^{d\times1} = (\tilde{H}^{N\times d})^{\mathrm{T}} \cdot E_b^{N\times1} - (\tilde{H}^{N\times d})^{\mathrm{T}} \cdot \tilde{H}^{N\times d} \cdot W_0^{d\times1}$;

(b) 令 k 自加1,若 $k = 1$,则令 $p_k^{d\times1} = r_0^{d\times1}$;若 $k > 1$,则令 $p_k^{d\times1} = r_{k-1}^{d\times1} + \frac{(r_{k-1}^{d\times1})^{\mathrm{T}} \cdot r_{k-1}^{d\times1}}{(r_{k-2}^{d\times1})^{\mathrm{T}} \cdot r_{k-2}^{d\times1}} p_{k-1}^{d\times1}$,其中, $p_k^{d\times1}$ 为搜索方向;

(c) 计算步长因子 $\alpha_k = \frac{(r_{k-1}^{d\times1})^{\mathrm{T}} \cdot r_{k-1}^{d\times1}}{(p_k^{d\times1})^{\mathrm{T}} \cdot (\tilde{H}^{N\times d})^{\mathrm{T}} \cdot \tilde{H}^{N\times d} \cdot p_k^{d\times1}}$;

(d) 更新密集型增强节点的输出权值矩阵 $W_k^{d\times1} = W_{k-1}^{d\times1} + \alpha_k p_k^{d\times1}$;

(e) 计算第 k 步的误差 $r_k^{d\times1} = r_{k-1}^{d\times1} - \alpha_k (\tilde{H}^{N\times d})^{\mathrm{T}} \cdot \tilde{H}^{N\times d} \cdot p_k^{d\times1}$;

(f) 当 $\| r_k^{d+1} \| \leq \varepsilon$ 时,则令 $W^{d\times1} = W_k^{d\times1}$,完成训练,输出 $W^{d\times1}$,结束本流程;否则,执行步骤(2)。

上述过程中,以全部密集型特征节点的误差 $E_b^{N\times1}$ 作为输入,采用共轭梯度法求解增强节点的输出权值矩阵的方式,能够有效降低密集型宽度学习模型的误差,使模型较易收敛,从而提高了密集型宽度学习模型的学习速度,缩短了模型的训练时间,同时由于本方法的训练过程采用了迭代式的最小二乘法与共轭梯度法的结合,能够有效克服两种方法的不足,即过拟合和容易陷入局部的问题。

5.1.2 基于密集型宽度学习的改进型容器云资源的预测方法

通过构建的密集型宽度学习模型,本节提出了一种容器云资源预测方法,实现了对容器云资源的精确预测,有效提高了预测精度和效率。

在密集型宽度学习模型基础上,利用比例-积分-微分(proportion integral differential,PID)算法与自适应矩估计方法(adaptive moment estimation,ADAM)分别计算特征节点和增强节点的输出权值矩阵,能够在降低计算负担过重和提高计算效率的情况下提高算法的泛化性能,在一定程度上能够满足容器云资源预测的需要,同时为更准确地进行容器云资源预测提供了新思路和新途径。

1. 采集容器云资源历史数据形成训练样本

采集预测时间点前 M 天的容器云资源需求量(本实施例中"时间点"的单位为"天"),记录每天从0时到24时容器云资源需求量,再对记录到的结果求平均值作为当天的容器云资源需求量,一共记录 M 个时间点的数据, $M>4$,形成历史数据集 $K = \{k_1, k_2, \cdots, k_m, \cdots,$

$k_M\}$，其中，k_m 为第 m 天的容器云资源需求量。

从历史数据集 $K = \{k_1, k_2, \cdots, k_m, \cdots, k_M\}$ 中选取训练样本的输入和输出，其中输出为第 j 个时间点的容器云资源需求量，表达为 $y_j = k_j$，对应的输入为第 j 个时间之前的连续 Q 个时间点的容器云资源需求量，Q 为大于或等于 2 的正整数。这里可以设定由宽度为 $Q = 4$ 个时间点的滑动窗口按照 1 个时间点的宽度为步长移动选择作为输入的时间点，那么第 j 个时间的输入样本表达为 $x_j = [k_{j-1}, k_{j-2}, k_{j-3}, k_{j-4}]$。建立的训练样本集为 $\phi = (x_j, y_j)_{j=1}^{N}$；$j$ 表示第 j 个样本，N 为训练样本集中样本的总数。

2. 建立容器云资源需求量预测模型

建立的基于密集型宽度学习的容器云资源需求量预测模型为式（5-4），并利用训练样本集进行训练：

$$
\begin{aligned}
F^{N\times 1} &= \tilde{Z}^{N\times b} \cdot W^{b\times 1} + \tilde{H}^{N\times d} \cdot W^{d\times 1} \\
&= \Big[Z_1^{N\times 1}, \ Z_2^{N\times 1} + Z_1^{N\times 1}, \ \cdots, \ Z_b^{N\times 1} + \sum_{i=1}^{b-1} Z_i^{N\times 1} \Big] \cdot W^{b\times 1} \\
&\quad + \Big[H_1^{N\times 1}, \ H_2^{N\times 1} + H_1^{N\times 1}, \ \cdots, \ H_d^{N\times 1} + \sum_{i=1}^{d-1} H_i^{N\times 1} \Big] \cdot W^{d\times 1} \\
&= \left[Z_1^{N\times 1}, \ Z_2^{N\times 1} + Z_1^{N\times 1}, \ \cdots, \ Z_b^{N\times 1} + \sum_{i=1}^{b-1} Z_i^{N\times 1} \ \middle| \ \begin{array}{l} H_1^{N\times 1}, \ H_2^{N\times 1} + H_1^{N\times 1}, \\ \cdots, \ H_d^{N\times 1} + \sum_{i=1}^{d-1} H_i^{N\times 1} \end{array} \right] \cdot W^{(b+d)\times 1}
\end{aligned}
$$

$$(5-4)$$

$$
Z_i^{N\times 1} = \phi(X^{N\times M} \cdot W_e^{M\times i} + \beta_e^{N\times i})
$$

$$
H_i^{N\times 1} = \varphi\big[\phi(X^{N\times M} \cdot W_e^{M\times b} + \beta_e^{N\times b}) \cdot W_h^{b\times i} + \beta_h^{N\times i} \big]
$$

式中，$F^{N\times 1} \in \mathbb{R}^{N\times 1}$ 表示预测模型的输出数据；N 表示样本个数；b 表示密集型特征节点的个数；d 表示密集型增强节点的个数；$\tilde{Z}^{N\times b}$ 表示密集型特征节点矩阵；$\tilde{H}^{N\times d}$ 表示密集型增强节点矩阵；$W^{b\times 1}$ 表示密集型特征节点输出权值矩阵；$W^{d\times 1}$ 表示密集型增强节点输出权值矩阵；$W^{(b+d)\times 1}$ 表示输出权值矩阵；$Z_i^{N\times 1}$ 表示第 i 个特征节点向量；$X^{N\times M} \in \mathbb{R}^{N\times M}$ 表示预测模型的输入数据；M 表示每个输入样本向量的特征维数；$W_e^{M\times i}$ 表示输入到第 I 个特征节点之间的输入权值矩阵；$\beta_e^{N\times i}$ 表示第 i 个特征节点的偏置；$H_i^{N\times 1}$ 表示第 i 个增强节点向量；$W_h^{b\times i}$ 表示特征节点到第 i 个增强节点之间的输入权值矩阵；$\beta_h^{N\times i}$ 表示第 i 个增强节点的偏置；ϕ 与 φ 均为可选择的非线性激活函数；$W_e^{M\times i}$、$W_h^{b\times i}$、$\beta_e^{N\times i}$ 和 $\beta_h^{N\times i}$ 均为随机生成，且生成后保持不变。其中，现有技术中特征节点矩阵由特征节点向量构成，而本方法中的密集型特征节点矩阵是由公式（5-4）中的 $Z_1^{N\times 1}, \ Z_2^{N\times 1} + Z_1^{N\times 1}, \ \cdots, \ Z_b^{N\times 1} + \sum_{i=1}^{b-1} Z_i^{N\times 1}$ 构成，由此可见，密集型特征节点矩阵中的特征节点向量是由特征节点向量线性组合而成，即每项密集型特征节点矩阵中的特征节点向量为每项特征节点向量与其前向特征节点向量的和;同理,密集型增强节点矩阵是由公式(5-4)中的 $H_1^{N\times 1}$, $H_2^{N\times 1} + H_1^{N\times 1}$, $\cdots$, $H_d^{N\times 1} + \sum_{i=1}^{d-1} H_i^{N\times 1}$ 构成,密集型增强节点矩阵由增强节点向量线性组合而成,即每项密集型增强节点矩阵中的增强节点向量为每项增强节点向量与其前向增强节点向量的求和。

3. 训练预测模型

模型首先采用 PID 算法求解特征节点的输出权值矩阵,在此基础上,以完成训练的特征节点形成的误差作为输入,采用 ADAM 求解增强节点的输出权值矩阵,从而完成预测模型的训练。

训练样本分为两个部分,一部分用于训练,另一部分用于测试。当预测模型的训练完成后,利用测试样本进行测试。

上述过程中,所提算法首先采用 PID 算法求解特征节点的输出权值矩阵,在此基础上,以完成训练的特征节点形成的误差 $E_b^{N\times 1}$ 作为输入,采用 ADAM 求解增强节点的输出权值矩阵,使模型较易收敛,从而提高了密集型宽度学习模型的学习速度、缩短了模型的训练时间,并且能够在降低计算负担过重和提高计算效率的情况下提高算法的泛化性能。

4. 预测容器云资源需求量

利用上述方法训练得到的预测模型,可对待预测容器云资源使用量进行预测,将当前时间点之前的连续 Q 个时间点的容器云资源使用量输入上述预测模型中,便可得到当前时间点的容器云资源使用量。

本方法中提出的采用比例-积分-微分算法求解特征节点的输出权值矩阵的过程,具体包括以下步骤。

定义,L 为所述密集型宽度学习模型中的第 L 个密集型特征节点,L 的初始值为 $L=1$,且 $1 \leqslant L \leqslant b$;$E$ 为所述密集型宽度学习模型的误差,其初始值为 $E_0 = 0$,$E_1 = \parallel Y^{N\times 1} \parallel_2$,$W_0 = 0$,$Y^{N\times 1}$ 为所述密集型宽度学习模型的理想输出矩阵。

(1)设定比例-积分-微分算法中参数 k_p、k_i、k_d,采用公式(5-5)计算第 L 个密集型特征节点的输出权值:

$$W_L = W_{L-1} + k_p \times E_L + k_i \times \sum_{i=1}^{L} E_i + k_d \times (E_L - E_{L-1}) \tag{5-5}$$

式中,E_{L-1} 表示当所述密集型宽度学习模型中包含 $L-1$ 个密集型特征节点时,所述密集型宽度学习模型存在的误差;W_L 表示第 L 个密集型特征节点的输出权值。

(2)根据步骤(1)中计算出的输出权值,采用公式(5-6)计算所述密集型宽度学习模型当前的误差值:

$$E_L = \parallel Y^{N\times 1} - \sum_{i=1}^{L} \tilde{Z}_i^{N\times 1} \cdot W_i \parallel_2 \tag{5-6}$$

式中，E_L 表示当所述密集型宽度学习模型中包含 L 个密集型特征节点时，所述密集型宽度学习模型存在的误差；$\tilde{Z}_L^{N \times 1}$ 表示第 L 个密集型特征节点的输出矩阵。

（3）令 L 自加1，当 $L \leqslant b$，执行步骤（1）；否则，则完成训练，输出全部密集型特征节点的误差矩阵 $E_b^{N \times 1}$ 及特征节点的输出权值矩阵 $W^{b \times 1}$，结束本流程。

本方法中提出的基于集型特征节点的误差采用自适应矩估计方法利用求解增强节点的输出权值矩阵的过程，具体包括如下步骤：

（1）随机产生密集型增强节点的输出权值矩阵 $W_0^{d \times 1}$、一阶矩矩阵估计 $m_0^{d \times 1}$、二阶矩矩阵估计 $v_0^{d \times 1}$，人为设置迭代步长 α、迭代次数 m、一阶矩矩阵估计的指数衰减率 λ_1 和二阶矩矩阵估计的指数衰减率 λ_2，且 $0 \leqslant \lambda_1 < 1$、$0 \leqslant \lambda_2 < 1$，密集型增强节点的编号为 k，且令 $k = 1$；

（2）采用公式（5 – 7）计算第 k 次迭代训练的梯度矩阵：

$$g_k = (\tilde{H}^{N \times d})^{\mathrm{T}} \cdot \tilde{H}^{N \times d} \cdot W_{k-1}^{d \times 1} - (\tilde{H}^{N \times d})^{\mathrm{T}} \cdot E_b^{N \times 1} \tag{5 – 7}$$

（3）采用公式（5 – 8）计算带偏置的一阶矩矩阵估计：

$$m_k^{d \times 1} = \lambda_1 m_{k-1}^{d \times 1} + (1 - \lambda_1) g_k \tag{5 – 8}$$

（4）采用公式（5 – 9）计算带偏置的二阶矩矩阵估计：

$$v_k^{d \times 1} = \lambda_2 v_{k-1}^{d \times 1} + (1 - \lambda_2) g_k^2 \tag{5 – 9}$$

（5）采用公式（5 – 10）计算带偏置的一阶矩矩阵估计的修正量：

$$\hat{v}_k^{d \times 1} = \frac{v_k^{d \times 1}}{1 - \lambda_2^k} \tag{5 – 10}$$

（6）采用公式（5 – 11）计算带偏置的二阶矩矩阵估计的修正量：

$$\hat{v}_k^{d \times 1} = \frac{v_k^{d \times 1}}{1 - \lambda_2^k} \tag{5 – 11}$$

（7）采用公式（5 – 12）更新密集型增强节点的输出权值矩阵：

$$W_k^{d \times 1} = W_{k-1}^{d \times 1} - \alpha \frac{\hat{m}_k^{d \times 1}}{\sqrt{\hat{v}_k^{d \times 1}}} \tag{5 – 12}$$

（8）令 k 自加1，当 $k \leqslant m$，执行步骤（2）；否则，则完成训练，输出密集型增强节点的输出权值矩阵 $W_k^{d \times 1}$，结束本流程。

5.1.3 基于极限梯度提升的云工作流任务执行时间预测方法

深入分析影响云工作流任务执行时间的相关因素，采用 XGboost 算法学习任务执行时间及其影响因素之间的非线性映射关系，建立基于影响因素的云工作流任务执行时间预测模型，实现云工作流任务执行时间的精确预测。相关算法的流程图如图 5-1 所示。

考虑到云工作流应用的任务特点及其执行场景的动态复杂性，首先从工作流任务构成、任务运行所依赖的资源及其物理执行环境三个层面对任务执行时间的影响因素进行分类，例如任务构成类型与规模、任务处理的数据量，虚拟机类型，虚拟机所在宿主机的 CPU、内存、硬盘、带宽参数，实现任务执行时间影响因素的全面建模。其次，针对样本数据集存在数据缺失值的情况，采用机器学习方法如随机森林模型，对存在缺失值的数据集进行填充，解决了传统的平均值填充以及 K 近邻填充等方法固有的缺失值变异性丢失、过分依赖观测值以及稳健性差等问题。最后，借助于 XGboost 多类型数据处理能力、参数设计相对简单、计算量较少以及兼有串、并行学习器的优势，采用 XGboost 训练云工作流任务执行时间预测模型，相对于现有的预测模型，不仅放宽了对样本数据类型的限制、减小了预测误差，而且使模型的泛化能力进一步提升。

1. 对云工作流任务执行时间影响因素进行建模

对云工作流任务执行时间影响因素进行建模。涉及云工作流任务本身、云工作流运行的物理环境及其资源配置。其中，云工作流任务相关数据包括云工作流任务类型、任务写入数据量和读出数据量等；云工作流运行的物理环境相关数据包括物理机的 CPU、内存和硬盘参数等；资源配置相关数据包括虚拟机配置与网络带宽等。

2. 构建样本数据集

根据建立的云工作流任务执行时间影响因素模型，采集所有相关数据，同时记录相应影响因素的云工作流任务执行时间。对采集的相关数据进行缺失值检验。如果存在数据缺

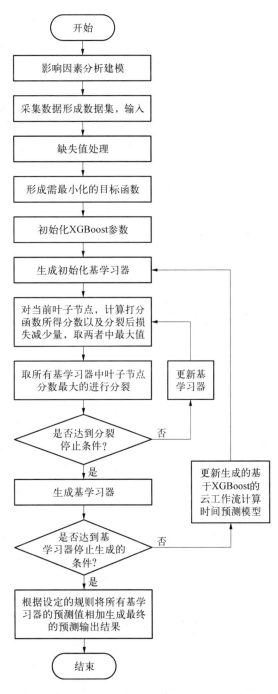

图 5-1 时间预测模型流程图

失,则进行数据补全。进行数据补全时,可以采用基于随机森林的方法等。本方法同时提出一个基于随机森林的数据缺失值填充方法,包括以下步骤:

(1) 读入原始数据,检查其是否存在缺失值,并记录存在数据缺失值的影响因素名称与属性;

(2) 根据影响因素名称,分析确定与该影响因素相关且数据完整的其他影响因素;

(3) 对于离散型与连续型影响因素的数据缺失,分别采用随机森林分类与回归模型进行补全;其中,存在数据缺失值的影响因素作为模型输出,而与其相关且数据完整的其他影响因素作为模型输入。

用相关数据,构建云工作流任务执行时间预测模型的样本数据集,并将其划分为训练数据集与测试数据集,分别用于训练与测试,其中,影响因素数据和任务执行时间数据分别作为预测模型的输入、输出。

3. 训练预测模型

在步骤 2 构建的样本数据集上,采用 XGboost 学习云工作流任务执行时间及其影响因素之间的非线性映射关系,训练并构建云工作流任务执行时间预测模型。

所述目标函数 $L(\phi)$ 如公式(5-13)所示:

$$\begin{cases} \min L(\phi) = \sum_i l(\hat{y}_i, y_i) + \sum_k \Omega(f_k) \\ \Omega(f_k) = \gamma T + \dfrac{1}{2}\lambda \parallel \omega \parallel^2 \end{cases} \qquad (5-13)$$

式中,i 表示训练样本数据集中的第 i 个样本;l 为可微凸损失函数,用以衡量预测值 $\hat{y}_i$ 和真实值 y_i 之间的差距;Ω 为附加正则项,即树的复杂度函数,用于惩罚模型的复杂性,附加正则项有助于平滑最终的学习权重以避免过拟合;f_k 表示第 k 棵树;T 表示叶子个数;ω 表示叶子权重;γ 和 λ 是系数。

对于给定的含有 n 个样本和 m 个特征的样本数据集 $\{(x_i, y_i)\}$,其中 $|D| = n$;$x_i \in \mathbb{R}^m$;$y_i \in \mathbb{R}^m |D| = n$;$x_i \in \mathbb{R}^m$;$y_i \in \mathbb{R}^m |D| = n$;$x_i \in \mathbb{R}^m$;$y_i \in \mathbb{R}^m$;$x_i$ 表示第 i 个样本的输入向量;y_i 表示 x_i 对应的输出。

每输入一个训练样本,依次执行以下步骤。

(1) 建立计算预测值的累加函数模型,如式(5-14)所示:

$$\hat{y}_i = \phi(x_i) = \sum_{k=1}^{K} f_k(x_i), \ \forall f_k \in F \qquad (5-14)$$

式中,$F = \{f(x) = \omega_{q(x)} \mid q: R^m \rightarrow T, \ \omega \in \mathbb{R}^T\}$,表示回归树空间;$q$ 表示每棵树的结构函数,即输入 x_i 到叶子索引号的映射;输出预测值 $\hat{y}_i$ 为 K 棵回归树决策结果的累加。

(2) 字符用 $\hat{y}_i^{(t)}$ 表示 t 次迭代过程中第 i 个样本 x_i 的输出预测值,并将其 t 次迭代产生的回归树 $f_t(x_i)$ 代入式(5-13),则 $\hat{y}_i^{(t)}$ 是其 $t-1$ 次迭代的输出预测结果 $\hat{y}_i^{(t-1)}$ 与 $f_t(x_i)$ 之和,如式(5-15)所示:

$$\hat{y}_i^{(t)} = \hat{y}_i^{(t-1)} + f_t(x_i) \tag{5-15}$$

（3）根据式（5-15）更新目标函数式（5-13），则 t 次迭代时需最小化的目标函数如式（5-16）所示：

$$L^{(t)} = \sum_{i=1}^n l(y_i,\ \hat{y}_i^{(t-1)} + f_t(x_i)) + \Omega(f_t) \tag{5-16}$$

（4）采用二次函数泰勒展开对式（5-16）的目标函数进行优化，如式（5-17）所示：

$$L^{(t)} \simeq \sum_{i=1}^n \left[l(y_i,\ \hat{y}_i^{(t-1)}) + g_i f_t(x_i) + \frac{1}{2} h_i f_t^2(x_i) \right] + \Omega(f_t) \tag{5-17}$$

式中，$g_i = \partial_{\hat{y}_i^{(t-1)}} l(y_i,\ \hat{y}_i^{(t-1)})$、$h_i = \partial_{\hat{y}_i^{(t-1)}}^2 l(y_i,\ \hat{y}_i^{(t-1)})$ 分别表示损失函数的一阶、二阶梯度统计量。

（5）在式（5-17）中移除不影响求解结果的常数项，得到 t 次迭代的简化目标函数，如式（5-18）所示：

$$\hat{L}^{(t)} \simeq \sum_{i=1}^n \left[g_i f_t(x_i) + \frac{1}{2} h_i f_t^2(x_i) \right] + \Omega(f_t) \tag{5-18}$$

（6）定义叶子 j 上的样本集合为 $I_j = \{i \mid q(x_i) = j\}$，将式（5-13）中的 $\Omega(f_t)$ 代入式（5-18），得到如式（5-19）所示的目标函数：

$$\begin{aligned}
\hat{L}^{(t)} &= \sum_{i=1}^n \left[g_i f_t(x_i) + \frac{1}{2} h_i f_t^2(x_i) \right] + \gamma T + \frac{1}{2} \lambda \sum_{j=1}^T \omega_j^2 \\
&= \sum_{j=1}^T \left[\left(\sum_{i \in I_j} g_i \right) \omega_j + \frac{1}{2} \left(\sum_{i \in I_j} h_i + \lambda \right) \omega_j^2 \right] + \gamma T \\
&= \sum_{j=1}^T \left[G_j \omega_j + \frac{1}{2} (H_j + \lambda) \omega_j^2 \right] + \gamma T
\end{aligned} \tag{5-19}$$

式中，G_j 和 H_j 分别表示叶子 j 上所有样本集合损失函数的一阶、二阶梯度统计量累加和，即 $G_j = \sum_{i \in I_j} g_i$，$H_j = \sum_{i \in I_j} h_i$。

（7）对树结构 $q(x_i)$，可通过对式（5-19）中的 ω_j 求导得到叶子 j 的权重最优解 ω_j^*，如式（5-20）所示：

$$\omega_j^* = - \frac{G_j}{H_j + \lambda} \tag{5-20}$$

（8）将最优解 ω_j^* 代回到式（5-19），得到衡量树结构 $q(x_i)$ 的分值函数如式（5-21）所示，且分值越小，树结构越好：

$$\hat{L}^{(t)}(q) = - \frac{1}{2} \sum_{j=1}^T \frac{G_j^2}{H_j + \lambda} + \gamma T \tag{5-21}$$

（9）计算当前叶子节点分裂后的损失减少情况，据此判断当前叶子节点是否需要进一步分裂。

于当前叶子节点是否需要进一步分裂，取决于其分裂后的损失减少，其计算如式（5‑22）所示：

$$L_{\text{split}} = \frac{1}{2} \left[\frac{G_L^2}{H_L + \lambda} + \frac{G_R^2}{H_R + \lambda} - \frac{G_j^2}{H_j + \lambda} \right] - \gamma \qquad (5\text{‑}22)$$

式中，$G_L = \sum_{i \in I_L} g_i$；$H_L = \sum_{i \in I_L} h_i$；$G_R = \sum_{i \in I_R} g_i$；$H_R = \sum_{i \in I_R} h_i$。$I_L$ 和 I_R 分别表示当前叶子节点分裂后形成的左、右节点样本集，且 $I = I_L \cup I_R$。

如果损失减小，则需要分裂，并将当前叶子节点作为候选分裂点，然后执行步骤（10）；如果损失没有减小，则不需要分裂，且当前叶子节点不作为候选分裂点。

（10）采用贪心算法查找分裂点，对于当前叶子上的样本集合 I，根据式（5‑21）和式（5‑22）分别计算其分值以及分裂后的损失减少，取其中较大者作为该叶子节点的分值。同理，对所有叶子节点依次计算其分值，判断其分裂可能性，并选取分值最大的叶子节点进行分裂。

（11）依次按照步骤（2）~步骤（10），重复生成基学习器，直至生成所需数目的基学习器（回归树）；将所有基学习器的输出预测结果，按照式（5‑14）进行累加以得到最终预测模型的输出结果。至此，基于 XGboost 的云工作流任务执行时间预测模型训练完毕。

4. 预测云工作流任务执行时间

将待预测的云工作流任务影响因素输入到训练好的模型中，实现云工作流任务执行时间的预测。

5. 实验测试

实验采集 5 112 组云工作流任务执行时间及其对应的所有影响因素数据。首先从中抽取 4 090 组数据形成训练集，剩余的 1 022 组数据作为测试集，并采用随机森林模型分别对训练集和测试集进行数据缺失值处理；其次基于数据值完整的训练集，采用 XGboost 训练云工作流任务执行时间预测模型；最后在训练好的模型中输入测试集中的实际影响因素数据，预测其相应的云工作流任务执行时间，并与实际的任务执行时间进行比较以计算预测误差。

云工作流任务执行时间预测模型的性能评价采用均方根误差（root mean square error, RMSE）为指标，来评估云工作流任务执行时间预测模型的准确度。

在数据缺失值处理方面，实验选取了两个主流的方法作对比，即平均值填充以及 K 近邻填充方法；在预测模型训练方面，实验选取了三个主流的预测模型作对比，即支持向量机回归、深度学习和随机森林模型。在同一预测模型下，各个数据缺失值处理方法的结果对比如表 5‑1 所示；由于验证数据量较大，从其 1 022 个预测结果中截取相同区间的 100

组数据,对 4 个预测方法进行对比,其预测模型的性能比较结果如图 5-2~图 5-5 和表 5-2 所示。

如表 5-1 所示,采用随机森林模型进行数据缺失值处理,相对于平均值、K 近邻填充方法,可以有效降低云工作流任务执行时间预测模型的均方根误差。如图 5-2~图 5-5 和表 5-2 所示,相对于随机森林模型,本方法提出的预测模型的均方根误差略有下降,但抗噪能力较好;与支持向量机回归和深度学习相比,本方法提出的预测模型的均方根误差大大降低,且具有较好的数据适应性。综上可以看出,本方法提出的云工作流任务执行时间预测模型的有效性。

表 5-1 预测结果对比

不同缺失值处理方法下的预测模型	均方根误差 RMSE
随机森林-极限梯度提升预测模型	1.65
平均值填充-极限梯度提升预测模型	2.97
K 近邻-极限梯度提升预测模型	2.38

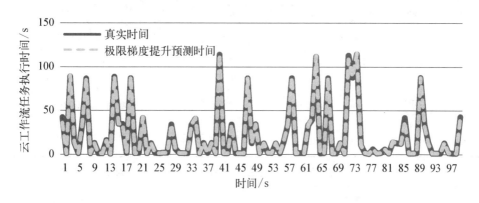

图 5-2 基于极限梯度提升的云工作流执行时间预测结果示意图

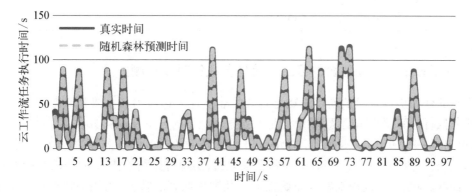

图 5-3 基于随机森林的云工作流任务执行时间预测结果示意图

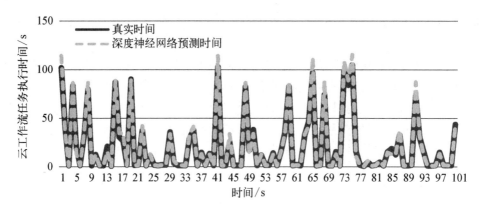

图 5 - 4   基于深度神经网络的云工作流任务执行时间预测结果示意图

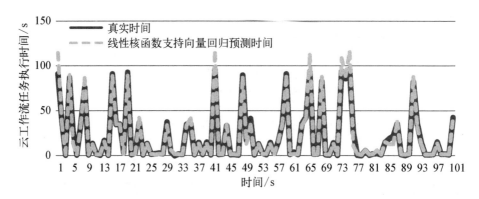

图 5 - 5   基于支持向量机回归的云工作流任务执行时间预测结果示意图

表 5 - 2   性能对比列表

任务执行时间预测模型	均方根误差 RMSE
基于极限梯度提升	1.65
基于随机森林	1.98
基于深度神经网络	4.79
基于线性核函数支持向量机回归	6.13

5.1.4   基于多维度特征融合的云工作流任务执行时间预测方法

现有的任务执行时间预测算法缺乏有效的非线性表达能力和高维稀疏数据解析能力,导致任务执行时间预测精度低,难以满足大数据环境下的云工作流任务执行时间预测要求。为此,提出了一种基于多维度特征融合的云工作流任务执行时间预测算法。首先,针对类别型数据 x_{Ca} 和数值型数据 x_{Nu},设计异质特征提取器,实现对类别型特征 $\tilde{x}_{Ca}$ 和数值型特征 $\tilde{x}_{Nu}$ 的有效提取。其次,有选择地融合原始数据特征和提取到的特征,为预测模型提供更全面、更深层的融合知识。最后,基于融合特征数据 $\tilde{x}_{Fu}$ 构建预测模型,实现对云工作流任务执行时间的精准预测。基于多维度特征融合的云工作流任务执行时间预测模型如图 5-6 所示，主要包括特征提取、特征融合和预测三个部分。

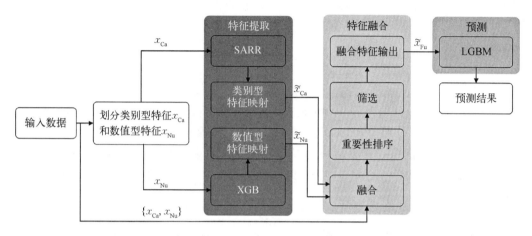

图 5-6　基于多维度特征融合的云工作流任务执行时间预测模型

1. 基于 SARR 的类别型特征提取

基于神经网络的预测任务，通常包括特征提取和预测两个步骤。为充分挖掘类别型数据相关的知识，基于多维度特征融合的云工作流任务执行时间预测算法（multi-dimensional feature fusion，MDFF）采用具有注意力机制的堆叠残差循环网络（stacked attention residual recurrent neural network，SARR）提取类别型特征。在 RNN 网络的基础上，通过引入注意力机制和添加残差连接，构建堆叠残差循环网络，设计基于 SARR 的类别型特征提取器。

SARR 包括三个部分，即 Embedding 模块、门控循环单元（gate recurrent unit，GRU）模块和 LSTM 模块，如图 5-7 所示。其中，Embedding 模块包含基于 RNN 的 Embedding 单元；GRU 模块包括 GRU 单元、Attention 单元以及残差连接；LSTM 模块包含 LSTM 单元、Attention 单元以及残差连接。

如图 5-7 所示，样本影响因素数据中的类别型向量 x_{Ca}，依次经过 SARR 的 Embedding 模块、GRU 模块和 LSTM 模块处

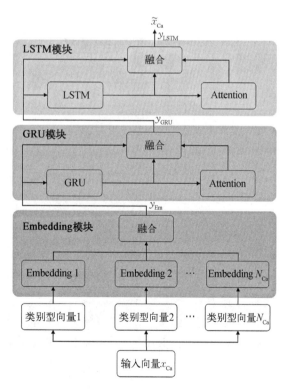

图 5-7　基于 SARR 的类别型特征提取器

理,最终提取到相应的类别型特征向量 x_{Ca}。其中,LSTM 模块输出的特征向量即为 SARR 提取到的类别型特征。在 SARR 模型中,Embedding 模块、GRU 模块和 LSTM 模块的计算过程分别如式(5-23)~式(5-25)所示:

$$y_E = W_e x_{Ca} + b_e \tag{5-23}$$

$$y_{GRU} = W_{gru} y_E + b_{gru} \tag{5-24}$$

$$\tilde{x}_{Ca} = y_{LSTM} = W_{lstm} y_{GRU} + b_{lstm} \tag{5-25}$$

式中,y_E、y_{GRU} 和 y_{LSTM} 分别为 Embedding 模块、GRU 模块和 LSTM 模块的输出向量;W_e 和 b_e、W_{gru} 和 b_{gru}、W_{lstm} 和 b_{lstm} 分别为 Embedding 模块、GRU 模块和 LSTM 模块的线性权值矩阵和偏差。SARR 在不增加网络层数情况下,解决了梯度消失可能引起的网络退化问题,提取与任务执行时间显著相关的特征,并通过为最终的预测器提供更有效的特征,改善预测精度。

2. 基于 XGboost 的数值型特征提取

基于梯度提升树的预测任务,通常包括特征提取和预测两个步骤。为充分挖掘数值型数据相关的知识,设计了基于 XGboost 的数值型特征提取器,如图 5-8 所示。其中,从 XGboost 每一个基学习器的根节点到叶子节点所进行的运算属于特征提取过程,从所有基学习器的叶子节点到输出节点的计算属于预测过程。

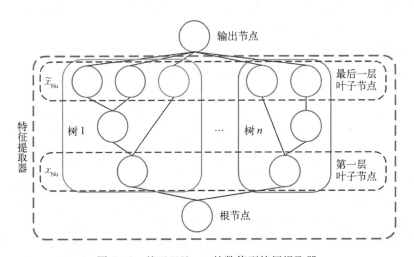

图 5-8　基于 XGboost 的数值型特征提取器

如图 5-8 所示,利用 XGboost 提取样本影响因素数据中数值型向量 x_{Nu} 的对应的特征向量 $\tilde{x}_{Nu}$,其中 $x_{Nu} \in \mathbb{R}^{1 \times N_{Nu}}$,$\tilde{x}_{Nu} \in \mathbb{R}^{1 \times N_{XGB}}$。首先,计算 x_{Nu} 在每棵树的每个叶子节点上分裂后的损失减少值 L_{split},根据该损失减少值判断是否需继续分裂,并最终确定 XGboost 模型中每棵树的结构。其中,分裂损失的计算如式(5-26)所示:

$$L_{split} = \frac{1}{2} \left| \frac{G_L^2}{H_L + \lambda} + \frac{G_R^2}{H_R + \lambda} - \frac{G_j^2}{H_j + \lambda} \right| - \gamma \tag{5-26}$$

式中，G_j 和 H_j 分别为在叶子 j 上所有数值型数据集合 I_j 的损失函数的一阶、二阶梯度统计量之和；$G_L = \sum_{i \in I_L} g_i$ 和 $H_L = \sum_{i \in I_L} h_i$、$G_R = \sum_{i \in I_R} g_i$ 和 $H_R = \sum_{i \in I_R} g_i$ 分别为叶子节点 j 分裂后的左、右叶子节点的一阶、二阶梯度统计量之和；I_R 和 I_L 分别为当前叶子节点分裂后的左、右叶子节点上的数值型数据集合，γ 为常数。

然后，通过树的结构函数寻找每个数值型向量在每棵树每个分支的最深一层中所属叶子的下标，并标记为 1，实现对每个数值型向量的离散化编码。结构函数如式(5-27)所示：

$$q_k(x_{\text{Nu}}) : R^{N_{\text{Nu}}} \to T_k \tag{5-27}$$

式中，T_k 为第 k 棵树上叶子节点的数量。利用 XGboost 对数值型向量进行离散化编码后获得的新向量，即为数值型特征向量 $\tilde{x}_{\text{Nu}}$。

3. 多维异质特征融合

在提取的类别型特征和数值型特征基础上，进一步提出了多维异质特征融合策略，旨在同时收集低维和高维特征信息之间的交互信息，使预测模型学习到更全面且有效的任务执行时间知识，降低预测误差。

提出的多维异质特征融合策略，包含特征拼接、特征重要性计算、特征排序和筛选几个步骤。首先，将 SARR 与 XGboost 模型提取到的特征向量与原始输入向量进行拼接，得到一个如式(5-28)所示的新输入向量 x_{ful}，且 $x_{\text{ful}} \in \mathbb{R}^{1 \times (N_{\text{Ca}} + N_{\text{Nu}} + N_{\text{SARR}} + N_{\text{XGB}})}$：

$$x_{\text{ful}} = (x_{\text{Ca}}, x_{\text{Nu}}, \tilde{x}_{\text{Ca}}, \tilde{x}_{\text{Nu}}) \tag{5-28}$$

然后，利用 x_{ful} 训练轻量级梯度提升机(light gradient boosting machine，LGBM)模型，用于计算不同特征的重要性，并按重要性对特征进行排序，式(5-29)所示：

$$f_{\text{imp}}(x_i) = \text{rank}[N_{\text{split}}(x_i)], \quad x_i \in x_{\text{ful}} \tag{5-29}$$

式中，x_i 为拼接向量 x_{ful} 中的第 i 维特征；$f_{\text{imp}}(\cdot)$ 为特征重要性计算与排序函数；$N_{\text{split}}(x_i)$ 为整个特征重要性排序模型生成过程中 x_i 被选取为分裂节点的次数。最后，从排序表中筛选出更具判别力的特征，构成最终用于任务执行时间预测的多维度融合输入特征向量 $\tilde{x}_{\text{fu}}$，如式(5-30)所示：

$$\tilde{x}_{\text{Fu}} = \{f_{\text{imp}}(x_i) \geq \text{threshold}\}, \quad x_i \in x_{\text{ful}} \tag{5-30}$$

式中，threshold 为特征筛选阈值，x_i 被选为分裂点的次数越多，说明 x_i 对预测结果的贡献越大。

多维融合特征 $\tilde{x}_{\text{Fu}}$ 舍弃了部分信息含量少或者与输出关联性弱的特征，在保证预测精度的同时降低了特征空间的维度，进一步减少了预测所需的计算开销。

4. 云工作流任务执行时间预测

在获得多维异质融合特征的基础上，采用 LGBM 模型对多维异质特征进行充分挖掘与利用，以精准地预测任务执行时间，为大数据环境下的云工作流调度提供决策支持。

基于多维度特征融合的云工作流任务执行时间预测方法，包括三个部分：① 针对类别型数据和数值型数据,设计不同的特征提取方法,分别提取类别型和数值型特征;② 将提取到的特征数据与原始数据进行选择性融合,为预测模型提供更全面的特征输入;③ 构建基于融合特征的预测模型,获得云工作流任务执行时间预测结果。整体流程如算法 5.1 所示。

算法 5.1:基于多维度特征融合的云工作流任务执行时间预测方法

输入:任务执行时间数据集 $D = \{(X_i, Y_i)\}$,其中,X_i 为第 i 个样本的任务执行时间的影响因素向量;Y_i 为第 i 个样本的任务执行时间

1: 将一个输入向量 X_i 划分为类别型向量 x_{Ca} 和数值型向量 x_{Nu},即 $X_i = \{x_{Ca}, x_{Nu}\}$

2: 利用类别型向量 x_{Ca},训练 SARR 模型,不断调整参数,直至获得误差最小的 SARR 模型

3: 对训练好的 SARR 模型,去掉其输出层以及输出层的所有连接参数,得到类别型特征提取器,并对 x_{Ca} 进行特征提取,获得类别型特征向量 $\tilde{x}_{Ca}$

4: 利用数值型向量 x_{Nu},训练 XGboost 模型,并对 x_{Nu} 进行特征提取,获得初始数值型特征向量 $\tilde{x}_{Nu\_1}$

5: 利用类别型特征向量 $\tilde{x}_{Ca}$ 和初始数值型特征向量 $\tilde{x}_{Nu\_1}$,训练 LGBM 评判模型

6: 调整 XGboost 模型参数,重复步骤 4 和 5,直至 LGBM 评判模型的误差稳定在一定范围内,且波动不超过 5%;挑选出使 LGBM 评判模型误差最小的 XGboost 模型参数,并基于该组参数训练 XGboost 模型

7: 对训练好的 XGboost 模型,去掉其输出层以及输出层的所有连接参数,获得数值型特征提取器,并对 x_{Nu} 进行特征提取,获得最终数值型特征向量 $\tilde{x}_{Nu}$

8: 构建多维异质特征融合器,将类别型向量 x_{Ca}、数值型向量 x_{Nu}、类别型特征向量 $\tilde{x}_{Ca}$ 和数值型特征向量 $\tilde{x}_{Nu}$ 进行融合,获得融合后的特征向量 $\tilde{x}_{Fu}$

9: 基于融合特征向量 $\tilde{x}_{Fu}$,利用网格寻优算法训练 LGBM 预测模型,直至获得误差最小的 LGBM 模型,并将其作为预测器

10: 取出类别型特征提取器、数值型特征提取器、多维异质特征融合器和预测器,构建基于多维度特征融合的任务执行时间预测模型

输出:任务执行时间预测模型

实验数据来源于阿里巴巴 2018 年集群运行日志数据集 cluster-trace-v2018,cluster-trace-v2018 记录了阿里巴巴某个生产集群中约 4 000 台服务器 8 天的运行详细日志。

在进行云工作流任务执行时间预测前,对 cluster-trace-v2018 数据集进行了预处理。首先,分析 cluster-trace-v2018 数据集,寻找任务执行时间相关的关键属性,并根据这些关键属性匹配不同数据表中的数据,获得包含任务执行时间和相关影响因素的数据集。其次,对该数据集存在的异常值和缺失值进行处理,获得包含 22 155 组云工作流任务的执行时间及其对应的所有影响因素数据,即最终可用于检验算法的云工作流任务执行时间数据集。最后,

在获取的数据集上随机抽取 17 724 组数据构成训练集,将剩余的 4 431 组数据作为测试集。

为了验证 MDFF 的有效性和优越性,选取了六种对比算法,包括深度兴趣网络(deep interest network, DIN)、深度交叉网络(deep & cross network, DCN)、深度因子分解机(deep factorization machine, DeepFM)、宽度与深度模型(wide & deep, W&D)、两阶段预测方法(two stage approach, TSA)和梯度提升树与线性回归的结合方法(gradient boosting decision tree + linear regression, GBDT + LR)。其中,DIN 和 DCN 侧重于类别型数据的处理,其数值型特征提取能力弱;TSA 以及 GBDT+LR 偏向于数值型数据的处理,类别型特征的提取能力弱;DeepFM 和 W&D 能同时提取类别型特征和数值型特征。所有方法采用的参数组合均为使预测效果最好的参数组合。

为了检验 MDFF 算法的预测精度,选取了平均绝对误差(mean absolute error, MAE)、均方根对数误差(root mean square error, RSME)、均方根对数误差(root mean square log error, RMSLE)和决定系数(R square, R^2)四种评价指标。

为了避免随机性,采用 10 次实验结果的平均值进行性能比较。针对不同的评价指标,分别计算所有方法的 MAE、RMSE、RMSLE 及 R^2 值,如图 5-9~图 5-12 所示,可知 MDFF 算法的 MAE、RMSE、RMSLE 值最小,说明其预测结果的平均绝对误差和均方根误差更小,且对大数值样本的偏向性最小。MDFF 的 R^2 值最大,说明其拟合程度最好。

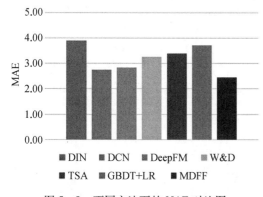

图 5-9　不同方法下的 MAE 对比图

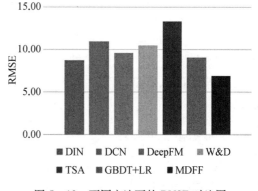

图 5-10　不同方法下的 RMSE 对比图

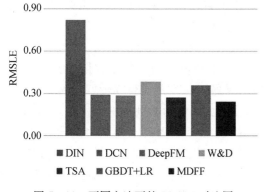

图 5-11　不同方法下的 RMSLE 对比图

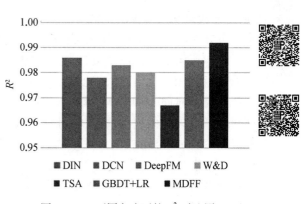

图 5-12　不同方法下的 R^2 对比图

5.2 大规模云工作流动态优化调度技术

针对大规模云工作流动态优化调度这一核心问题,首先考虑云计算应用的大规模性和动态性,提出用户优先级感知和花费约束的云工作流调度算法,确保自适应满足复杂动态云环境下用户服务质量,解决多云环境下的大规模工作流任务的高效协作与管理问题。然后,根据工作流自身结构的差异性,计算工作流的效用函数,提出基于分布式策略的在线多工作流动态调度方法。进一步地,考虑到在线工作流动态到达的随机性和执行时间的不确定性,根据工作流截止期敏感程度的差异化,提出面向随机混合工作流的动态调度方法。

针对"动态云工作流优化调度"这一关键技术问题,本节的研究目标是实现能够支持在线多用户工作流优化调度技术。下面依次介绍 3 种调度方法:基于用户优先级和感知花费约束的云工作流调度方法、基于分布式策略的在线多工作流动态调度方法和面向随机混合工作流联合实时调度方法。

5.2.1 基于用户优先级感知和花费约束的云工作流调度技术

为了实现大规模工作流优化调度,对不同优先级的并行云工作流进行了进一步探索。根据用户优先级和工作流任务权重模型,提出了基于用户优先级和任务权重感知的并行云工作流调度技术,设计调度策略,降低工作流完工时间,提高用户服务质量。该方法主要分为 3 阶段:① 用户需求分解;② 过滤可用处理器;③ 确定任务调度优先级。首先,用户工作流的全局约束(花费和截止期)被分解为多个任务子约束;然后,设计一种用户优先级感知的启发式调度策略,降低调度花费,提高用户服务质量;最后,利用仿真平台 CloudSim 进行算法验证。

1. 研究背景和意义

随着应用服务的用户数急剧上升,应用计算复杂度的快速增大,云计算服务作为一种新颖的计算模式得到了广泛应用。根据用户需求,云计算利用虚拟化技术提供可靠性高的动态可扩展资源。云服务提供商可分为两类:一类是管理云平台和租赁资源的基础设施提供商;另一类是从基础设施提供商出租赁资源然后提供给终端用户的中间商。云计算按服务类型可分为软件即服务、平台即服务和基础设施即服务。

工作流调度是云计算领域中重要的研究方向,云计算系统运行效率与工作流任务调度算法直接相关。面对大规模云工作流调度问题,云服务提供商必须最大限度地降低任务执行完工时间,降低云资源的调度花费和提高资源利用率等方式获取较好的经济收益,同时为云用户提供优质服务,满足用户服务质量。因此,如何为大规模的云工作流任务分配异构资源,满足用户服务质量的同时降低调度花费,已经成为技术领域内的研究重点。针对大规模多用户工作流调度问题,本节提出基于用户优先级感知和调度花费约束的工作流调度方法。该方法主要分为 3 阶段:① 用户需求分解;② 过滤可用处理器;③ 确定任务调度优先级。

2. 系统建模

下面介绍工作流调度的相关模型,包括应用模型和资源模型。

1) 应用模型

考虑一个工作流集合 $W = \{W^1, W^2, \cdots, W^N\}$,其中 N 表示工作流的个数.每个工作流可以用一个有向无环图 DAG 表示,即 $W^s = G(T^s, V^s, D^s, C^s)$,其中节点集 $T^s = \{t_1, \cdots, t_k\}$ 表示任务集;边集 $V^s = \{e_{ij} \mid i, j = 1, \cdots, k\}$ 表示任务间的依赖关系集;D^s 表示工作流截止期约束;C^s 表示工作流预算约束。

2) 资源模型

采用基础设施即服务(Infrastructure as a service,IaaS)云服务模型来执行工作流任务,云资源可以按需取用。$I = \{I_m, m = 1, 2, \cdots, M\}$ 表示虚拟机集合,其中,I_m 表示第 m 个虚拟机。任务在不同虚拟机上执行时间依赖于任务负载和虚拟机的容量。一般租用等级更高的虚拟机相应的花费也更高,$P(I_m)$ 表示虚拟机 I_m 在单位时间的花费;$R(I_m)$ 表示虚拟机 I_m 的等级。

3. 问题分析

下面介绍问题建模,包括花费模型、截止期模型和调度目标。

1) 花费模型

为了计算工作流在不同虚拟机上的执行花费,计算工作流任务 t_i 在虚拟机 I_m 上的执行花费如下:

$$c(t_i, I_m) = w_{i, m} \times P(I_m) \tag{5-31}$$

然后,得到工作流的调度花费如下:

$$C(w^s) = \sum_{i=1}^{k} c(t_i) \tag{5-32}$$

根据上式,计算工作流的最小花费 $C_{\min}(w_j)$ 和最大花费 $C_{\max}(w_j)$ 如下:

$$C_{\min}(w_j) = \sum_{t_i \in w_j} c_{\min}(t_i) \tag{5-33}$$

$$C_{\max}(w_j) = \sum_{t_i \in w_j} c_{\max}(t_i) \tag{5-34}$$

式中,$c_{\min}(t_i)$ 是任务 t_i 的最小花费,$\sum_{t_i \in w_j} c_{\max}(t_i)$ 是任务 t_i 的最大花费。基于最大花费和最小花费约束,给定工作流预算约束如下:

$$C_{\min}(w_j) \leqslant \text{Bud}(w_j) \leqslant C_{\max}(w_j) \tag{5-35}$$

式中,$\text{Bud}(w_j)$ 定义如下:

$$\text{Bud}(w_j) = C_{\min}(w_j) + \alpha[C_{\max}(w_j) - C_{\min}(w_j)], 0 < \alpha < 1 \tag{5-36}$$

然后,根据工作流预算,对每个未调度的工作流指派预置花费,其计算方式如下:

$$C_{\text{pre}}(t_{i,j}) = C_{\min}(t_{i,j}) + \left[C_{\max}(t_{i,j}) - C_{\min}(t_{i,j}) \right] \times \text{bl} \tag{5-37}$$

式中，bl 是预算划分参数，其计算方式如下：

$$\text{bl} = \frac{\text{Bud}(w_j) - C_{\min}(w_j)}{C_{\max}(w_j) - C_{\min}(w_j)} \tag{5-38}$$

最后，为准备调度任务分配花费子约束，其计算方式如下：

$$C_{\text{sub}}(t_{i,j}) = \text{Bud}(w_j) - \left[\sum_{m=1}^{i-1} c(t_{m,j}) + \sum_{m=i+1}^{k} C_{\text{pre}}(t_{m,j}) \right] \tag{5-39}$$

式中，$\sum_{m=1}^{i-1} c(t_{m,j}) + \sum_{m=i+1}^{k} C_{\text{pre}}(t_{m,j})$ 是已经消耗的预算；$\sum_{m=i+1}^{k} C_{\text{pre}}(t_{m,j})$ 是未调度任务的预置预算。

2）截止期模型

为了获取工作流任务的子截止期，对工作流进行拆解，分成几个等级，根据任务前后依赖关系，将没有依赖的任务放在同一等级，任务等级参数计算方式如下：

$$L(t_i) = \max_{t_j \in \text{succ}(t_i)} L(t_j) + 1 \tag{5-40}$$

式中，$\text{ucc}(t_i)$ 是任务 t_i 的子任务集合。如果 t_i 是出口任务（没有子任务），则 $L(t_i) = 1$。基于等级参数 $L(t_i)$，计算任务子截止期 $d_{\text{sub}}(t_i)$ 如下：

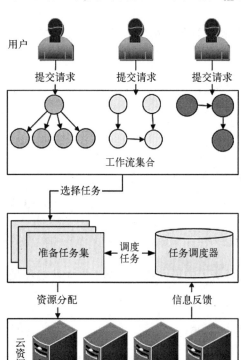

图 5-13　多工作流调度框架

$$d_{\text{sub}}(t_i) = \text{deadline}(w_j) \times \text{dr} + \max_{t_k \in \text{pred}(t_i)} d_{\text{sub}}(t_k) \tag{5-41}$$

式中，dr 是截止期调整参数，其计算方式如下：

$$\text{dr} = \frac{L(t_i)}{\sum_{L=1}^{L_{\max}} L} \tag{5-42}$$

4. 基于用户优先级和花费约束的并行工作流调度算法

本节介绍提出的基于用户优先级和花费约束的并行工作流调度算法，如图 5-13 所示。该算法主要分为两个阶段：任务选择和虚拟机选择。

1）任务选择

基于上述预算约束，计算工作流任务调度优先级如下：

$$\text{rank}_c(t_{i,j}) = \frac{\text{Bud}(w_j)}{C_{\min}(w_j)} \times \left[\frac{1}{\text{PRT}(w_j)} + \frac{1}{\text{CPL}(w_j)} \right] \tag{5-43}$$

式中,PRT(w_j)是未调度任务的比值;CPL(w_j)是工作流关键路径的长度。根据上式得到工作流任务调度优先级,$\text{rank}_c(t_{i,j})$越高的任务调度优先级越高;反之越低。

2）虚拟机选择

选择优先级最高的任务,为了满足预算子约束,提出一种启发式的虚拟机选择策略。选择策略如下(算法 5.2)：

（1）遍历当前所有虚拟机,找到满足子预算约束的虚拟机集合 S1;

（2）遍历当前所有虚拟机,找到满足子截止期约束的虚拟机集合 S2;

（3）遍历 S1 和 S2,找到它们的交集 S3;

（4）如果 S3 为空集,则将任务调度到满足截止期的最低花费的虚拟机上执行;

（5）如果 S3 不是空集,则从 S3 中选择花费最低的虚拟机执行该任务。

算法 5.2：用户优先级感知和花费约束的云工作流调度算法

输入：当前云工作流集合 W 和处理器集合 P

1： 根据用户优先级高低对云工作流集合 W 分类成高优先级云工作流集合 $W(H)$ 和低优先级云工作流集合 $W(L)$

2： 计算云工作流任务优先级值并将每个云工作流最高优先级的任务放入 ready 任务集 R

3： for R 中每一个任务 t do

4： 计算 t 的子花费和子截止期

5： end for

6： while R 非空 do

7： 选择 R 中优先级最高的任务 $t(\text{most})$

8： for P 中每个处理器 p do

9： 计算任务 $t(\text{most})$ 在 p 上的花费

10： 计算 $t(\text{most})$ 在 p 上的最早完成时间 EFT(t)

11： end for

12： if t 属于 $W(H)$ 且 EFT(t) 大于 t 的子截止期 then
调用公平调度策略调度 t

13： end if

14： if t 已经被调度 then

15： 更新 ready 任务集和 t 的子任务最早开始时间

16： 重新选择优先级最高的任务先调度

17 end if

18： end while

输出：云工作流集合 W 的调度解

3）实验评估

采用 3 种性能指标和两种对比算法来评测基于优先级感知和调度花费约束的云工作流调度算法的整体性能。

a. 性能指标

为了验证算法的有效性,采用以下 3 个性能指标:规划成功率(planning success ratio,PSR)、正则化花费(normalize cost,NC)和高优先级工作流的错过率(miss ratio,MR),其计算方式如下:

$$PSR = \frac{N_{succ}}{N_{toatl}} \qquad (5-44)$$

$$NC = \frac{C(w_j)}{C_{min}(w_j)} \qquad (5-45)$$

$$MR = \frac{N_{miss,h}}{N_h} \qquad (5-46)$$

式中,$N_{miss,h}$ 是没有满足预算约束的工作流数目;N_h 是工作流总数。

b. 实验结果

本项工作的实验结果分为以下 3 个方面:不同工作流规模下的 PSR 对比、NC 对比和 MR 对比,其结果如图 5-14~图 5-16 所示。从实验结果可知,所提算法在 PSR、NC 和 MR 都有很高的改进效果。

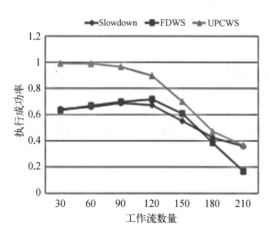

图 5-14　不同工作流规模下的
PSR 对比图

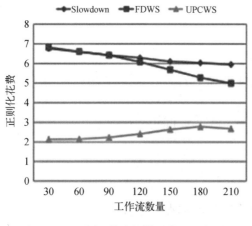

图 5-15　不同工作流规模下的 NC 对比图

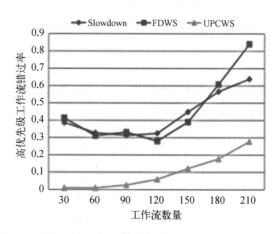

图 5-16　不同工作流规模下的 MR 对比图

5.2.2　基于分布式策略多云工作流动态调度方法

随着云计算的发展和社会信息化水平的提高,在工业制造、商业交易流程和科学研究等多个领域中人们对高性能计算有着越来越大的需求。互联网的发展,网络速度的加快,网络带宽的提升,为提高计算性能和实现分布计算提供了基础。云计算是一种在基于互联网技术、虚拟化技术、网格计算、分布式计算以及并行计算的基础上发展而来的新兴商业计算模型。如图 5-17 所示,用户可以随时获取"云"中的资源且无限扩展资源需求,实现资源共享的服务模式和"即用即付"的计费模式。云计算按服务类型可分为以下 3 类:基础架构即服务、平台即服务和软件即服务。IaaS 给用户的服务是提供存储、网络和其他基本的计算资源。PaaS 是将用户开发的应用程序放在供应商的云基础设施上,云用户不需要管理或控制底层的云基础设施。SaaS 是提供用户运行在云计算基础设施上的应用程序,用户可以通过不同客户端访问,不需要管理和控制云服务设施。目前主要的云计算平台有谷歌 App Engine、微软 Azure 和亚马逊 EC2 和 S3 等,云服务平台模型如图 5-17 所示。

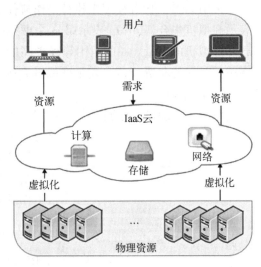

图 5-17　云服务平台模型

　　在线工作流调度是工作流调度系统中一类常见的调度业务场景,多用户向调度系统提交工作流的时间是随机的,通常被考虑为是泊松分布。在线多工作流调度是指在考虑工作流到达的随机性和工作流任务间依赖关系的情况下,设计一种不违反用户给定约束条件任务和云计算资源(虚拟机)的匹配算法,实现最大化用户满意度。在线多工作流调度不仅为提高用户满意度、减少工作流等待时间提供有效的决策支持,而且在线多工作流调度对云计算资源的优化配置,云服务商的成本降低,云系统的平稳运行有着重要影响。设计动态调度算法是在线多工作流调度研究的关键问题。现有技术中采用大规模工作流和小规模工作流混合调度模式,小规模工作流工作量和云计算资源计费单位差距较大,导致云计算资源不能得到充分利用造成过多花费。

　　为了实现动态多工作流的优化调度,本节对不同工作流效用的在线多工作流调度问题进行了进一步探索。计算工作流效用函数,根据工作流效用模型对工作流进行分类,设计分布式调度策略,本节提出一种基于截止期约束分解的随机工作流动态调度算法(stochastic workflows dynamic scheduling algorithm, SWDSA),该方法主要分为 4 个阶段:① 工作流效用分类;② 工作流截止期分布式分解;③ 工作流任务分布式调度;④ 调度反馈。首先,根据工作流关键路径长度计算工作流效用参数,然后将工作流进行分类,提出基于部分关键路径的截止期分配方法和基于聚类的截止期分配方法;再然后,提出启发式任务调度策略,在保证任务截止期子约束的情况下将任务调度到花费最小的虚拟机执行;最后,反馈调度器将调度结果反馈给资源分配器和任务调度器。实验仿真基于仿真平台 CloudSim 进行算法验证。

1. 系统架构与问题建模

　　下面介绍工作流调度的相关模型,包括资源模型和应用模型,并介绍如何对该系统中的

大规模云数据中心智能管理技术及应用

资源分配与任务调度问题进行建模。

1）资源模型

采用 IaaS 云服务模型来执行工作流任务,云资源可以按需取用。$I = \{I_m, m = 1, 2, \cdots\}$ 表示虚拟机集合,其中 I_m 表示第 m 个虚拟机。任务在不同虚拟机上执行时间依赖于任务负载和虚拟机的容量。一般租用等级更高的虚拟机相应的花费也更高,$P(I_m)$ 表示虚拟机 I_m 在单位时间的花费;$R(I_m)$ 表示虚拟机 I_m 的等级。

2）应用模型

考虑一个随机工作流集合 $W = \{W^1, W^2, \cdots, W^N\}$,其中 N 表示工作流的个数,每个工作流可以用一个有向无环图 DAG 表示,其中节点表示任务,

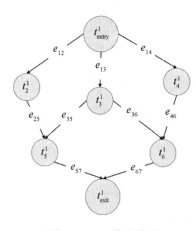

图 5-18　工作流模型

边表示任务间的依赖关系,工作流模型如图 5-18 所示。用数组 $W^s = \{A^s, D^s, L^s, U^s\}$ 表示工作流信息,其中 A^s 表示工作流 W^s 的到达时间服从泊松分布,D^s 表示工作流截止期,L^s 表示工作流关键路径长度,$U^s = \dfrac{L^s}{\mathrm{BP}}$ 表示工作流效用,BP 表示虚拟机的计费单位。根据 U^s 的值,将工作流划分为高效用工作流(high efficiency workflow, HEW)和低效用工作流(low efficiency workflow, LEW)。此外,考虑工作流任务的执行时间是随机变量且服从正态分布 $N(a, b^2)$,其中,a 是均值;b^2 是方差。采用近似估计方法预测任务执行时间为

$$\mathrm{ET}(t_j^s) = \mathrm{E}(t_j^s) + \mathrm{V}(t_j^s) \tag{5-47}$$

式中,$\mathrm{E}(t_j^s)$ 表示随机变量 $\mathrm{ET}(t_j^s)$ 的平均值;$\mathrm{V}(t_j^s)$ 表示方差。

3）问题建模

将工作流调度问题建模成一个约束优化问题。首先,分别计算工作流的完成时间和任务间的传输时间:

$$\mathrm{MS}^s = \max_{t_j^s \in T^s} \mathrm{FT}(t_j^s) \tag{5-48}$$

$$\mathrm{TT}(e_{jl}^s) = \frac{d'^s_{jl}}{\mathrm{bw}} \tag{5-49}$$

然后,优化问题建模如下:

$$\min_{x_{j,m}^s} C(S) = \sum_{m=1}^{I} \sum_{s=1}^{N} \sum_{j=1}^{Ns} P(I_m) T'^{s,j}_m x'^s_{j,m} \tag{5-50}$$

满足下列约束:

$$\mathrm{MS}^s \leqslant D^s \tag{5-51}$$

$$\mathrm{FT}(t_j^s) + \mathrm{TT}(e_{jl}^s) \leqslant \mathrm{ST}(t_j^s) \tag{5-52}$$

$$0 \leqslant \sum_{m=1}^{I} x'^{s}_{j,m} \leqslant 1 \qquad\qquad (5-53)$$

2. 随机工作流分布式调度框架

为了解决随机多工作流调度问题,设计了一个随机工作流调度系统,系统分为五个模块:运行时间估计模块、工作流管理模块、工作流调度模块、资源配置模块和调度反馈模块,系统结构模型如图 5-19 所示。首先,运行时间估计模块利用近似估计方法计算工作流任务的执行时间和工作流效用;然后,工作流管理器根据工作流效用函数将随机工作流分解为高效用工作流 HEW 和低效用工作流 LEW;资源配置模块从云数据中心获取云资源同时动态配置计算资源执行工作流任务;进一步地,工作流调度模块由 LEW 调度器和 HEW 调度器组成同时采用分布式策略调度两类工作流;最后,调度反馈模块将调度结果和资源信息反馈给工作流调度器和资源配置器。

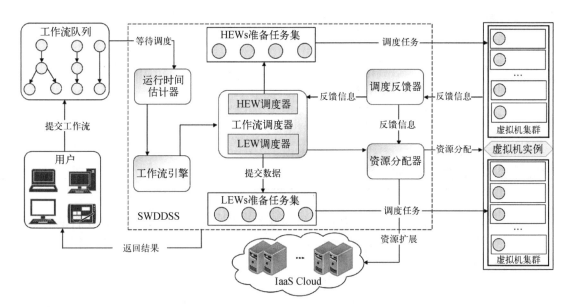

图 5-19　随机工作流动态管理调度系统模型

3. 基于分布式策略的工作流调度算法

基于上述调度系统,提出了一种基于分布式策略的启发式调度算法。下面对基于分布式策略随机工作流调度算法做详细介绍,算法包括 3 个步骤:工作流分析、截止期分配和任务调度。

1) 工作流分析

当一个工作流到达工作流管理系统,预测工作流每个任务的执行时间,然后计算工作流效用,根据工作流效用划分工作流类别,如算法 5.3 所示。

算法 5.3：随机云工作流动态分布式调度算法

输入：当前云工作流集合 W

1： while 终端条件没有被满足 do

2：   for k from 1 to w do

3：   计算云工作流 w_k 每个任务的执行时间

4：   计算云工作流 w_k 每个任务的最早开始时间和最早完成时间

5：   计算云工作流 w_k 每个任务的最晚开始时间和最晚完成时间

6：   计算云工作流的效用函数 u_k

7：   if $u_k<1$ then

8： w_k加入高效用云工作流集合

9：   else

10： w_k加入低效用云工作流集合

11：   end if

12：   end for

13：   while 新的云工作流没有到达 do

14：   调用 PCP-based HEW 调度算法和聚类 LEW 调度算法

15：   end while

16： end while

输出：云工作流集合 W 的调度解

定义任务最早开始时间为在不违反任务依赖约束的前提下任务最早开始执行的时刻，任务最晚开始时间为在不违反工作流截止期约束下任务最晚开始执行的时刻。计算任务最早开始时间如下：

$$\mathrm{Est}(t_i^s) = \begin{cases} A^s, & t_i^s = t_{\mathrm{entry}}^s \\ \max_{t_p^s \in p(t_i^s)} \{ \mathrm{Est}(t_p^s) + \mathrm{Aet}(t_p^s) + \mathrm{TT}(t_{pi}^s) \}, & \text{其他} \end{cases} \qquad (5-54)$$

式中，$\mathrm{Aet}(t_p^s)$ 是任务近似估计执行时间；$\mathrm{TT}(t_{pi}^s)$ 为任务传输时间；$p(t_i^s)$ 为任务 t_i^s 的父任务集合。任务最早完成时间为

$$\mathrm{Ect}(t_i^s) = \mathrm{Est}(t_i^s) + \mathrm{Aet}(t_i^s) \qquad (5-55)$$

然后，计算任务最晚完成时间如下：

$$\mathrm{Lct}(t_i^s) = \begin{cases} A^s, & t_i^s = t_{\mathrm{entry}}^s \\ \max_{t_p^s \in S(t_i^s)} \{ \mathrm{Let}(t_p^s) - \mathrm{Aet}(t_p^s) - \mathrm{TT}(t_{pi}^s) \}, & \text{其他} \end{cases} \qquad (5-56)$$

式中,$s(t_i^s)$是任务t_i^s的子任务集合。基于上面的信息,针对 LEW 和 HEW 设计一种分布式调度策略。

2)截止期分配

为了保证工作流的截止期被满足,一种常见的方法是将工作流截止期分解为多个任务子截止期,然后将任务调度到满足子截止期上的虚拟机执行。针对 HEW 和 LEW 分别提出了一种工作流截止期分解方法。

3)基于 PCP 的 HEW 截止期分解法

工作流根据 PCP 方法被划分为多个 PCP,然后计算每个 PCP 上的第一个任务是最早开始时间,最后一个任务的最早完成时间赫尔最晚完成时间,最后,计算 PCP 上的任务的子截止期如下:

$$D_{\text{sub}}(t_i^s) = \text{Est}(t_i^s) + \frac{\text{Ect}(t_i^s) - \text{Est}(t_{\text{first}}^s)}{\text{Ect}(t_{\text{last}}^s) - \text{Est}(t_{\text{first}}^s)} \left[\text{Lct}(t_{\text{last}}^s) - \text{Est}(t_{\text{first}}^s) \right] \quad (5-57)$$

式中,$\text{Est}(t_{\text{first}}^s)$是 PCP 上第一个任务的最早开始时间;$\text{Ect}(t_{\text{last}}^s)$和$\text{Lct}(t_{\text{last}}^s)$分别是 PCP 上最后一个任务的最早完成时间和最晚完成时间。

4)基于聚类的 LEW 截止期分配法

首先对工作流进行聚类,计算工作流任务的聚类参数$\text{CN}(t_i^s)$如下:

$$\text{CN}(t_i^s) = \begin{cases} 1, & t_i^s = t_{\text{entr}}^s \\ \max_{t_p^s \in p(t_i^s)} \{ \text{CN}(t_p^s) + 1 \}, & \text{其他} \end{cases} \quad (5-58)$$

然后,利用任务聚类参数将任务进行分类同时分解工作流截止期,计算任务子截止期如下:

$$D_{\text{sub}}(t_i^s) = \text{Est}(t_i^s) + \frac{\text{Ect}(t_i^s) - \text{Est}(t_{\text{first}}^s)}{\text{Ect}(t_{\text{max}}^s) - \text{Est}(t_{\text{min}}^s)} \left[\text{Lct}(t_{\text{max}}^s) - \text{Est}(t_{\text{min}}^s) \right] \quad (5-59)$$

式中,$\text{Est}(t_{\text{min}}^s)$是聚类参数相同的任务的最小的最早开始时间;$\text{Ect}(t_{\text{max}}^s)$和$\text{Lct}(t_{\text{max}}^s)$分别是聚类参数相同的任务的最大最早完成时间和最大最晚完成时间。

5)任务调度

任务调度阶段主要分为 3 步:任务优先级指派、虚拟机选择和调度反馈。因为工作流的任务间具有依赖关系,采用任务最早开始时间将任务进行调度优先级排序,最早开始时间越小的任务,其调度优先级越高。然后,基于任务优先级排序,为每个任务依次选择一个能够满足任务截止期且花费和空闲时间最少的虚拟机执行该任务,最后,计算完成任务的实际完成时间,反馈更新完成任务的子任务的最早开始时间,获取新的任务调度优先级,重复上述步骤,直到将所有工作流任务执行完。

4. 实验部署与性能评测

采用 3 种性能指标和 5 种实际工作流来评测基于分布式策略的随机工作流动态调度算法的整体性能。

1）仿真环境

实验环境部署是基于 WorkflowSim 平台的一个扩展，采用 Win10 操作系统和 Java 语言编写。实验中采用了 5 种常见的科学计算工作流：Montage、Cybershake、Epigenomics、LIGO 和 Sipht，其结构如图 5-20 所示。工作流到达过程服从参数为 a 的泊松分布，工作流任务执行时间服从正态分布。两种随机工作流动态调度算法 ROSA 和 NOSF 用于对比实验结果。ROSA 算法基于工作流任务最晚开始时间和最晚完成时间作为调度顺序。NOSF 算法是 ROSA 的一种改进算法，采用反馈调度过程调节后续任务的最早开始时间，从而提高资源利用率。

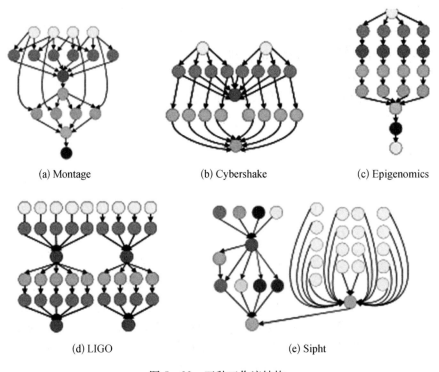

(a) Montage   (b) Cybershake   (c) Epigenomics

(d) LIGO   (e) Sipht

图 5-20 五种工作流结构

2）实验结果

本节从工作流调度花费、云资源利用率和工作流失败率 3 个方面评估算法的有效性。从以下 3 个角度进行验证算法性能。

a. 不同工作流截止期约束

在不同截止期约束下，调度算法性能对比：不同算法的 3 种性能对比如图 5-21 所示，其中图 5 - 21(a)反映了在不同截止期下 3 种算法的总花费，图 5 - 21(b)是资源利用率的对比图，图 5 - 21(c)是工作流执行失败率的情况。可见，提出的工作流调度策略在不同的工作流截止期约束下都能达到最小的调度花费，最高的资源利用率和最小的工作流失败率。

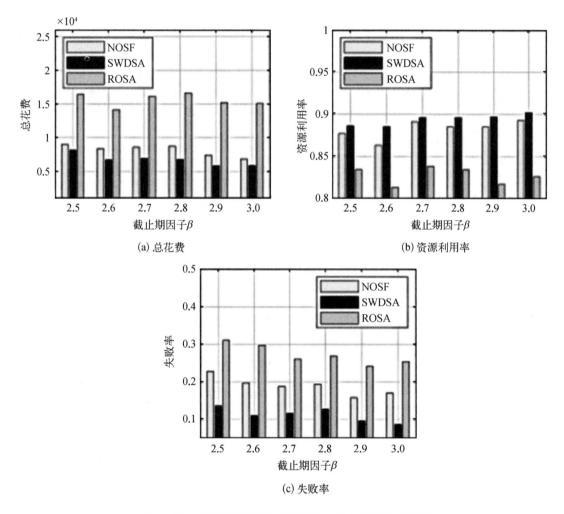

图 5 - 21　工作流调度算法在不同截止期约束性能对比图

b. 不同工作流类型

为了进一步说明算法的有效性，还对不同类型的工作流进行验证，如图 5 - 22 所示，算法能够有效地降低调度花费，提高资源利用率和降低工作流失败率。

c. 不同工作流数量

此外，针对不同规模的工作流，所提算法也能很高的提升相关的性能，如图 5 - 23 所示。在不同工作流规模下，所提算法能够有效地降低调度花费，提高资源利用率以及降低工作流失败率。

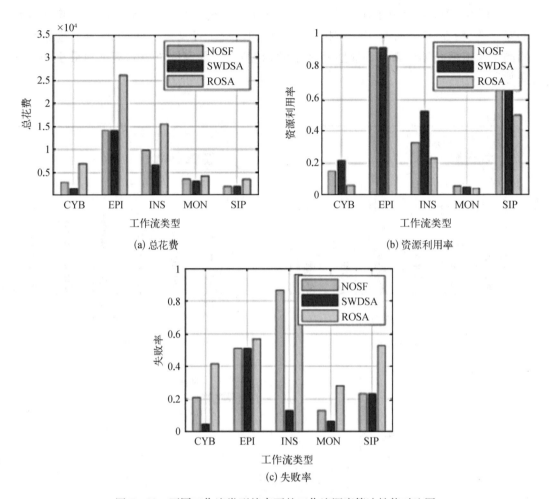

图 5－22　不同工作流类型约束下的工作流调度算法性能对比图

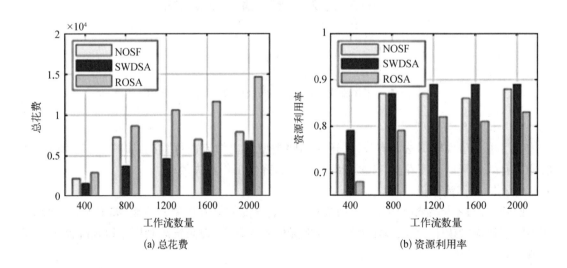

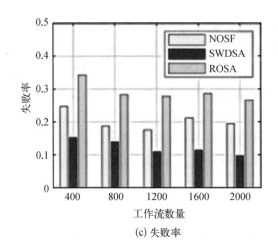

(c) 失败率

图 5-23　不同工作流规模下的工作流调度算法性能对比图

5.2.3　面向随机混合云工作流实时调度方法

云服务系统中,实时工作流的随机性、高动态性和高时效性要求与虚拟机的快速响应存在严重冲突,需要进一步研究云计算中实时工作流调度方法,以提高云服务保障任务时效性的能力,实现主机资源的高效利用和降低能量消耗,为云服务系统的高效运行提供关键技术支撑。因此,开展云计算中实时工作流调度方法研究,具有重要的理论和现实意义。

为了实现随机多工作流实时调度优化,本节对时延敏感性不同的在线工作流调度问题进行了进一步探索。本节提出的基于概率分布的随机调度模型,设计了随机混合工作流实时调度框架,降低工作流调度花费,提高资源利用率。该框架分为 5 个组件:① 工作流分析器;② 工作流分类器;③ 运行时间预测器;④ 工作流调度器;⑤ 资源管理器。首先,工作流分析器获取工作流时延敏感参数,然后工作流分类器根据时延参数将工作流进行分类,运行时间预测器采用正态分布建模工作流任务执行时间,然后工作流调度器设计工作流截止期分解策略并采用启发式方法将任务调度到云资源;最后,资源管理器根据任务执行情况动态扩展云资源。仿真实验基于仿真平台 CloudSim 进行算法验证。

1. 系统建模

下面介绍工作流调度的相关模型,包括资源模型和工作流模型和调度模型。

1) 资源模型

采用 IaaS 云服务模型来执行工作流任务,云资源可以按需取用。$I = \{I_m, m = 1, 2 \cdots\}$ 表示虚拟机集合,其中 I_m 表示第 m 个虚拟机。任务在不同虚拟机上执行时间依赖于任务负载和虚拟机的容量。一般租用等级更高的虚拟机相应的花费也更高,$P(I_m)$ 表示虚拟机 I_m 在单位时间的花费;$R(I_m)$ 表示虚拟机 I_m 的等级。

2) 工作流模型

考虑一个随机工作流集合 $W = \{W^1, W^2, \cdots, W^N\}$，其中，$N$ 表示工作流的个数。每个工作流可以用一个有向无环图 DAG 表示，其中，节点表示任务；边表示任务间的依赖关系，图 5-24 是两个真实工作流应用。用数组 $W^s = \{A^s, D^s, N^s, G^s, t^s_j\}$ 表示工作流信息，其中，A^s 表示工作流 W^s 的到达时间服从泊松分布；D^s 表示工作流截止期；N^s 表示工作流任务个数；$G^s = (T^s, V^s)$ 表示工作流 DAG 结构；T^s 表示任务集合；V^s 表示依赖关系集合。根据 D^s 的值，将工作流划分为时延敏感的流式工作流和时延不敏感的批处理工作流。此外，考虑工作流任务的执行时间是随机变量且服从正态分布 $N(a, b^2)$，其中，a 是均值；b^2 是方差。采用近似预测方法预测任务执行时间为

$$\mathrm{ET}(t^s_j) = \mathrm{E}(t^s_j) + \mathrm{V}(t^s_j) \tag{5-60}$$

式中，$\mathrm{E}(t^s_j)$ 表示随机变量 $\mathrm{ET}(t^s_j)$ 的平均值；$\mathrm{V}(t^s_j)$ 表示方差。

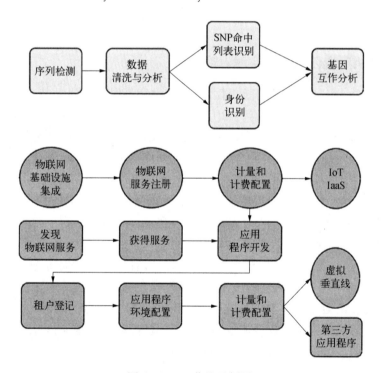

图 5-24　工作流示例图

3) 调度模型

将工作流调度问题建模成一个约束优化问题。首先，分别计算工作流的完成时间和任务间的传输时间：

$$\mathrm{MS}^s = \max_{t^s_j \in T^s} \mathrm{FT}(t^s_j) \tag{5-61}$$

$$\mathrm{TT}(e^s_{jl}) = \frac{d^s_{jl}}{\mathrm{bw}} \tag{5-62}$$

然后,优化问题建模如下。

优化目标:

$$F_1(S) = \sum_{k=1}^{K} \sum_{j=1}^{Nk} p(V^k) T_k^j \tag{5-63}$$

$$F_2(S) = \frac{\sum_{i=1}^{Nl} U_i}{\sum_{i=1}^{Nl} TU_i} \tag{5-64}$$

$$F_3(S) = \frac{|N^*|}{|N^{on}|} \tag{5-65}$$

式中,$F_1(S)$ 是调度花费;$F_2(S)$ 是资源利用率;$F_3(S)$ 是工作流执行成功率。

约束条件:

$$MS^s \leqslant D^s \tag{5-66}$$

$$FT(t_j^s) + TT(e_{jl}^s) \leqslant ST(t_j^s) \tag{5-67}$$

$$0 \leqslant \sum_{m=1}^{I} x'^s_{j,m} \leqslant 1 \tag{5-68}$$

$$x_{j,m}^s = \begin{cases} 0, & t_j^s \text{ 被调度到 } I_m \\ 1, & \text{其他} \end{cases} \tag{5-69}$$

2. 混合工作流实时调度框架

为了解决随机多工作流调度问题,设计了一个混合工作流实时调度框架,框架分为5个模块:工作流分析模块、工作流分类模块、运行时间预测模块、工作流调度模块和资源管理模块,系统结构模型如图 5-25 所示。首先,工作流分析模块获取工作流时延敏感参数;然后,工作流分类模块将工作流集合分为流式工作流集和批处理工作流集。

运行时间预测模块利用近似预测方法计算工作流任务的执行时间和工作流效用;进一步地,工作流调度模块联合调度流式工作流和批处理工作流;资源配置模块从云数据中心获取云资源同时动态配置计算资源执行工作流任务。

3. 混合工作流联合实时调度算法

基于上述调度框架,提出了一种截止期感知的混合工作流联合实时调度算法。下面对混合工作流联合实时调度算法做详细介绍,算法包括4个步骤:工作流负载分配、截止期分配、任务调度和调度反馈,具体调度过程如图 5-26 所示。

1）工作流负载分配

当一个工作流到达工作流管理系统,预测工作流任务的执行时间,然后根据工作流截止期划分工作流为流式工作流和批处理工作流,如算法 5.4 所示。

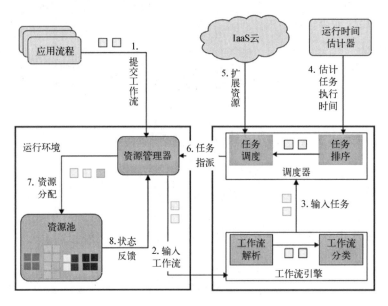

图 5-25　混合工作流实时调度框架模型

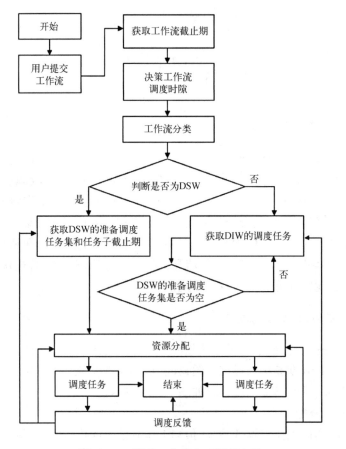

图 5-26　混合工作流实时调度流程

算法 5.4：随机混合云工作流调度算法

输入：当前云工作流集合 W

1:　while 终端条件没有被满足 do
2:　　for k from 1 to w do
3:　　　　计算云工作流 w_k 每个任务的执行时间
4:　　　　计算云工作流 w_k 每个任务的最早开始时间和最早完成时间
5:　　　　计算云工作流 w_k 每个任务的最晚开始时间和最晚完成时间
6:　　　　将云工作流进行分类为批处理云工作流集合 B 和在线流式云工作流集合 S
7:　　　　将 B 中所有的任务加入全局任务池 $G(B)$，S 中所有任务加入全局任务池 $G(S)$
8:　　end for
9:　while 新的云工作流没有到达 do
10:　　　for $G(S)$ 中每一个任务 t do
11:　　　　判断 t 是否为 ready 任务，并将 ready 任务构成
12: ready 任务集 $N(S)$ 进行调度
13:　　　　end for
14:　　　if $N(S)$ 非空 do
15:　　　　将 $N(S)$ 中的任务进行按照完成时间优先级排序
16:　　　for $N(S)$ 中的每一个任务 t do
17:　　　　调用 TSA_DSW 算法
18:　　　　将 t 加入完成任务集 $F(S)$
19:　　　end for
20:　　　更新全局任务集 $G(S)$
21:　　　调用反馈调度函数
22:　　　else
23:　　　对 $G(B)$ 中任务进行优先级排序
24:　　　依次对 $G(B)$ 中任务调用 TSA_DIW 调度函数
25:　　end if
26:　　end while
27:　end while

输出：云工作流集合 W 的调度解

2）截止期分配

为了保证工作流的截止期被满足，一种常见的方法是将工作流截止期分解为多个任务子截止期，然后将任务调度到满足子截止期上的虚拟机执行。首先，定义任务最早开始时间

为在不违反任务依赖约束的前提下任务最早开始执行的时刻,任务最晚开始时间为在不违反工作流截止期约束下任务最晚开始执行的时刻。计算任务最早开始时间如下:

$$\mathrm{Est}(t_i^s) = \begin{cases} A^s, & t_i^s = t_{\mathrm{entry}}^s \\ \max_{t_p^s \in p(t_i^s)} \{ \mathrm{Est}(t_p^s) + \mathrm{Aet}(t_p^s) + \mathrm{TT}(t_{pi}^s) \}, & 其他 \end{cases} \qquad (5-70)$$

式中,$\mathrm{Aet}(t_p^s)$是任务近似预测执行时间;$\mathrm{TT}(t_{pi}^s)$为任务传输时间;$p(t_i^s)$为任务t_i^s的父任务集合。任务最早完成时间为

$$\mathrm{Ect}(t_i^s) = \mathrm{Est}(t_i^s) + \mathrm{Aet}(t_i^s) \qquad (5-71)$$

然后,计算任务最晚完成时间如下:

$$\mathrm{Lct}(t_i^s) = \begin{cases} A^s, & t_i^s = t_{\mathrm{entry}}^s \\ \max_{t_p^s \in S(t_i^s)} \{ \mathrm{Let}(t_p^s) - \mathrm{Aet}(t_p^s) - \mathrm{TT}(t_{pi}^s) \}, & 其他 \end{cases} \qquad (5-72)$$

式中,$s(t_i^s)$是任务t_i^s的子任务集合。基于上面的信息,针对 LEW 和 HEW 设计一种分布式调度策略。工作流根据 PCP 方法被划分为多个 PCP,然后计算每个 PCP 上的第一个任务是最早开始时间,最后一个任务的最早完成时间和最晚完成时间,最后,计算 PCP 上的任务的子截止期如下:

$$D_{\mathrm{sub}}(t_i^s) = \mathrm{Est}(t_i^s) + \frac{\mathrm{Ect}(t_i^s) - \mathrm{Est}(t_{\mathrm{first}}^s)}{\mathrm{Ect}(t_{\mathrm{last}}^s) - \mathrm{Est}(t_{\mathrm{first}}^s)} [\mathrm{Lct}(t_{\mathrm{last}}^s) - \mathrm{Est}(t_{\mathrm{first}}^s)] \qquad (5-73)$$

式中,$\mathrm{Est}(t_{\mathrm{first}}^s)$是 PCP 上第一个任务的最早开始时间;$\mathrm{Ect}(t_{\mathrm{last}}^s)$和$\mathrm{Lct}(t_{\mathrm{last}}^s)$分别是 PCP 上最后一个任务的最早完成时间和最晚完成时间。

3) 任务调度

为了满足工作流的截止期,提高资源利用率,提出了混合工作流联合调度框架。基于该框架,分别设计了流式工作流任务调度策略和批处理工作流任务调度策略。针对流式工作流任务,遍历当前激活的所有虚拟机,找到满足子截止期中花费最小的机器调度该任务;如果所有虚拟机都不满足任务子截止期,则新启动一台性能最好的虚拟机执行该任务;针对批处理工作流任务,遍历所有激活的虚拟机,找到花费最小的虚拟机集合 S,并计算 S 中各虚拟机的空闲时间 $\mathrm{idle}[t_j^s(k)]$,计算方式如下:

$$\mathrm{idle}[t_j^s(k)] = \mathrm{taskRST}(t_j^s) - \mathrm{vmRT}(I_k) \qquad (5-74)$$

式中,$\mathrm{taskRST}(t_j^s)$是任务t_j^s的准备开始时间;$\mathrm{vmRT}(I_k)$是虚拟机I_k的准备开始时间。

4) 调度反馈

为了进一步降低调度花费,提高工作流成功率,将调度任务的完成时间反馈给其子任务,更新子任务的最早开始时间和最早完成时间,从而调整任务的调度优先级和任务子截止期。

4. 实验部署与性能评测

采用 3 种性能指标和 5 种实际工作流来评测混合工作流实时调度算法的整体性能。

1）仿真环境

实验环境部署是基于 WorkflowSim 平台的一个扩展，采用 Win10 操作系统和 Java 语言编写。实验中采用了 5 种常见的科学计算工作流：Montage、Cybershake、Epigenomics、LIGO 和 Sipht。多工作流到达过程服从参数为 a 的泊松分布，工作流任务执行时间服从正态分布。两种随机工作流动态调度算法 ROSA 和 NOSF 用于对比实验结果。ROSA 算法基于工作流任务最晚开始时间和最晚完成时间作为调度顺序。NOSF 算法是 ROSA 的一种改进算法，采用反馈调度过程调节后续任务的最早开始时间，从而提高资源利用率。

2）实验结果

从工作流调度花费、云资源利用率、工作流成功率和租用的虚拟机数量 4 个方面评估算法的有效性。从以下 5 个角度进行验证算法性能。

a. 不同工作流截止期约束

不同截止期约束下，调度算法性能对比：不同算法的 4 种性能对比如图 5-27 所示，其中图 5-27(a)反映了在不同截止期下 3 种算法的总花费，图 5-27(b)是资源利用率的对比图，图 5-27(c)是工作流执行失败率的情况，图 5-27(d)是租用虚拟机的总量情况。可见，提出的工作流调度策略在不同的工作流截止期约束下都能达到最小的调度花费，最高的资源利用率，最小的工作流失败率和最少的虚拟机使用数。

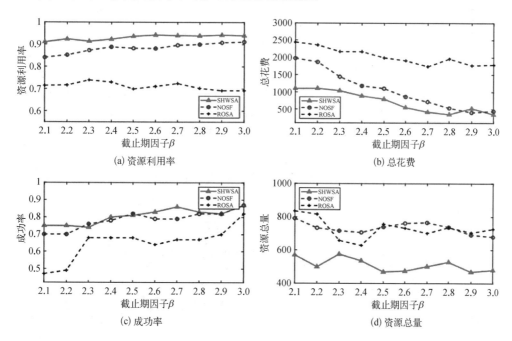

图 5-27　不同截止期约束下工作流调度算法性能对比图

b. 不同方差因子参数

在不同方差因子参数下,调度算法性能对比:不同算法的 4 种性能对比如图 5－28 所示,其中图 5－28(a)反映了在不同截止期下 3 种算法的总花费,图 5－28(b)是资源利用率的对比图,图 5－28(c)是工作流执行失败率的情况,图 5－28(d)是租用虚拟机的总量情况。可见,提出的工作流调度策略在不同的工作流截止期约束下都能达到最小的调度花费,最高的资源利用率,最小的工作流失败率和最少的虚拟机使用数。

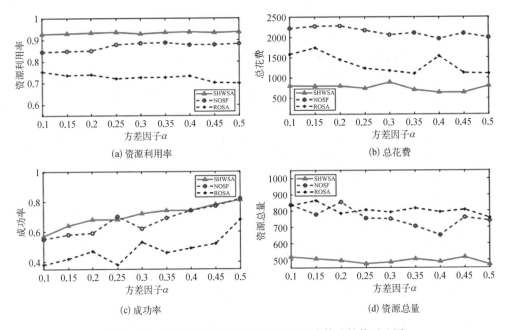

图 5－28　不同方差因子参数下工作流调度算法性能对比图

c. 不同工作流到达率

在不同工作流到达率下,调度算法性能对比:不同算法的四种性能对比如图 5－29 所示,其中图 5－29(a)反映了在不同截止期下 3 种算法的总花费,图 5－29(b)是资源利用率的对比图,图 5－29(c)是工作流执行失败率的情况,图 5－29(d)是租用虚拟机的总量情况。可见,提出的工作流调度策略在不同的工作流截止期约束下都能达到最小的调度花费,最高的资源利用率,最小的工作流失败率和最少的虚拟机使用数。

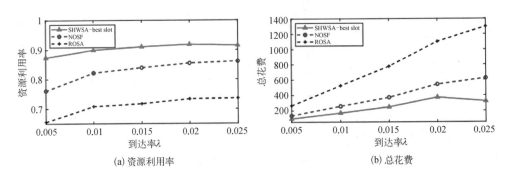

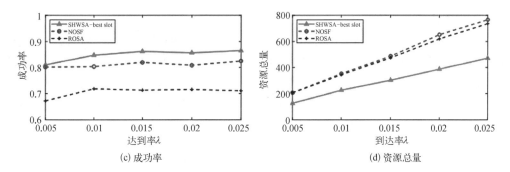

(c) 成功率   (d) 资源总量

图 5 - 29　不同工作流到达率下工作流调度算法性能对比图

d. 不同工作流类型

在不同工作流类型下,调度算法性能对比:不同算法的四种性能对比如图 5 - 30 所示,其中图 5 - 30(a)反映了在不同截止期下 3 种算法的总花费,图 5 - 30(b)是资源利用率的对比图,图 5 - 30(c)是工作流执行失败率的情况,图 5 - 30(d)是租用虚拟机的总量情况。可见,提出的工作流调度策略在不同的工作流截止期约束下都能达到最小的调度花费,最高的资源利用率,最小的工作流失败率和最少的虚拟机使用数。

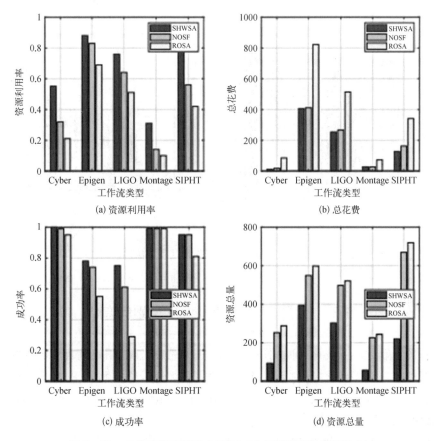

(a) 资源利用率   (b) 总花费

(c) 成功率   (d) 资源总量

图 5 - 30　工作流调度算法在不同工作流类型下性能对比图

e. 不同工作流规模

在不同工作流规模下,调度算法性能对比:不同算法的四种性能对比如图 5-31 所示,其中图 5-31(a)反映了在不同截止期下 3 种算法的总花费,图 5-31(b)是资源利用率的对比图,图 5-31(c)是工作流执行失败率的情况,图 5-31(d)是租用虚拟机的总量情况。可见,提出的工作流调度策略在不同的工作流截止期约束下都能达到最小的调度花费,最高的资源利用率,最小的工作流失败率和最少的虚拟机使用数。

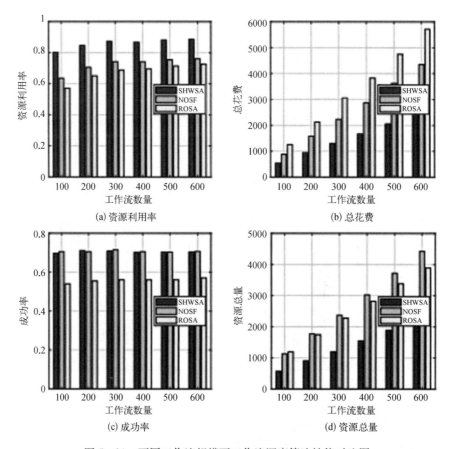

图 5-31 不同工作流规模下工作流调度算法性能对比图

5.3 满足用户个性化需求调度策略

云计算的定制化服务使得不同用户对资源、任务完成时间、用户满意度等性能指标和云服务使用费用的需求多样化,同时云服务提供商需要优化云资源利用率,降低运营成本。因此,针对用户及服务商需求,提出平衡各种优化指标的调度策略,能够改善用户满意度,增加云计算服务收益。

常见的多目标优化问题包括两种求解思路:一是约束优化,即选择一个目标作为优化目标进行严格优化;二是基于 Pareto 准则,对多个目标同时进行优化,并产生一组满足约束条件的 Pareto 优化调度方案,可供决策者根据用户的实际需求从中选择最终的满意解。针对云工作流调度问题的多目标算法也主要集中在这两类算法中,其中,约束优化算法主要包括约束遗传算法,约束遗传算法将其余目标作为约束条件,主要针对严格优化一个目标的场合,但由于约束条件的参数难以精确设定,该算法无法保证期望的优化效果。另一方面,云工作流的 Pareto 优化算法可分为启发式和随机搜索两种,例如,多目标异构最早完成时间(multi-objective heterogeneous earliest finish time first, MOHEFT)算法,是一种基于枚举的启发式方法,时间复杂度较高,不适用于处理大规模工作流调度问题。多目标差分演化(multi-objective differential evolution, MODE)算法是基于非支配遗传算法的多目标优化方法,可以找到权衡执行时间和成本的调度方案,但其基于传统的网格异构环境,直接应用于云环境较为困难。另外,基于多种群的蚁群优化算法(multi-objective ant colony optimization, OACO)是一种随机搜索方法,采用多个种群分别优化一个目标,并通过在多个目标之间进行权衡来获得高质量的工作流调度方案,但是寻找最优 Pareto 解集的算法性能还有待进一步提升。

基于当前研究现状,本节从实际问题出发,对云工作流调度问题中的各项指标,包括执行时间、执行成本、完成率和可靠性等建模,展开多目标优化研究。其中,利用约束优化方法,提出了基于云工作流结构和成本感知的预测调度算法,在截止时间约束条件下优化云处理器成本;利用 Pareto 优化技术,提出了同时优化成本和执行时间的改进非支配遗传算法和基于强化学习策略的多目标云工作流调度方法。

5.3.1　基于云工作流结构和成本感知的预测调度算法

针对工作流执行平台基础架构即服务(infrastructure as a service, IaaS)的按需模型的时间间隔计价模型,设计了一种感知云工作流的结构和成本的预测调度算法:具有宽度变化趋势的前瞻性工作流调度算法(look-ahead workflow scheduling algorithm, W-LA)。该算法能够在给定工作流执行时间(workflow execution time, WET)的约束条件下,为每个任务设计了一个合适的前瞻步长,从而最小化工作流执行成本(workflow execution cost, WEC)。与 4 种先进算法:IaaS 云局部关键路径方法(IaaS cloud partial critical paths, IC-PCP)、概率列表调度(probabilistic list scheduling, ProLiS)、粒子群算法(particle swarm optimization, PSO)和列表蚂蚁算法(list ant colony optimization, L-ACO)相比,工作流的标准化成本的平均提高率分别为 41.14%、30.92%、95.95% 和 11.57%。同时,W-LA 是一种相对耗时较少的算法。

IaaS 云向用户提供了大量具有不同类型的服务实例,并采用时间间隔计价模型,即服务实例使用时间不足一个时间间隔的,按照一个时间间隔计费。另外,不同类型的服务实例具有不同的计费标准,具有较高处理能力的服务实例一般具有更高的计费。对于工作流的执行,选择低处理能力的服务实例以降低执行成本,还是选择高处理能力的服务实例以减少执行时间的平衡成为不可忽视的问题。

现有工作流调度方法中通常采用贪婪方法为任务选择服务实例,忽略了未来信息对当前服务实例选择的影响,造成了服务实例选择的短视性。例如,在图 5-32(a)中,t_0、t_1、t_2 根据贪婪方法分别被分配给了它们的最佳实例,其调度结果为 WEC = 2 和 WET = 22,比图 5-32(b)中的调度结果差。显然,尽管为当前任务 t_0 选择的实例 Ins1 是最佳的,但对于整个工作流程而言,这种选择并不是最佳的。此外,由于 t_0 的指派结果,为了满足 t_1 的子截止期限 18,必须启动新实例 Ins2,增加了启动实例的数量,进而增加了经济成本。但是,如图 5-32(b)所示,考虑未来信息时,t_0 被分配给了 Ins3(即 type2 的新实例),而不是 t_0 的最佳实例 Ins1;同理,将 t_1,t_2 分配给了 Ins3,从而得到了更好的调度结果,WEC = 1.5,WET = 17。

此外,现有方法在截止时间分配时仅仅考虑了工作流在垂直方向的信息,缺乏对工作流水平方向信息的考虑,导致了截止时间分配的不合理性。例如,如图 5-33 所示,左上角的工作流在第 2 行中有许多并行任务,执行时间短。如果它们的子截止时间不合理,为了在聚合任务 t_6 之前完成这些任务并满足其子截止时间,则必须同时启动许多实例,如图 5-32(a)所示。

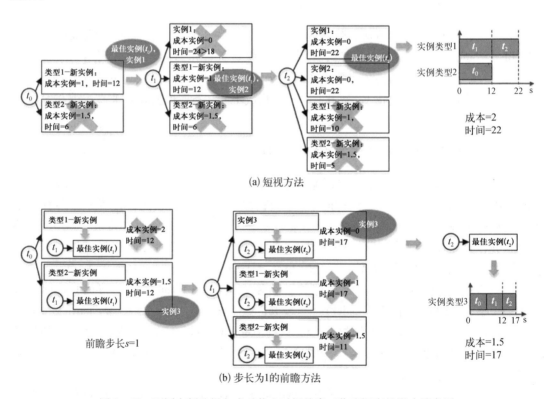

图 5-32 不同实例选择方式对截止时间约束工作流调度的影响示意图

此外,这些任务的执行时间远远少于一个时间间隔,使得启动的实例在一个时间间隔中大部分都是空闲的,但用户又必须为整个时间间隔付费,导致了 WEC 的增加。图 5-33(a)所示的调度结果刚好反映了这个问题,若截止时间分配合理,将会获得更好的调度结果,如图 5-33(b)所示。

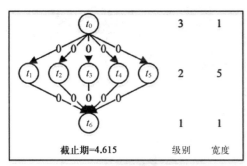

任务	t_0	t_1	t_2	t_3	t_4	t_5	t_6
执行时间 (s, ECU=1)	14	3	10	4	11	3	15

实例类型	类型1 m3.medium	类型2 m3.xlarge	类型3 m3.2xlarge
ECU	3	13	26
花费/h	0.067	0.266	0.532

任务优先级： ⇩ **截止期分配：** ⇩

任务	t_0	t_1	t_2	t_3	t_4	t_5	t_6
子截止期/r	1.615	2.885	2.885	2.885	2.885	2.885	4.615
子截止期/wpr	1.561	3.701	3.701	3.701	3.701	3.701	4.615

实例选择： 将每项任务分配给符合其子任务要求的最佳实例，并尽量减少其成本增量。

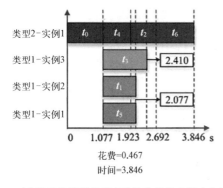

花费=0.467
时间=3.846

(a) 无工作流程宽度变化趋势的截止期分布(r)

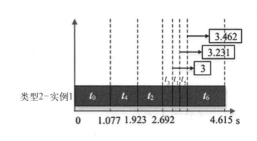

花费=0.266
时间=4.615

(b) 无工作流程宽度变化趋势的截止期分布(wpr)

图 5-33　不同截止时间分配策略对截止时间约束工作流调度的影响示意图

为了克服现有技术中的不足,本节提出了一个前瞻性的实例选择框架代替贪婪方法,并将工作流的宽度变化趋势特性引入到截止时间分配策略,从而设计了一种满足工作流截止时间约束的前提下最小化执行成本的高效工作流调度方法,具体如图 5-34 所示。

1. 问题建模

本节将工作流建模成有向无环图 DAG = (T, E),其中,$T = \{t_1, t_2, \cdots, t_n\}$ 是有向无环图中节点的集合,表示工作流中的 n 个任务;E = $\{e_{ij}\}$ 表示任务之间的依赖关系,如 e_{ij} 表示任务 t_i 与任务 t_j 之间的数据或控制依赖关系,即当且仅当 t_i 执行完后,t_j 可以执行;t_i 被称为 t_j 的父任务,t_j 被称为 t_i 的子任务;没有父任务的任务被称为入口任务 t_{entry},没有子任务的任务被称为出口任务 t_{exit}。IaaS 云能够提供无限的服务实例池,表示为 $R = \{r_1, r_2, \cdots, r_n \cdots\}$。

实例选择：为每个任务选择花费最小的实例执行

实例类型1 t_1 t_2

实例类型2 t_0

成本=2
时间=22

0   12   22 s

实例类型2 t_0 t_1 t_2

成本=1.5
时间=17

0   12 17 s

(a) 短视方法

(b) 步长 $s=1$ 的前瞻方法

图 5－34　不同策略下的调度解的甘特图对比图

定义任务 t_i 在服务实例 r_j 上的执行时间 $\mathrm{ET}_{t_i}^{r_j}$ 如下：

$$\mathrm{ET}_{t_i}^{r_j} = \frac{\mathrm{btime}_{t_i}}{\mathrm{CU}_{r_j}} \qquad (5-75)$$

式中，btime_{t_i} 表示 t_i 的参考执行时间，是 t_i 在处理能力 $\mathrm{CU}_{r_j} = 1$ 的服务实例上的执行时间。

定义父任务 t_i 和子任务 t_j 之间的传输时间 TT_{t_i, t_j} 如下：

$$\mathrm{TT}_{t_i, t_j} = \begin{cases} \dfrac{\mathrm{data}_{t_i, t_j}}{\mathrm{bw}}, & \mathrm{ins}_{t_i} \neq \mathrm{ins}_{t_j} \\ 0, & \text{其他} \end{cases} \qquad (5-76)$$

式中，bw 是两个不同服务实例之间的平均网络带宽；data_{t_i, t_j} 是 t_i 传输到 t_j 的数据；ins_{t_i} 是执行 t_i 的服务实例；若 t_i 和 t_j 在同一个服务上执行，则 TT_{t_i, t_j} 为 0。

定义执行任务的开始时间 ST_{t_i} 和完成时间 FT_{t_i} 为

$$\mathrm{ST}_{t_i} = \max \left\{ \mathrm{availT}(\mathrm{ins}_{t_i}), \max_{t_p \in \mathrm{pred}_{t_i}} \left\{ \mathrm{FT}_{t_p} + \mathrm{TT}_{t_p, t_j} \right\} \right\} \qquad (5-77)$$

$$\mathrm{FT}_{t_i} = \mathrm{ST}_{t_i} + \mathrm{ET}_{t_i}^{\mathrm{ins}_{t_i}} \qquad (5-78)$$

式中，$\mathrm{availT}(\mathrm{ins}_{t_i})$ 是 ins_{t_i} 的空闲时间，即在 $\mathrm{availT}(\mathrm{ins}_{t_i})$ 时刻，ins_{t_i} 是空闲的，可以执行 t_i；pred_{t_i} 是 t_i 的所有父任务。

基于上述表述，建立问题模型如下所示：

$$\begin{aligned} &\min.\mathrm{WEC} \\ &\mathrm{s.t.\,WET} \leqslant D \end{aligned} \qquad (5-79)$$

式中，WEC 是工作流的执行成本，由公式（5－82）是为调度方案确定的从 IaaS 租用的服务实例；LST_{r_j} 是服务实例 r_j 的租用开始时间；LFT_{r_j} 是服务实例 r_j 的租用结束时间；t_0 是在 r_j 上执行的第一个任务；t_n 是在 r_j 上执行的最后一个任务；$succ_{t_n}$ 是 t_n 的所有子任务；WET 是工作流的执行时间，公式（5-83）是用户定义的截止时间约束，即执行完工作流的最晚完成时间。

$$LST_{r_j} = ST_{t_0} - \max_{t_p \in \mathrm{pred}_{t_0}} \{ TT_{t_p, t_0} \} \qquad (5-80)$$

$$LST_{r_j} = FT_{t_n} + \max_{t_s \in \mathrm{succ}_{t_n}} \{ TT_{t_n, t_s} \} \qquad (5-81)$$

$$WEC = \sum_{r_j \in \mathrm{RL}} \left[\frac{LFT_{r_j} - LST_{r_j}}{TI} \right] \qquad (5-82)$$

$$WET = \max_{t_i \in T} FT_{t_i} \qquad (5-83)$$

2. 算法介绍

W-LA 的基本思想是：在工作流中的任务进行服务实例选择时，从当前任务向前看其随后任务，考虑这些随后任务的服务实例选择对当前任务的影响，避免服务实例选择的短视性；在截止时间分配时，同时考虑了工作流在垂直和水平方向的信息，也考虑了工作流在水平方向上信息的变化趋势，即宽度变化趋势，避免了截止时间分配的不合理性。从而得到更优的调度方案。

其具体步骤如下：

（1）输入用户提交的工作流及 IaaS 云提供的服务实例类型，并建模工作流调度问题为在截止时间约束下优化工作流执行成本。

（2）计算工作流中每个任务的优先级和子截止时间，并根据任务的优先级对任务进行非升序排序，然后统计排序后工作流的第一级连续入口任务的个数。具体过程包括以下步骤：

（a）计算工作流中每个任务的优先级。

定义任务的优先级为具有宽度变化趋势的概率秩 wpr_{t_i}，其计算方法为

$$\begin{cases} \mathrm{wpr}_{t_{\mathrm{exit}}} = \dfrac{\mathrm{btime}_{t_i}}{\mathrm{CU}^*} \\ \mathrm{wpr}_{t_i} = \max_{t_c \in \mathrm{succ}_{t_i}} \{ \mathrm{wpr}_{t_c} + r_c \times TT_{t_i, t_c} \} + \dfrac{\mathrm{btime}_{t_i}}{\mathrm{CU}^*} + \varphi^{\mathrm{wr}_{t_i}}, \ \mathrm{wr}_{t_i} = \dfrac{|L_{t_i}|}{|L_{t_i} - 1|} \end{cases} \qquad (5-84)$$

式中，φ 是属于区间（0，1）的参数；L_{t_i} 是从 t_{exit} 到 t_i 最长路径上的任务数，称为 t_i 的级别，如 $L_{t_{\mathrm{exit}}} = 1$，$|L_{t_i}|$ 是属于级别 L_{t_i} 的任务的个数，称为该级别的宽度；wr_{t_i} 是级别 L_{t_i} 和 $L_{t_i} - 1$ 的宽度比，体现了工作流在水平方向上的变化趋势，即宽度变化趋势；γ_c 是布尔变量，可以通过式（5-85）计算，rand( ) 是（0，1）之间的随机数，θ 是大于 1 的常数。

$$\gamma_c = \begin{cases} 0, & \text{if } 1 - \theta^{-\frac{\frac{\text{btime}_{t_c}}{\text{CU}^*}}{\text{TT}_{t_i, t_c}}} < \text{rand}() \\ 1, & \text{其他} \end{cases} \tag{5-85}$$

（b）计算工作流中每个任务 t_i 的子截止时间 wpsd_{t_i}：

$$\text{wpsd}_{t_i} = D \times \frac{\text{wpr}_{t_{\text{entry}}} - \text{wpr}_{t_i} + \frac{\text{btime}_{t_i}}{\text{CU}^*}}{\text{wpr}_{t_{\text{entry}}}} \tag{5-86}$$

（c）根据 wpr_{t_i} 对工作流中的任务进行非升序排序并统计排序后工作流的第一级连续入口任务的个数 K。

（3）确定每个任务的预测步长 s，并根据 s 对每个任务进行前瞻性服务实例选择。具体过程包括以下步骤：

（a）对任务 t_i，若为入口任务，其预测步长设置为 $2K$；否则设置 $s = 3$。

（b）初始化 t_i 选择的服务实例 bestIns 为空，变量 bestMetric 为无穷大。

（c）假设指派：对服务实例 r_j，假设将 t_i 指派给 r_j，若不满足 t_i 的子截止时间，跳转到步骤（f）；否则假设将 t_i 后的 s 个任务分别指派给能够满足其子截止时间同时成本增加最小的服务实例，若这样的实例不存在，则将 s 个任务指派给让其完成时间最早的服务实例。

（d）计算 $s+1$ 个假设指派后工作流的 WEC 和 WET。

（e）若 WEC<bestMetric，则更新 bestMetric = WEC 和 bestIns = r_j。

（f）判断已租用服务实例和每一种类型的新服务实例是否遍历完，若未遍历完，则将 r_j 赋值为下一个服务实例，并跳转到步骤（c）。

（g）若 bestIns 为空，则设置 bestIns 为使 t_i 完成时间最早的服务实例。

（h）将 t_i 指派给 bestIns，完成 t_i 的指派。

（i）判断工作流中的每一个任务是否遍历完，若未遍历完，则将 t_i 赋值为下一个任务，并跳转到步骤（a）。

（4）计算调度策略的 WEC 和 WET，评价性能，输出调度结果。

3. 测试结果分析

定义成功率 SR、工作流的标准执行成本 NC、性能提高率 IP(A, B) 三个指标评价调度算法的优劣：

$$\text{SR} = \frac{n_{\text{suc}}}{n_{\text{tot}}} \tag{5-87}$$

$$\text{NC} = \frac{\text{WEC}}{\text{WEC}_{\text{cheap}}} \tag{5-88}$$

$$IP(A, B) = \left[1 - \frac{NC(A)}{NC(B)}\right] \times 100\% \tag{5-89}$$

式中,成功率是多次实验中满足截止时间约束的调度方案的个数 n_{suc} 与调度方案的总数 n_{tct} 之比;WEC_{cheap} 是由 HEFT 将所有任务分配给一个最便宜的实例获得的调度方案的 WEC;性能提高率是在满足截止时间约束的前提下,算法 A 比算法 B 在标准执行成本上提高的百分比。

在实验中,本节采用亚马逊 EC2 云提供的部分服务实例,如表 5-3 所示,并选用 Cybershake、Epigenomics、Montage、LIGO 和 SIPHT 这 5 类实际的科学工作流,如图 5-35 所示。在不同的截止时间约束下,对每类工作流中的含有 50、100、1 000 个任务 3 种规格的工作流进行实验,为了公平性,每组实验重复进行 30 次,将其取平均作为最终结果。工作流调度算法性能以成功率 SR、工作流的标准执行成本 NC、性能提高率 $IP(A, B)$ 为指标进行评价。由表 5-3 可知,W-LA 在工作流的标准执行成本上的性能远远高于 PSO。

表 5-3　服务实例类型的计算单元(CU)和 1 h 间隔的计费

序　号	实 例 类 型	计 算 单 元	计费/ \$
1	m1.small	1	0.044
2	m1.medium	2	0.087
3	m3.medium	3	0.067
4	m1.large	4	0.175
5	m3.large	6.5	0.133
6	m1.xlarge	8	0.35
7	m3.xlarge	13	0.266
8	m3.2xlarge	26	0.532

同时,本实验选取了 IC-PCP、ProLiS、PSO 和 L-ACO 先进的调度算法与 W-LA 进行对比,实验结果如图 5-35~图 5-39 与表 5-4 所示。

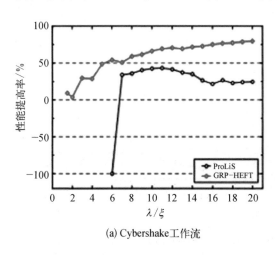

(a) Cybershake工作流

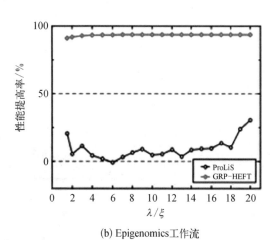

(b) Epigenomics工作流

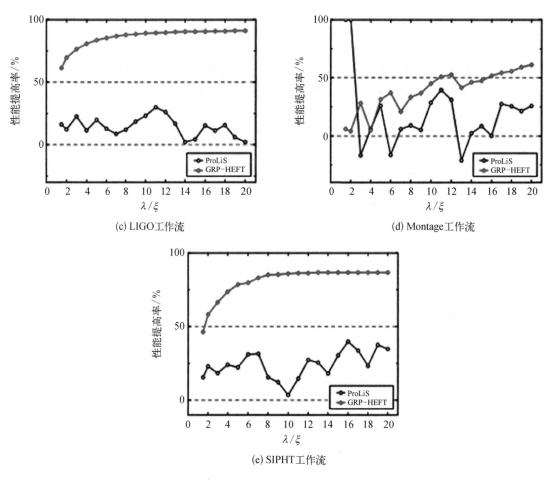

(c) LIGO工作流 (d) Montage工作流

(e) SIPHT工作流

图 5-35　不同截止时间和预算因子下性能提升百分比示意图

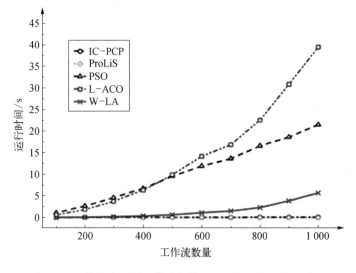

图 5-36　算法在不同工作流规模下的平均运行时间示意图

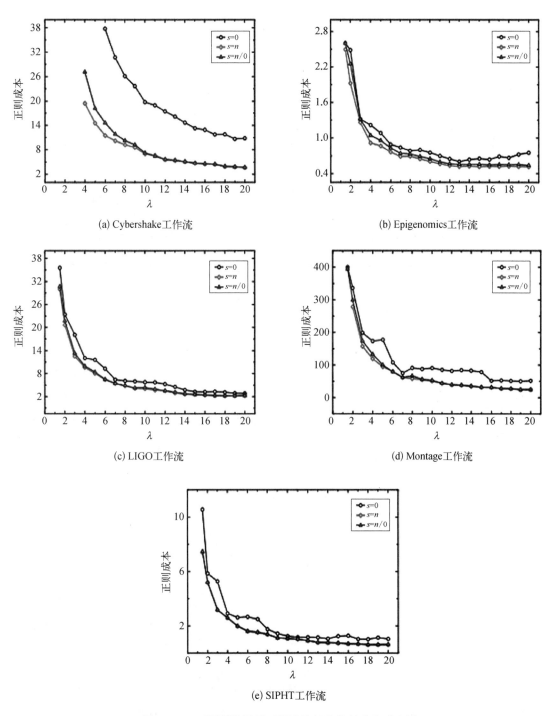

(a) Cybershake工作流

(b) Epigenomics工作流

(c) LIGO工作流

(d) Montage工作流

(e) SIPHT工作流

图 5－37　不同预算因子下算法的标准执行成本对比图

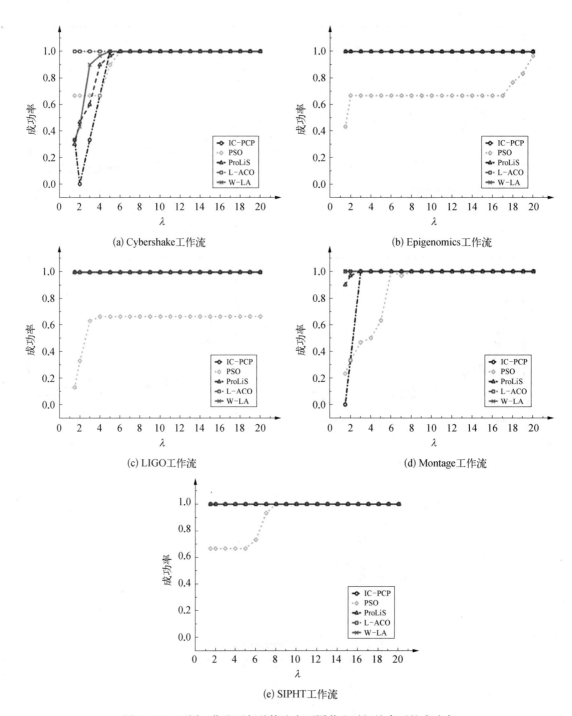

(a) Cybershake工作流

(b) Epigenomics工作流

(c) LIGO工作流

(d) Montage工作流

(e) SIPHT工作流

图5-38 不同工作流下每种算法在不同截止时间约束下的成功率

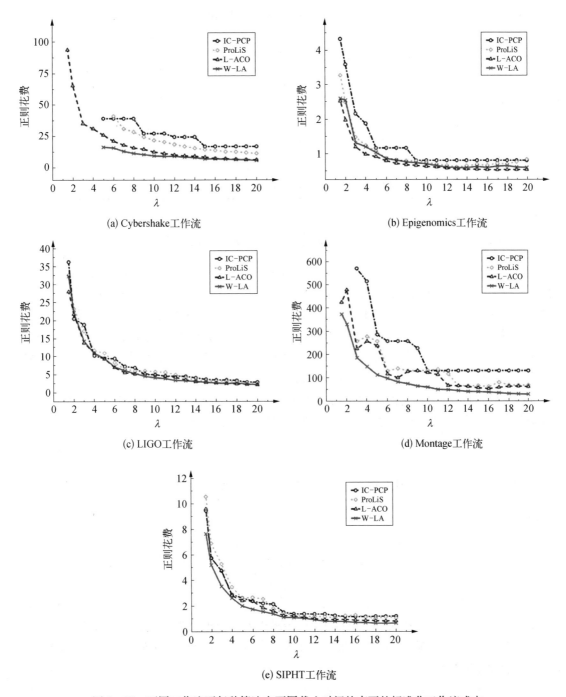

图 5-39 不同工作流下每种算法在不同截止时间约束下的标准化工作流成本

根据实验结果可知,与 IC-PCP、ProLiS、PSO 和 L-ACO 调度算法相比,该方法获得了更高的成功率,且减少了工作流的标准执行成本,得到了更优的调度方案,表现出了更好的性能,说明该方法对克服现有调度方法中的缺点是行之有效的。

表 5-4　W-LA 在不同工作流上的平均性能提高率

工作流	IC-PCP	ProLis	PSO	LACO
Cybershake	63.87%	53.40%	95.65%	16.24%
Epigenomics	25.15%	8.27%	100.00%	−12.63%
LIGO	17.14%	16.01%	100.00%	1.08%
Montage	65.58%	46.79%	88.24%	36.97%
SIPHT	30.94%	30.14%	95.87%	16.19%
平　　均	41.14%	30.92%	95.95%	11.57%

5.3.2　基于改进非支配遗传算法的多目标云工作流调度方法

针对云工作流的执行时间和执行成本多目标优化问题,提出了一种基于改进非支配遗传算法的多目标云工作流调度方法,搜索满足工作流约束的"虚拟机-任务"调度方案,从而同时最小化云工作流执行时间和成本。针对已有多目标算法的缺点,该算法引入计分机制,综合考虑历史种群和当前种群信息的影响,全面评价调度方案,并采用基于层级决策和计分机制的个体评价方法,优化个体选择过程,以增强算法的自适应调节性能,进一步提升算法寻优效率。此外,该算法采用了基于闭环反馈的自适应调节策略,能够改善寻优方式,跳出局部最优域,提高多目标解的支配性和多样性;另一方面,在算法趋于发散时,能够通过自适应调节个体选择策略改变寻优方向,使算法趋于收敛、加速寻优进程。

1. 问题建模

为了同时优化工作流执行时间和成本,对这两个优化目标建模如下:

$$\text{SET} = \max_{t_i \in T}(\text{EFT}_{t_i}) \tag{5-90}$$

$$\text{SEC} = \sum_{r_k \in R} P_{r_k} \times \left\lceil \frac{\text{LDT}_{r_k}}{\text{tu}} \right\rceil \tag{5-91}$$

式中,SET 为工作流的总执行时间;t_i 表示第 i 个子任务;EFT_{t_i} 表示任务 t_i 的完工时间;T 为子任务集合;SEC 表示工作流的执行成本;r_k 表示第 k 个虚拟资源;P_{r_k} 表示虚拟资源 r_k 的单价;LDT_{r_k} 表示虚拟资源 r_k 的总租用时间;tu 为云资源计费时间单位;R 表示虚拟资源集合。任务 t_i 的完工时间如下:

$$\begin{cases} \text{EST}_{t_{\text{entry}}} = 0 \\ \text{EST}_{t_i} = \max\{\text{avail}[r_k], \max_{t_j \in \text{parent}(t_i)}\{\text{EFT}_{t_i} + \text{TT}_{t_j, t_i}\}\} \end{cases} \tag{5-92}$$

$$\text{EFT}_{t_i} = \text{EST}_{t_i} + \text{ET}_{t_i, r_k} \tag{5-93}$$

$$\mathrm{ET}_{t_i, r_k} = \frac{\mathrm{fpo}(t_i)}{\mathrm{pc}(r_k)} \tag{5-94}$$

式中，EST_{t_i} 表示任务 t_i 的开始执行时间；$\mathrm{avail}[r_k]$ 为虚拟资源 r_k 的可用时间；$\mathrm{parent}(t_i)$ 表示任务 t_i 的父任务集合；EST_{t_i} 由 $\mathrm{avail}[r_k]$、父任务的完工时间以及父任务与 t_i 之间的传输时间共同决定；ET_{t_i, r_k} 表示任务 t_i 在虚拟资源 r_k 上的执行时间；$\mathrm{fpo}(t_i)$ 表示任务 t_i 的指令长度；$\mathrm{pc}(r_k)$ 表示虚拟资源 r_k 的处理能力；$\mathrm{EST}_{\mathrm{entry}}$ 为入口任务 t_{entry} 的开始执行时间；TT_{t_j, t_i} 表示任务 t_j 到任务 t_i 的传输时间。如采用点对点传输模式，则在同一虚拟资源上执行的两个任务之间的传输时间忽略不计：

$$\mathrm{TT}_{t_j, t_i} = \begin{cases} \dfrac{\mathrm{dataSize}_{t_j, t_i}}{\mathrm{bandwidth}}, & r_{t_j} \neq r_{t_i} \\ 0, & r_{t_j} = r_{t_i} \end{cases} \tag{5-95}$$

式中，$\mathrm{dataSize}_{t_j, t_i}$ 表示任务 t_j 和任务 t_i 之间传输数据的大小；$\mathrm{bandwidth}$ 表示虚拟资源的传输带宽；r_{t_j} 和 r_{t_i} 分别表示为任务 t_j、t_i 所分配的虚拟资源。

2. 算法流程

为实现上述目的，采取以下技术方案。首先，初始化每个染色体，形成初始种群。然后，计算初始种群个体方案的性能指标。之后，创建初始种群层级结构。然后，迭代更新个体选择，再进行交叉变异操作、更新层级结构。若迭代次数达到设定上限，则整个流程结束；否则，继续迭代更新个体选择并执行后续步骤。每个步骤的具体实现方法如下所示：

1）种群初始化

种群个体初始化包括任务分配方案和任务执行顺序方案。任务分配方案初始化，通过任务分配方案编码方式随机生成。其中，任务执行顺序方案初始化的具体步骤包括：

（1）遍历原始任务集筛选入口任务，并将其作为可执行任务加入待执行任务队列中；入口任务即没有父代任务；

（2）从待执行任务队列中，随机选择一个任务加入执行顺序方案队列，同时将其从待执行任务队列中移除；

（3）对任务执行顺序方案队列中新加入的任务，检索其子任务列表。若其子任务列表中存在可执行任务，则将该子任务加入待执行任务队列中；

（4）当所有工作流任务都被加入当前任务执行顺序方案队列中时，任务执行顺序方案生成结束；否则转步骤（2）。

任务执行顺序方案初始化的特点是突破了现有方法的任务层级限制，最大限度地拓展了任务执行顺序方案的生成空间；同时，采用待执行队列与执行顺序方案队列对任务进行管控，以确保所有任务都被加入任务执行顺序方案之中。

2）计算初始种群个体方案的性能指标

计算初始种群个体方案的性能指标，即对初始种群中的每个个体方案，依次计算其相应的工作流执行时间、执行成本和染色体密度。其中,密度概念由 NSGAII 算法引入。

3) 创建初始种群层级结构

创建初始种群层级结构,即通过竞赛计分机制进行个体层级划分,生成初始种群层次结构。其中,竞赛计分机制是针对多目标优化问题引入的一种个体优劣评价策略,为创新点之一。其基本原理为:将每个优化目标视为一个竞赛项目,如果个体在某一项目上获胜,则获得相应得分。每个个体在多个竞赛项目上的得分之和称为该个体的获胜积分,且获胜积分较多的个体获胜。初始种群层次结构生成的具体步骤为:

(1) 从种群中任取一个个体,将其层级定义为最高层级,创建初始种群层级结构,如图 5-40(a) 所示;

(2) 若种群中无剩余个体,则种群层级结构初始化完成,转步骤4);否则,从种群剩余个体中任取一个个体,称之为当前个体,将当前个体与最低层级中的个体进行竞赛比较;

(3) 若当前个体未战胜当前层级中的所有个体,则创建新层级并加入当前个体后,将其插入到当前层级下面,更新种群层级结构,转步骤(2),示意图 5-40(b)所示;

(4) 若当前个体战胜当前层级中的部分个体,则将其加入当前层级,转步骤(2),示意图 5-40(c)所示;

(5) 若当前个体战胜当前层级中的所有个体,且当前层级为最高层级,则创建新层级并加入当前个体后,将其插入为新的最高层级,更新种群层级结构,转步骤(2),示意图 5-40(d)所示;否则,将当前个体与当前层级的高一层级中的个体进行竞赛比较,转步骤(3)。

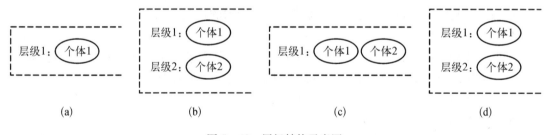

图 5-40　层级结构示意图

值得注意的是,计分机制体现在两个方面,一是竞赛时,个体在每个竞赛项目上的相应计分;二是竞赛结束后,根据所有竞赛项目上的胜负结果对个体的计分。约定个体获胜积2分,战平积 1 分,战败积 0 分。在加入新个体的同时,需将该个体所在层级之上的所有个体总分值按式(5-96) 进行更新:

$$score = score + wp \qquad (5-96)$$

式中,score 表示个体的得分值;wp 表示竞赛比较获胜的积分。

4) 迭代更新个体选择

迭代更新个体选择,为本算法的主要创新点之一,具体步骤如下。

(1) 按式(5-97)计算每个层级对应选中的概率,并据此生成"赌盘"。运用"轮盘赌"

选择法,每次选中一个层级,构建特定数目的候选个体集合。

$$
\begin{cases}
q_{h_p} = e^{\beta \times p} \times \left[\dfrac{1}{2} \times (1 - \beta) \times (\mathrm{hsize} + 1) + \beta \times p \right]^{\alpha} \\
P_{h_p} = \dfrac{q_{h_p}}{\sum_{l=1}^{H} q_{h_l}}
\end{cases}
\tag{5-97}
$$

式中, h_l 、 h_p 分别表示第 l 、 p 个层级; H 为层级总数, q_{h_p} 表示层级 h_p 所占的权重;hsize 表示层级结构中的总层级数; P_{h_p} 为层级 h_p 被选中的概率; β 和 α 为层级差异因子,随算法的动态调节而变化,以避免层级数变化引起的个体更新选择不平衡,从而提升算法的优化效果; e 表示科学计数常数。

若选中层级个体的数目小于设定的候选个体数目 N_0 ,则重复"赌盘"选择步骤直至选中的个体数大于或等于预设候选个体数;若超出设定候选个体数目 N_0 ,则通过淘汰得分较多的个体,或者淘汰得分相同个体中密度值较大的个体,剔除多余的候选个体直至候选个体数等于预设候选个体数。

(2)从候选个体集中选出进行交叉变异的父代个体,综合采用以下两种方法——二元锦标赛选择法和随机选择法,具体如下:

$$
\mathrm{chosedparents} =
\begin{cases}
\mathrm{tournament(population)}, & x \geqslant x_0 \\
\mathrm{randomchose(population)}, & x < x_0
\end{cases}
\tag{5-98}
$$

式中,choseparents 表示选中的父代个体,tournament(population)表示二元锦标赛种群个体选择,randomchose(population)表示随机种群个体选择。

5)交叉变异操作

对选出的父代个体进行交叉变异操作,并采用单点交叉的方式,产生子代个体,且包含任务分配方案和任务执行顺序方案两个方面。

6)更新层级结构

若没有产生足够的子代种群,则转步骤4);若已产生足够子代,运用产生的子代种群对原有父代层级结构进行更新,具体步骤为:

(1)若子代种群的所有个体均已与当前层级结构中的个体进行了比较,则种群层级结构更新完毕,转步骤7);否则,从子代种群任取一个个体,与当前最低层级中的个体进行竞赛比较;

(2)若该个体其未战胜当前层级中的所有个体,则层级结构不更新,转步骤(1);

(3)若该个体战胜当前层级中的部分个体,则将其加入当前层级,若子代个体加入层级为当前层级结构最低层级,则在子代战胜的个体中随机淘汰一个个体;否则,在当前最低层级中随机淘汰一个个体;同时,根据公式计算出加入子代个体得分,更新层级结构,转至步骤(1)。子代个体得分按式(5-99)计算:

$$
\mathrm{score} = \mathrm{wp} \times (\mathrm{cen} + \mathrm{itn} \times \mathrm{popn})
\tag{5-99}
$$

式中,score 表示个体的得分;cen 表示当前个体加入层级结构前所淘汰的个体数;itn 表示算法迭代的次数;popn 表示种群个体数。

（4）若该个体战胜当前层级中的所有个体且当前层级为最高层级,则创新建新层级并加入该个体后,将其插入为新的最高层级,转至步骤（1）;否则,将该个体与当前层级的高一层级中的个体进行竞赛比较,转至步骤（2）。需要说明的是,步骤 6)中子代新个体加入层级、新建层级等操作流程与步骤 3)相同。

7）根据迭代次数判断是否结束

若迭代次数达到设定上限,则流程结束;否则,转步骤 4)。

上述步骤为算法的主要流程,除此之外,算法还引入了基于最优层级个体数目监测的算法搜索方向自适应调整策略,通过设置局部最优和发散趋势检测参数,并根据参数的动态变化识别算法出现局部最优和发散的倾向,以自适应地调整算法搜索方向,避免陷入局部最优和趋于发散。

其中,避免陷入局部最优的调节步骤如下。

（1）判断局部最优控制参数 z_1 是否达到设定值 ZN_1,z_1 的值等于局部最优调节机制开启的次数;如果 z_1 达到设定值,则认为算法找到了最优解,不再进入局部最优调节,否则,执行步骤（2）。设定值 ZN_1,要能够使所提算法具有更好的搜索效率。

（2）判断检测参数 z_0 是否达到设定值 ZN_0,z_0 的值等于加入最优解集的个体数;如果 z_0 达到设定值,说明陷入局部最优,执行步骤（3）。设定值 ZN_0,能够使最优解集具有更好的支配性和多样性。

（3）算法迭代更新个体选择阶段,采取动态调整策略进行调节,具体为:

① 在步骤 4)的（1）中,修改层级差异因子 β 和 α,将 β 设为-1,将 α 调大,使层级结构的最高层级中的个体作为父代候选个体集的主要组成部分;

② 在步骤 4)的（2）中,将选择参数 x_0 调大,使算法能够在迭代不超过 5 次的情况下,找到（4）所要求的最优解。

（4）如果搜索到的新最优解的密度值与当前最优解集的边缘个体密度值之差大于当前最优解集边缘个体与中心个体密度之差,则算法回到常规运行策略;否则,直接按照调整后的策略运行,直至找到符合条件的最优解。具体步骤如下所示:

① 判断检测参数 f_0 是否达到设定值 FN_0,如果 f_0 达到设定值,则说明算法趋于发散,执行②;其中,检测参数 f_0 表示算法寻找的当前最优个体未能加入最优层级的持续代数。设定值 FN_0 使算法具有更好的搜索效率。

② 执行动态调整策略,将选择参数 x_0 调大,使算法能够在迭代不超过 5 次的情况下,找到能够加入最高层级的最优解。

③ 如果搜索到的新最优解能够加入当前最优解解集,则回到常规运行策略;否则,算法直接按照调整后的策略运行,直至找到能够加入当前最优解解集的最优解。

3. 复杂实例验证

为了检验所提算法的优化效果,使用云计算仿真工具 WorkflowSim 模拟云数据中心,实验选取常见的多目标优化算法：非支配排序遗传算法（non-dominated sorting genetic algorithm Ⅱ，NSGA－Ⅱ）、MODE、多目标蚁群系统（multi-objective ant colony system，MOACS）和基于内分泌的协同多种群多目标优化方法（endocrine-based co-evolutionary multi-swarm for multi-objective optimization，ECMSMOO）作为对比算法，验证所提算法的调度性能。

　　首先，选择小规模测例进行仿真实验。选取 3 种不同种类不同规模工作流：Montage_25、Inspiral_50、Epigenomics_100 进行实验。为避免结果的随机性，每种方法分别运行 10 次并绘制结果分布图，性能指标以是否更靠近 Pareto 前沿来评价，对比结果如图 5－41～图 5－43 所示，所提算法名称为 SDH-NSGAII。

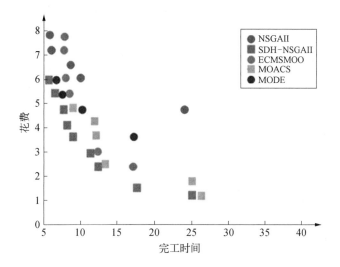

图 5－41　采用 Montage_25 工作流进行实验的结果对比图

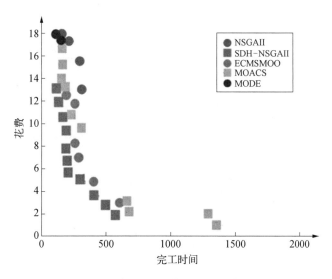

图 5－42　采用 Inspiral_50 工作流进行实验的结果对比图

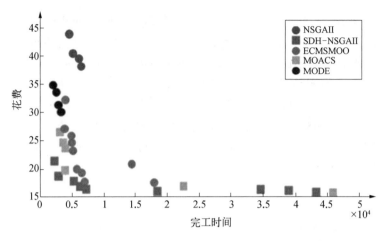

图 5-43　采用 Epigenomics_100 工作流进行实验的结果对比图

由图 5-41~图 5-43 可以看出,在 3 种不同类型和规模的工作流下,本算法所找到的解集更贴近 Pareto 解集前沿,且更靠近前沿中心,其性能远远优于 NSGAII 和 MODE,且与当前最新的算法 MOACS 相比也有一定优势。

如图 5-44~图 5-47 所示,对于中等规模的工作流(有 100 个任务),6 种算法之间的性能差异变得更加明显。特别是在 Sipth 中,由于其不对称和相对更复杂的结构,本节所提的算法具有更明显的优势。

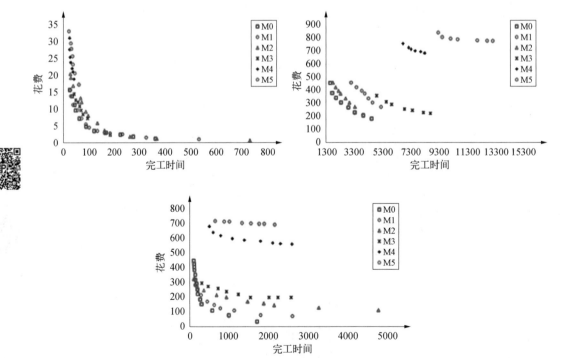

图 5-44　不同算法在不同规模测例上的 Pareto 前沿图

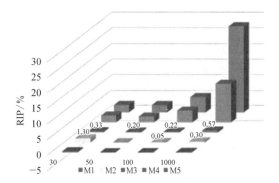
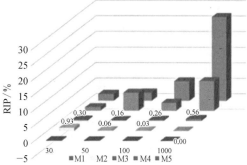

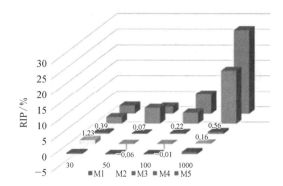

图 5-45　不同算法在不同规模测例上的超体积对比图

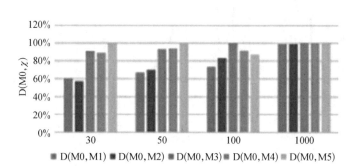
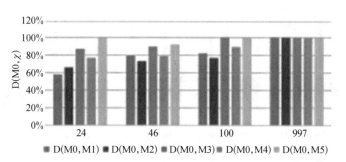

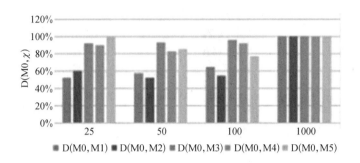

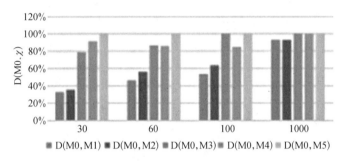

图 5-46　所提算法与对比算法的支配性指标对比图

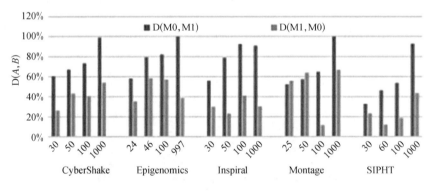

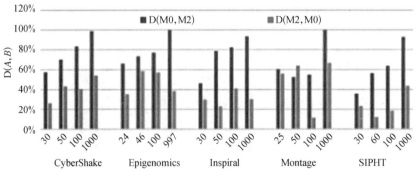

图 5-47　所提算法支配对比算法、被对比算法支配的解所占比例对比图

对于大规模应用,如 Epigenomics997 和 Matage1000,与其他算法的差距进一步扩大,所提算法结构可以保持其解决方案的支配性、多样性和均匀分性。与 MOACS 和 MOH 相比,所提算法在成本附近产生的非支配解决方案没有显示出很大的优势,但其整体性能仍然更好,即所提算法产生的调度解决方案提供了更好的成本-完工时间权衡。

5.3.3　基于强化学习策略的多目标云工作流调度方法

在上述工作基础上,考虑到问题规模较大时,元启发式算法需要迭代寻优,算法时间复杂度较高,难以满足用户对调度的实时性要求,同时考虑到强化学习方法在序列决策方面的突出优势,提出了一种基于强化学习策略的多目标云工作流调度方法,在适应多种类型工作流调度问题的情况下,同时优化工作流执行时间和成本。

目前已有的研究工作包括:利用强化学习基于模拟退火的 Q 学习(Q-learning)算法解决协同工作中的任务调度问题,以及利用基于 DQN 的多目标工作流调度算法解决云环境下的任务调度问题。然而,在面临过大规模的任务请求时,Q 学习算法固有的 Q 值矩阵维数爆炸问题,需要大量的数据存储,导致很高的算法存储复杂性;基于 DQN 的算法,采用值函数逼近解决了 Q 学习的高维数据存储问题,但是由于采用固定维数的环境状态向量与单一类型的工作流来训练强化学习模型,其模型泛化能力具有较大的局限性,很难适应不同大小、不同类型的工作流调度需求。针对上述问题,本节提出了一种 A3C 的多目标云工作流调度方法。该算法包含多个局部网络和一个全局网络,利用多线程的方法,多个局部网络同时在多个线程里面分别和环境进行交互学习,每个线程都把训练得到的参数保存在全局网络中,并且定期从全局网络中下载参数指导后续与环境的学习交互。通过这种方法,A3C 避免了经验回放相关性过强的问题,同时形成了异步并发的学习模型。所提算法具体流程包括基于强化学习的工作流调度模型的构建、模型训练以及在工作流调度中的应用,如图 5-48 所示。

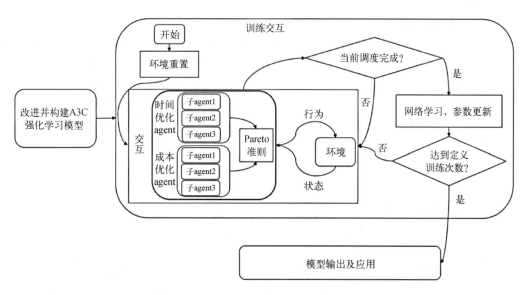

图 5-48　算法流程图

1. 算法流程

步骤（1）：采用强化学习算法 A3C 建立基于强化学习的工作流调度模型，其中包含时间优化子智能体和成本优化子智能体，其中子智能体的策略模型的网络结构指以循环神经网络作为隐含层的指针网络和网络结构为指针网络与 LSTM 的组合，指针网络的输出作为 LSTM 的输入。

与现有工作中深度强化学习算法的基本单元中仅有一个智能体，而所提算法中为工作流执行时间和成本优化分别构建相应的子智能体，即时间优化子智能体和成本优化子智能体，由时间优化子智能体和成本优化子智能体构成了完整的深度强化学习智能体。同时，所提算法构建子智能体的价值模型为现有工作中的基于双全连接网络的价值模型，而策略模型则采用以循环神经网络作为隐含层的指针网络构建，以适用于不同大小、不同类型的云工作流调度问题，在保证较高时效性的同时，提升模型的泛化能力。在此基础上，为了能产生更好的调度策略，提出了以基于时序融合指针网络作为策略模型的思想。其中，时序融合指针网络是指在原有指针网络基础上增加外层 LSTM 结构，即指针网络的输出作为 LSTM 的输入，使得强化学习智能体决策时能够综合考虑已调度任务的决策历史时序信息对当前调度决策的影响，同时，能够克服当调度大规模工作流时采用基础循环神经网络单元出现的梯度消失现象的问题，以产生更好的调度方案。其中，时序融合指针网络结构如图 5-59 所示。

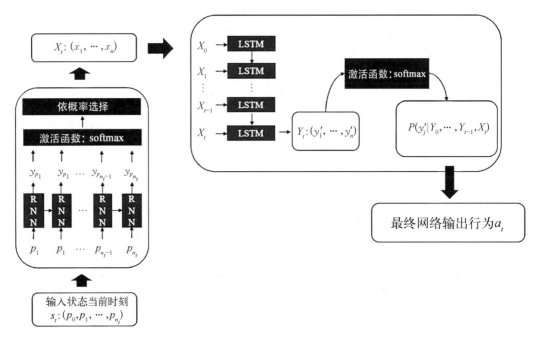

图 5-49　时序融合指针网络结构框图

针对该网络，如果将每一个输入网络的样本 $s_t = \{p_1, p_2, \cdots, p_{n_t}\} s_t = \{p_1, p_2, \cdots, p_{n_t}\} s_t = \{p_1, p_2, \cdots, p_{n_t}\}$ 当作一个时间序列，则 p_i 就是某一个 RNN 时间步下输入到指针网

络的特征向量,对于工作流调度过程而言,状态 s_t 的每个位置 p_i 中,包含两个子智能体下备选方案相应的优化目标值,t 表示调度到当前阶段的实际时间步,也就是工作流中当前调度任务所对应的时刻;n_t 表示当前调度阶段的可选调度方案数。将 s_t 输入指针网络 RNN,计算得到输出向量 y_p;随后,经过指针网络 softmax 层依次计算,并输出条件概率 $p(h_{p_i} \mid s_t) = \mathrm{softmax}(y_{p_i})$,$i \in (0, n_t)$,其中,$h_{p_i}$ 为 RNN 隐含层的状态;然后,依据概率选择 n_x 个值对应的状态,组成特征向量($n_x = 3$),作为 t 时刻的外层 LSTM 输入,并进一步经外层网络计算后,得到 t 时刻的 LSTM 层输出向量 $Y_t = (y_1', \cdots, y_n') Y_t = (y_1', \cdots, y_n') Y_t = (y_1', \cdots, y_n')$,输出向量的计算过程即为现有技术中的 LSTM 算法的计算过程,如下所示:

(a) 遗忘门更新:$f(t) = \sigma(W_f [H_{t-1}, X_t] + b_f)$;

(b) 输入门更新:$\eta(t) = \sigma(W_\eta [H_{t-1}, X_t] + b_\eta)$,$\tilde{c}_t = \tanh(W_c H_{t-1} + b_c)$;

(c) 单元状态更新:$c_t = c_{t-1} e f(t) + \eta(t) e \tilde{c}_t$;

(d) 隐层状态输出:$o(t) = \sigma(W_o [H_{t-1}, X_t] + b_o)$,$H_t = o(t) e \tanh(c_t)$。

最终输出:$Y_t = W_e H_t + b_e$。 其中,H_t 为 LSTM 层的 t 时间步的隐含状态;σ 为 sigmoid 激活函数;c_t 为 LSTM 层的单元状态;e 为 Hadamard 积。上述各式中的 W 和 b 为相应于不同操作的线性权值矩阵,下标 f、η、c、o、e 分别表示遗忘门、输入门、隐层状态与最终输出。最后,Y_t 经外层 softmax 结构计算,输出 t 时刻各备选方案的最终选择概率 $P(y' j \mid Y_0, \cdots, Y_{t-1}, X_t)$,$j \in [1, n_x]$。

结合已有工作流模型,结合强化学习策略,利用测例(图 5-50)进行简单介绍。

图中括号内的数字表示任务量大小,结点之间连线上的数字为相邻任务之间的传输数据大小。假设利用两台虚拟机,处理能力分别为 cu1 和 cu2,来执行图 5-50 所示的工作流任务请求,且每次从入口任务开始调度的 $t = 0$ 时刻。由图 5-50 可知,在 $t = 0$ 时刻,存在一个可调度任务和两个可用虚拟机,所以,此时有两种备选调度方案。所提算法中,状态 s_t 的每个位置 p_i 包含两个子智能体下备选方案相应的优化目标值。对优化工作流执行时间的子智能体而言,$t = 0$ 时刻的状态 $s_0 = (p_0 = 0.3/\mathrm{cu1}, p_1 = 0.3/\mathrm{cu2})$。接着,将 s_0 输入智能体网络模型,经指针网络层运算得到初步选择概率 $p(h_{p_i} \mid s_0)$。 由于当前备选方案数为 2,相应的初步选择概率个数为 2(小于 $n_x = 3$),所

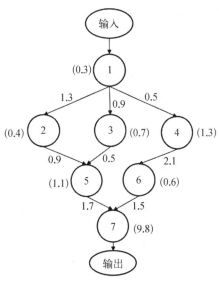

图 5-50 工作流模型示意图

以无须进行概率选择,便可直接得到 LSTM 层的输入向量。最后,X_0 再经 LSTM 层运算,得到 $t = 0$ 时备选方案的最终选择概率 $P(y' j \mid X_0)$。依照最终选择概率,对任务 1 完成调度后,$t \leftarrow t+1$,进入对下一个任务的调度阶段。

步骤(2):计算资源池中的资源执行待调度云工作流中入口任务的时间优化目标值及成本优化目标值,并以时间优化目标值及成本优化目标值作为强化学习算法中的状态,时间

优化子智能体和成本优化子智能体输出的选择概率作为输入,采用 Pareto 准则确定最终的行为,将行为转换为工作流调度方案。

步骤(3):时间优化子智能体和成本优化子智能体分别以时间相关和成本相关的状态作为输入,对云工作流执行一次调度生成训练样本集,并采用训练样本集完成时间优化子智能体和成本优化子智能体的训练;子智能体与环境交互的过程中,当工作流调度模型训练次数小于阈值时,采用随机选择策略与环境进行交互;当工作流调度模型训练次数大于或等于阈值时,依据网络输出概率与环境进行交互。

其中,所提算法中子智能体的训练过程与 A3C 算法的训练过程的区别在于,时间优化子智能体和成本优化子智能体所采用的输入不同,其中,时间相关的状态信息作为时间优化子智能体的输入,成本相关的状态信息则作为成本优化子智能体的输入。接收到输入后,子智能体与深度强化学习智能体相同,产生动作、回报和状态转换,以成本相关的任务状态、动作、回报及状态转换构建成本优化训练样本集,该训练样本集包括时间优化子智能体训练样本集和成本优化子智能体训练样本集,采用上述样本集分别训练时间优化子智能体和成本优化子智能体,从而得到训练后的工作流调度模型。

针对云工作流的调度,深度强化学习方法的具体训练过程为:将构建好的智能体与环境进行交互,完成一次完整调度,并将此次调度过程涉及的所有状态转换、动作和回报存入训练样本池中;交互过程中,需根据两个子智能体输出的最终选择概率,确定最终的行为选择决策,根据最终的行为决策确定工作流调度方案。所提算法中行为 a 定义为备选方案的位置,工作流调度方案需对行为 a 进行反解码得到。子智能体与环境的交互过程,具体包括如下步骤:

(a)重置环境状态为初始状态,因此时尚未进行任务调度,所以已调度任务列表 list_task 及虚拟机运行状态记录列表 list_vmsta 均为空;

(b)检测当前时刻两个优化目标下的状态,并输入到对应的子智能体;

(c)网络中,得到备选方案在两个优化目标下的最终选择概率;

(d)将两个子智能体输出的最终选择概率作为各个备选方案的属性值,依照 Pareto 准则选择最终行为 a_t 并输出;在图 5-50 所示的工作流中,以 $t=0$ 时刻为例进行具体说明;假设 $t=0$ 时刻的输出概率分别为 $Y_{0m}=(0.6, 0.4)$、$Y_{0c}=(0.8, 0.2)$,依照 Pareto 原则,方案一优于方案二(因为 0.6>0.4, 0.8>0.2)。所以,输出最终选择的行为 $a_0=1$;

(e)反解码出 a_t 所对应的备选方案并执行,检测执行调度方案后的新环境状态 s_{t+1}^m 和 s_{t+1}^c 并相应地应更新 list_task 和 list_vmsta;如步骤(c)中,$a_0=1$ 所对应的备选方案为、将任务 1 放到虚拟机 1 上执行;

(f)计算并存储当前时刻两个目标下的回报值 r_{tm} 和 r_{tc},同时存储马尔科夫过程 e_t 到样本池中;

(g)判断工作流调度过程是否完成;若完成,则转步骤(h);否则,转步骤(b);

(h)将全局智能体模型的策略、价值网络参数梯度清零;

(i)同步模型参数;

(j)从样本池中按存入顺序取出一个采样序列,并从最后一个采样时刻开始,依次向前更新智能体模型回报：R：$R\leftarrow r_{tm}+\gamma R,t\in\{N_{w-},\cdots,0\}$；其中，$R$ 为状态的长期回报，开始计算前 $R=0$；γ 为折扣因子；N_w 为所调度工作流的规模大小；同时，更新智能体模型回报后，计算策略损失函数及行为价值函数梯度，并将其累积到策略和价值模型梯度中；

（k）对全局模型进行异步更新；

（l）判断当前样本池中的样本是否全部参与了训练；若所有样本都已参与了训练，则模型训练结束；否则，转步骤（g）；

（m）判断累计的完整调度次数是否达到预先定义的上限。若达到定义的最大次数，则模型训练完成；否则转步骤（3）。

步骤（4）：调度应用时，将由步骤（2）计算得到的待调度工作流中任务的状态输入到工作流调度模型中分别得到时间优化选择概率和成本优化选择概率，从中确定工作流调度方案。将由步骤（2）计算得到待调度工作流的任务状态输入到工作流调度模型中分别得到时间优化工作流调度方案和成本优化工作流调度方案，再采用最终选择策略确定工作流调度方案。

2. 算法性能验证

为检验所提算法的效果，使用 Python 语言对算法以及模拟的云数据中心调度环境进行编程实现，并从多角度进行实验验证，以检验算法不同方面的性能。其中，实验部分的对比算法采用前述多目标优化算法：NSGA-Ⅱ、MODE、MOACS 和 ECMSMOO。

首先，采用结构较为复杂的 Montage、CyberShake 大规模工作流，训练强化学习模型，其训练过程的优化目标值变化趋势如图 5-51 所示。由图 5-51 可知，算法模型随着训练次数的增加趋于收敛，说明了算法的可行性。

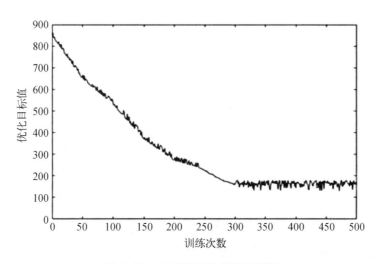

图 5-51　处理结果收敛性示意图

其次，构建基于普通指针网络的强化学习模型，采用同样的方式进行训练，并在同一调度环境中进行工作流调度，其结果对比如图 5-52 所示（PO-RL 和 PO 分别表示所提算法与基于普通指针网络的强化学习模型）。由图 5-52 可知,相对于普通指针网络模型,所提算法设计的时序融合指针网络模型给出的解更靠近 Pareto 前沿,调度效果更好。

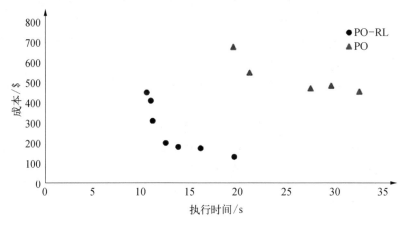

图 5-52　算法 Pareto 前沿对比图

最后,在同一调度环境下,分别用所提算法(PO-RL)、NSGA-Ⅱ、MODE、MOACS 和 ECMSMOO 算法进行调度,其时效性比较如图 5-53 所示。由图 5-53 可以看出,所提算法的调度时效性具有明显提升。

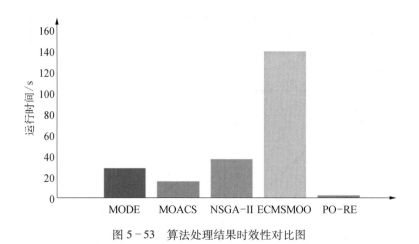

图 5-53　算法处理结果时效性对比图

5.4　本 章 小 结

云工作流任务和计算资源管理和调度是保证云计算平台运行和效率的基础。本章面向云计算环境下工作流应用的预测、调度、决策过程,针对任务完成时间、成本、能耗等约束或优化指标,设计了高效的调度算法。具体而言,在任务执行时间预测方面,本章获取任务在不同配置虚拟机上执行的历史数据和实时动态数据,分析了影响云服务执行时间的因素,提出了一种基于时间序列和特征分析加权的云工作流运行时间预测方法,利用更新后和运行前的运行时参数设计了一种基于机器学习的云工作流计算与传输时间预测方法,为后续任务调度和资源管理提供数据支撑。针对大规模动态数据和用户的个性化需求问题,本章展开相关优化调度算法研究工作,面向带有用户优先级与花费约束的多并发用户请求,本章将工作流总的截止时间和花费约束分解为任务的子截止时间和子花费约束,利用任务优先级排序和实时调整任务调度方案,提高多并发用户请求的调度成功率。

针对云工作流智能管理和调度问题,在本章研发基础上,未来的预期工作包括但不限于:线下训练与线上决策相融合的机器学习方法求解在线工作流调度问题、基于已有相关工作设计调度规则库并利用机器学习方法训练并选择合适的调度规则、利用不确定调度优化方法对云工作流调度问题进行建模并求解等。

第6章 云数据中心智能管理
系统研制及应用

本章的研究内容主要包括从智能化的角度进行云数据中心管理系统架构的设计研究、基于前面四个任务的关键技术突破进行云数据中心智能管理系统的研制,开展面向典型工业应用的云数据中心智能化管理系统应用。

6.1 云数据中心智能化管理与运维体系架构设计

如图6-1所示,云数据中心智能化管理系统架构,底层依托于云数据中心物理资源,在此之上 IaaS 基础云管理平台提供资源的虚拟化和管理。整个系统主要包含云数据中心运行数据管理、云数据中心运行能效评估与预测、云数据中心资源管理与调度、云工作流智能管理与调度四个子系统。顶层的应用层是面向智能制造的典型工业应用。

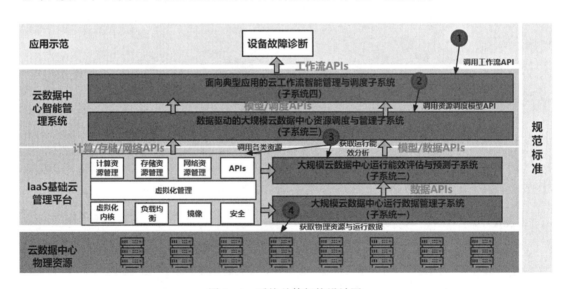

图6-1 系统总体架构设计图

本章提供一种云数据中心智能管理系统,可以实现云数据中心资源融合、智能调度、弹性伸缩,整合海量的异构资源,提供资源的按需服务、智能调度、不间断进化和灵活管理,支撑多层次多类型的云计算服务,包括:

(1)大规模云数据中心运行数据管理子系统,用于接入云数据中心的硬件资源与虚拟资源运行数据并进行异构存储;

（2）大规模云数据中心运行能效评估与预测子系统，用于获取资源运行数据和资源分配数据，进行能效评估与预测；

（3）数据驱动的大规模云数据中心资源管理与调度子系统，用于进行联邦集群调度和资源优化调度；

（4）大规模云工作流智能管理与调度子系统，从大规模云数据中心运行能效评估与预测子系统获得能效评估与预测数据，根据计算任务需求统筹进行云工作流调度工作，输出针对运算任务的容器配置需求。

6.2 云数据中心智能管理系统及其应用

云数据中心智能管理系统从上层架构上看，IaaS 层主要包含对资源的虚拟化和基于裸金属的融合系统以及在此之上进行运维和管理的云管理平台。在资源虚拟化方面，支持 CPU/GPU 资源、支持本地硬盘、分布式块存储和对象存储以及集中式高性能存储、通过 Overlay、SDN 和 EVPN 实现了对网络资源的高效利用、支持安全资源的弹性扩展。在云管理平台方面，采用统一的监控平台，支持一体化运维管理，具备 IT 服务流程管理的能力。

云数据中心智能管理系统底层虚拟化 OpenStack 组件调用关系如图 6-2 所示。

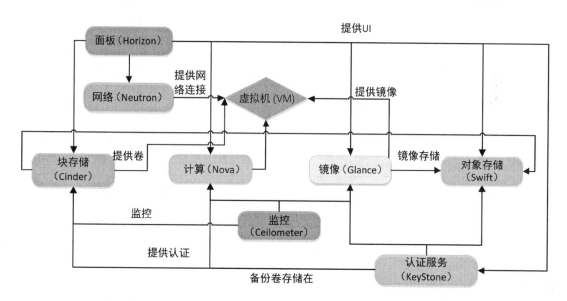

图 6-2 OpenStack 组件调用关系

云数据中心智能管理系统，采用组件化架构设计，组件之间暴露 API 接口，并通过消息队列系统实现消息的精准发送和组件解耦。集成大规模云数据中心运行数据管理子系统，大规模云数据中心运行能效评估与预测子系统，数据驱动的大规模云数据中心资源管理与调度子系统，大规模云工作流智能管理与调度子系统。

6.2.1 大规模云数据中心运行数据管理子系统研制

1. 多云数据中心运行数据采集系统设计与开发

1）总体架构

本节所提出的多云数据中心运行数据采集系统能够由 Head 节点控制 Slave 节点,对多云数据中心的多数据源进行采集,如图 6-3 所示。采集的数据源有物理机、虚拟机、Pod、容器,共计 4 类运行数据源,合计 74 个指标,其中物理机指标 26 个,虚拟机指标 26 个,Pod 指标 12 个,容器指标 10 个。实现的多云数据中心运行数据采集系统能够为后续研究内容提供有效支撑,后续研究内容所需运行数据与本节采集的全部运行数据完全一致或为本节采集的全部运行数据的子集。后续研究内容所需数据源为虚拟机和 Pod,共计两类数据源,合计 9 个指标,其中虚拟机指标 5 个,Pod 指标 4 个。采集的具体的数据名称、数据类型、数据含义如表 6-1~表 6-6 所示。

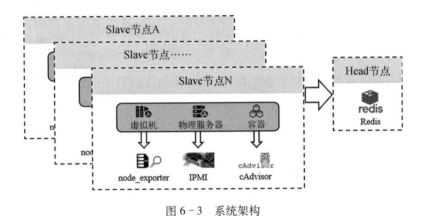

图 6-3　系统架构

表 6-1　采集数据表——物理机 CPU 数据

数　据　名　称	数 据 类 型	数　据　含　义
CPU 核心数	Long	该物理机 CPU 核心数
CPU 使用率	Double	该台虚拟机的 CPU 使用率
CPU idle mode 的使用占比	Double	该台虚拟机在 idle 模式的 CPU 使用率
CPU iowait mode 的使用占比	Double	该台虚拟机在 iowait 模式的 CPU 使用率
CPU irq mode 的使用占比	Double	该台虚拟机在 irq 模式的 CPU 使用率
CPU nice mode 的使用占比	Double	该台虚拟机在 nice 模式的 CPU 使用率
CPU softirq mode 的使用占比	Double	该台虚拟机在 softirq 模式的 CPU 使用率
CPU steal mode 的使用占比	Double	该台虚拟机在 steal 模式的 CPU 使用率
CPU system mode 的使用占比	Double	该台虚拟机在 system 模式的 CPU 使用率
CPU user mode 的使用占比	Double	该台虚拟机在 user 模式的 CPU 使用率

表 6-2　采集数据表——物理机基础数据

数　据　名　称	数据类型	数　据　含　义
物理机 IP	String	该台物理机的 IP 地址(唯一标识符)
时间戳	Double	时间戳
内存总量	Long	该物理机内存总量(单位:字节)
内存总量	Long	该台虚拟机的内存总量
非 Free 内存占比	Double	该台虚拟机的非 Free 内存占比
Buffered 内存占比	Double	该台虚拟机的 Buffered 内存占比
Cached 内存占比	Double	该台虚拟机的 Cached 内占比
Free 内存占比	Double	该台虚拟机的 Free 内存占比
SReclaimable 内存占比	Double	该台虚拟机的 SReclaimable 内存占比
SUnreclaim 内存占比	Double	该台虚拟机的 SUnreclaim 内存占比
硬盘读字节总数	Double	该台虚拟机的硬盘读字节总数
硬盘写字节总数	Double	该台虚拟机的硬盘写字节总数
网络发送速率	Long	该台虚拟机的网络发送速率
网络接收速率	Long	该台虚拟机的网络接收速率
中断次数	Long	该台虚拟机的 1 分钟内平均中断次数
容器内存总使用率	Long	容器内存总使用率

表 6-3　采集数据表——虚拟机 CPU 数据

数　据　名　称	数据类型	数　据　含　义
CPU 核心数	Int	该台虚拟机的 CPU 核心数
内存大小	Long	该台虚拟机的内存大小(单位:字节)
CPU 使用率	Double	该台虚拟机的 CPU 使用率
CPU idle mode 的使用占比	Double	该台虚拟机在 idle 模式的 CPU 使用率
CPU iowait mode 的使用占比	Double	该台虚拟机在 iowait 模式的 CPU 使用率
CPU irq mode 的使用占比	Double	该台虚拟机在 irq 模式的 CPU 使用率
CPU nice mode 的使用占比	Double	该台虚拟机在 nice 模式的 CPU 使用率
CPU softirq mode 的使用占比	Double	该台虚拟机在 softirq 模式的 CPU 使用率
CPU steal mode 的使用占比	Double	该台虚拟机在 steal 模式的 CPU 使用率
CPU system mode 的使用占比	Double	该台虚拟机在 system 模式的 CPU 使用率
CPU user mode 的使用占比	Double	该台虚拟机在 user 模式的 CPU 使用率

表 6-4　采集数据表——虚拟机基础数据

数　据　名　称	数据类型	数　据　含　义
虚拟机 IP	String	该台虚拟机的 IP 地址(唯一标识符)
时间戳	Long	时间戳

数　据　名　称	数　据　类　型	数　据　含　义
CPU 核心数	Int	该台虚拟机的 CPU 核心数
内存大小	Long	该台虚拟机的内存大小(单位：字节)
内存总量	Long	该台虚拟机的内存总量
非 Free 内存占比	Double	该台虚拟机的非 Free 内存占比
Buffered 内存占比	Double	该台虚拟机的 Buffered 内存占比
Cached 内存占比	Double	该台虚拟机的 Cached 内占比
Free 内存占比	Double	该台虚拟机的 Free 内存占比
SReclaimable 内存占比	Double	该台虚拟机的 SReclaimable 内存占比
SUnreclaim 内存占比	Double	该台虚拟机的 SUnreclaim 内存占比
硬盘读字节总数	Double	该台虚拟机的硬盘读字节总数
硬盘写字节总数	Double	该台虚拟机的硬盘写字节总数
网络发送速率	Long	该台虚拟机的网络发送速率
网络接收速率	Long	该台虚拟机的网络接收速率
中断次数	Long	该台虚拟机的 1 分钟内平均中断次数
容器内存总使用率	Long	容器内存总使用率

表 6－5　采集数据表——Pod 数据

数　据　名　称	数　据　类　型	数　据　含　义
Pod IP	String	该 Pod 的唯一标识符
所在 Node IP	String	该 Pod 所在 Node 的唯一标识符
时间戳	Long	时间戳
CPU 核心数	Int	该 Pod 的 CPU 核心数
内存大小	Long	该 Pod 的内存大小
CPU 使用率	Double	该 Pod 的 CPU 使用率
内存使用率	Double	该 Pod 的内存使用率
硬盘使用率	Double	该 Pod 的硬盘使用率
网络发包速率	Double	该 Pod 的网络发包速率(字节/秒)
网络收包速率	Double	该 Pod 的网络收包速率(字节/秒)
硬盘读字节速率	Double	该 Pod 的硬盘读字节速率(字节/秒)
硬盘写字节速率	Double	该 Pod 的硬盘写字节速率(字节/秒)

表 6－6　采集数据表——容器数据

数　据　名　称	数　据　类　型	数　据　含　义
容器 IP	String	该容器的唯一标识符
所在 Pod IP	String	该容器所在 Pod 的唯一标识符

续　表

数　据　名　称	数　据　类　型	数　据　含　义
所在虚拟机 IP	String	该容器所在虚拟机的唯一标识符（映射关系）
所在物理机 IP	String	该容器所在物理机的唯一标识符（映射关系）
Timestamp	Long	时间戳
CPU 使用率	Double	该容器的 CPU 使用率
网络发包速率	Double	该容器的网络发包速率（字节/秒）
网络收包速率	Double	该容器的网络收包速率（字节/秒）
硬盘读字节速率	Double	该容器的硬盘读字节速率（字节/秒）
硬盘写字节速率	Double	该容器的硬盘写字节速率（字节/秒）

2）数据采集模型定义

a. 问题形式化

考虑一个云数据中心 $D = (V, T, S, C)D = (V, T, S, C)D = (V, T, S, C)$，其中，$V$ 是节点集合；T 是将要分配到节点上的待分配的负载集合；S 是简单的调度器；C 是采集器。使 $X_i = [x(ikt)] k = 1, 2, \cdots, d$ 表示在时刻 t 关于节点 v_i 属于 V 的属性集合，d 是属性的个数，$x(ikt)$ 记录了时刻 t 时 v_i 的第 k 个属性值。使负载 $w_i = \{v, ati(1), ati(2)\} i = 1, 2, \cdots, N_w$，其中，$v$ 是负载 w_i 被分配到的节点；$ati(1)$ 是 w_i 等待分配所需时间；$ati(2)$ 是 w_i 完成所需要的时间。使得 $C = [pi] i = 1, \cdots, N_p$，其中 p_i 是采集器的第 j 个参数。目标函数如下：

$$\arg\min \sum_{i = 1, \cdots, N_w} (\Delta t_i^1 + \Delta t_i^2) \tag{6-1}$$

式中，参数选择范围 $[p_j]1, \cdots, [p_j]q, q$ 是修改采集器参数的次数。

b. 方法

采集器需要做的一是何时采集，二是采集哪些，采集方式可能是节点周期性上传，也可能是采集器主动请求。事实上，采集器通过 $C = [p_i]$，其中 $i = 1, \cdots, N_p$ 来间接控制采集时间和对象。需要的算法即调节这些参数的方法。首先根据经验确定几组参数，然后每次修改参数时在这几组参数中选择一组。

a）状态

state 的设计没有参考。这里，把前 m 次采集器采集到的数据作为 state。这些数据包括 CPU 使用率和内存使用率。每个 timestamp 的 state 的表达为 $S_t = [S_1, S_2, \cdots, S_m]$，其中，$S_i = [C_{ui}, M_{ui}]$。其中，$C_{ui}$ 代表前 i 次采集时所有节点的 CPU 使用率；M_{ui} 代表节点 i 的内存使用率。

b）动作

目前，动作设置为采集周期（1 s, 2 s, 5 s, 10 s, 30 s, 60 s）。

基于以上模型，使用基于 Prometheus 系统部署方案，通过跳板机部署功能模块，如图 6-4 所示。

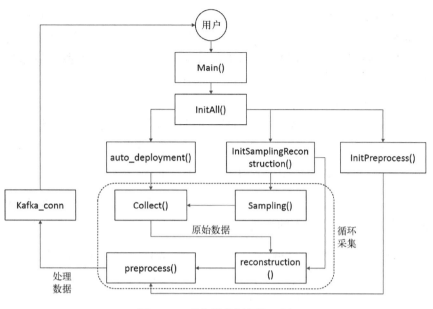

图 6-6 采集部分调用接口图

（a）用户（或系统）提交 Pod；

（b）API Server 更新配置信息；

（c）如图 6-7 所示，DRL 调度器在周期性拉取中收到请求信息，并通过集群的整体的状态选择一个调度器；

（d）DRL 发送调度的请求至对应调度器（配置项）；

（e）如图 6-8 所示，调度器（配置项）完成调度，将资源绑定信息发送至 API Server。

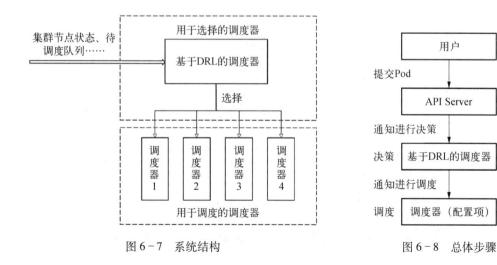

图 6-7 系统结构   图 6-8 总体步骤

b. 实现方式

当前步骤的关键在于如何能在尽量不修改代码的基础上，完成 DRL 调度器的通知。最初的思路是直接修改任务的 spec.schedulerName 属性,这样能够在完全不修改代码的前提下完成需求。但是 Kubernetes 中不支持 Pod 提交后修改这部分字段,因此在多次尝试后放弃了此方法。最后的解决方法是通过在 Pod 的 Labels 中添加特定的字段来通知对应的调度器进行调度操作。也就是修改 kube-scheduler 中对应的代码,来监控 Pod 中的 Labels,判断 linc/schedulerName 对应的值是否是本调度器。

在完成代码的修改后,参考文档中的方式,通过运行以下的代码来进行代码的构建:

build/run.sh make kube-scheduler
KUBE_BUILD_PLATFORMS=linux/amd64

之后再运行 build/copy-output.sh 获得构建的二进制文件。并通过替换 kube-scheduler 文件的方式完成对 Docker Image 的修改:

FROM registry.cn-hangzhou.aliyuncs.com/google_containers/kube-scheduler：v1.17.0
ADD ./kube-scheduler/usr/local/bin

在完成 Docker Image 的构建后,创建一个新的调度器实例:linc-scheduler-1,作为测试对象。

5）数据采集系统部署

采集部分的部署包括被采集虚拟机、服务器的搭建及部署等部分,总体结构如图6-9所示。

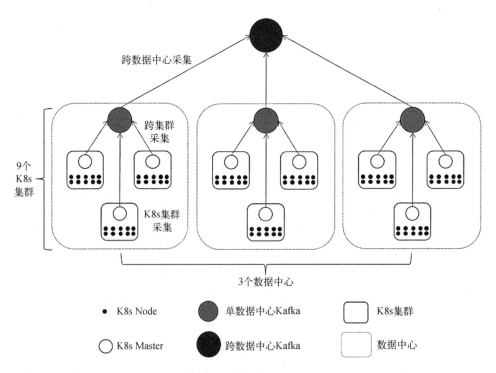

图6-9 多云数据中心采集架构

a. 采集虚拟机的搭建

（a）进入一个可以操作的 Ubuntu 系统或者 CentOS 系统；

（b）在该系统上安装 Virtual Machine Manager 工具，便于手动创建和安装虚拟机（针对操作的物理节点）；

（c）免密登录物理节点所要操作的物理节点（ssh-keygen -t rsa；ssh-copy-id）；

（d）打开 Virtual Machine Manager 工具，连接物理节点（手动操作）；

（e）为了使物理机中的虚拟机可以跨节点通信，需要设置物理机的网络连接模式（必须选择 Network 模式：Bridge 模式），进入物理节点执行 vim/etc/network/ineterfaces 设置虚拟网桥 br0（br0 是虚拟网桥名，自己命名的）即可；

（f）打开 Virtual Machine Manager 工具，在该物理节点上先创建一台虚拟机，创建完后才能后可以查看虚拟机的情况；

（g）虚拟机的网络 IP 需要和物理机的 IP 网段保持一致，可以通过 Virtual Machine Manager 工具进入虚拟机编辑 IP 和虚拟机的 hostname；

（h）在创建完这台虚拟机（类如：Kubernetes1）之后，就到了搭建 Kubernetes 集群的步骤。

b. 采集虚拟机的部署

（a）Prometheus、cadvvisor、gcc 基本环境的批量部署配置；

（b）被采集集群的时间同步协议 ntpd 和 ntp 部署，时间同步的必要性是因为 Prometheus 基于时间抓取被采集虚拟机数据，采集端时间和被采集端时间相差过大会导致抓取失败或抓取错误数据。

c. Kubernetes 集群部署

（a）编辑 hosts 文件：vim/etc/hosts；

（b）更新阿里源；

（c）配置 docker；

（d）安装 kubectl、kubeadm、kubelet；

（e）打开 Virtual Machine Manager 工具，clone 多个 Kubernetes1 个镜像，并设置为多个虚拟节点（进入多个虚拟节点，修改 IP 和 hostname 即可，虚拟节点命名如：Kubernetes2、Kubernetes3、Kubernetes4……）；

（f）设置 Kubernetes1 为 master 节点，设置主节点 Master（在主节点执行以下命令）、加入从节点 Worker（在从节点执行以下命令）；

（g）直到所有的 Worker 节点加入 Kubernetes 集群中，执行 kubectl get nodes 查看，验证 Kubernetes 集群所有节点是否处于"Ready"状态，如果都是的话，说明创建成功；否则需要根据具体的错误进行调试。

注意：每台虚拟机之间需要配置 ssh 免密登录，并且在每台虚拟机的/etc/hosts 文件中需要包含任务 1 要用到的所有虚拟机的 IP 地址和主机名。

d. Kafka 集群部署

测试时只使用单机单 Broker Kafka 部署方式（其他按需部署）、启动 Kafka 集群、创建分区、消费分区消息。

2. 质量感知的数据预处理系统设计与开发

1）总体架构

为了实现高效率的数据预处理,将原始数据进行清洗、整理,为后续的智能分析提供更加有效的支撑,本节提出并实现了质量感知的数据预处理系统。

如图 6-10 和图 6-11 所示,该系统包括缺失值处理、离群点检测以及正则化处理 3 个流程,首先对采集到的 numpy 格式的数据进行缺失值检测,随后对缺失值进行填充;此后进行离群点检测,并将离群点删除或按填充规则填充;最后对清洗过的数据进行正则化处理,方便进行进一步的数据应用。

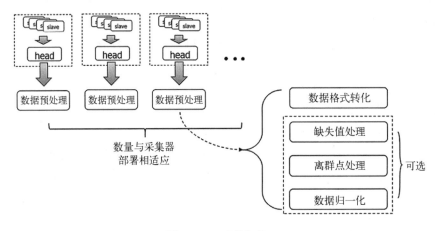

图 6-10　系统架构

a. 缺失值处理

首先对数据采集重建模块得到的原始数据进行缺失值判断并保存缺失值矩阵,随后利用此缺失值矩阵进行缺失值填充操作,同时也提供了缺失值删除操作的选项,删除缺失值后保持原有矩阵形状。

b. 离群点检测

采用百分位法,对指定百分比参数在原始数据中的位置进行定位,在两个边界值以外的数据都视为离群点数据,然后剔除离群点数据。

c. 数据标准化

总共提供了五种数据标准化方法,默认方法为离差标准化方法,通过对原始数据的线性变换使得结果值映射在[0,1]之间;第二种方法为 Z-score 标准化方法,针对数据的均值和标准差进行数据处理,使数据符合标准正态分布,即使得目标数据的均值为 0,标准差为 1;第三种方法为均值标准化,提供了两种均值标准化方法,分别是以最大值和最大差值作为分母的均值标准化方法;第四种方法为 log 函数转化方法,也提供两种方法,分别以 log2 和 log10 作为处理函数;第五种方法为 atan 函数转化方法。经过这三个子模块后将预处理后的目标数据输出至发送模块,发送给 Kafka 集群。

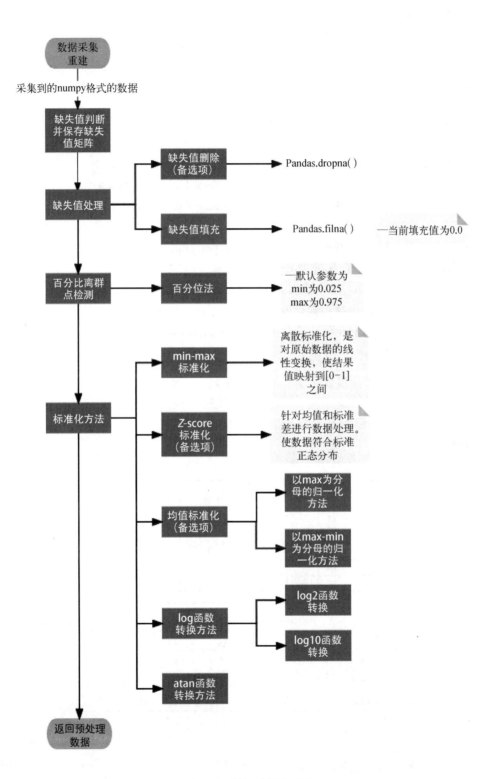

图 6-11　数据采集流程图

2）数据预处理系统结构

数据预处理部分通过调用 dataPreProcess.py 文件中的函数实现：

包名：dataPreprocess

函数：

查找缺失值 dataPreprocess.findNull( )

删除缺失值 dataPreprocess.deleteNull ( )

填充缺失值 dataPreprocess.fillNull( )

基于方差的离群点检测 dataPreprocess.fillNull.ELLipticEnvelope( )

基于孤立森林的离群点检测 dataPreprocess.IsolationForest( )

基于 LOF 的离群点检测 dataPreprocess.LocalOutlierFactor( )

基于百分比的离群点检测 dataPreprocess.percentile( )

基于 3σ 原则的正则化处理 dataPreprocess.norA( )

基于离差标准化的正则化处理 dataPreprocess.norB( )

基于标准差标准化的正则化处理 dataPreprocess.norC( )

基于小数定标标准化的正则化处理 dataPreprocess.norD( )

3）数据预处理系统优化

图 6‐12 显示了基于深度强化学习的任务调度器配置建模。模型的状态部分包括集群中 m 个正在等待的数据预处理作业，每个作业被描述为提交时间、优先级和任务集合；n 个可用资源，每个资源被表示为其平台类型、CPU 核及内存量；以及针对 k 个优先级队列和 m 个作业的调度约束。

状态

作业					资源			调度约束
作业	提交时间	优先级	任务		平台	CPU	内存	$O^{queue} = \{o_1^{queue}, o_2^{queue}, \cdots, o_k^{queue}\}$
j_1	1	3	Task₁		p_1	2核	2GB	
j_2	5	6	Task₂		p_2	1核	1GB	$O^{job} = \{o_1^{job}, o_2^{job}, \cdots, o_k^{job}\}$
⋯	⋯	⋯	⋯		⋯	⋯	⋯	
j_m	807	7	Task$_m$		p_n	3核	1GB	

动作‐YARN公平调度器配置

动作/配置	a_1	a_2	a_3	a_4	a_5	a_6	a_7	a_8	a_9	a_{10}
队列q_A权重	1	2	3	4	5	1	2	3	4	5
队列q_B权重	5	4	3	2	1	5	4	3	2	1
队列调度策略	FIFO					FAIR				

图 6‐12 深度强化学习集群调度器建模

图 6‐13 显示了深度强化学习驱动的集群调度器配置优化过程。首先通过经验重新内存中的 D 中的样本训练一个 DRL 代理。在时间段 $t=1$，代理根据观察到的状态 s_1，选择动

作 a_1，进而从环境中得到相应的奖励和下一步状态。同时，该时间片对应的样本也加入经验池内存 D 中。而在时间片 $t = f(f > 1)$，则会用 D 中最新的数据来重新训练 DRL 代理，并使用更新的代理做调度器配置优化。

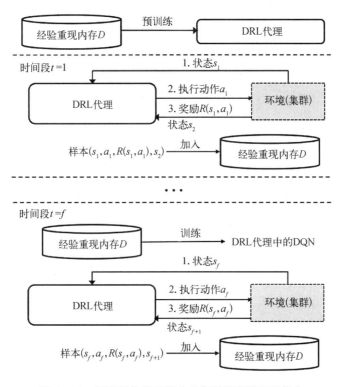

图 6-13 深度强化学习驱动的集群调度器配置优化

3. 运行数据冗余发现与删除系统设计与开发

1）总体架构

依据大量的调研所得数据，设计并开发了面向云数据中心运行数据场景的冗余数据处理系统，如图 6-14 所示。

总体架构分为两个部分，第一部分使用三个步骤将输入数据集 X 转换为多个聚合数据点，步骤 1，将数据集 X 转换为低维数据集 X'；步骤 2，将数据点 X' 划为多个子集，并在划分过程中保持数据的相似性；步骤 3，将每个子集中原始输入数据点的信息进行聚合，生成聚合数据点。请注意，上述创建过程仅在模型训练之前应用一次。第二部分设计了三个模块来加速智能分析（数据处理）过程，在每个迭代计算之前，每个平台中的性能预测器将其预估性能报告给调度平衡器，该平衡器通过为下一个迭代设置不同的输入的数据比例来减少不同平台计算时间的差异，在此设置中，性能更高或输入数据总量更小的平台被设置为处理更大比例的输入数据，此外，精度感知处理器模块将移除与精度最不相关的输入数据而将精度损失降至最低，这是通过聚合数据点来定义并优先处理与精度最相关的输入数据实现的。

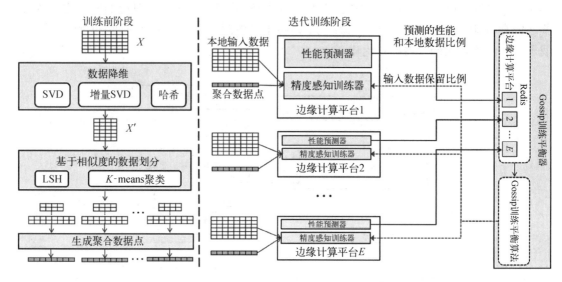

图 6-14　云数据中心冗余数据处理系统总体架构

在本系统中降维技术选用 SVD、Incremental SVD 或者 Hash，数据相似度算法选用 K-means 聚类或 LSH 算法，计算平台 e 的每个子集 $X_i^e(1 \leqslant i \leqslant M^e)$ 的聚合数据点 a_i^e 的第 j 个特征 $v_{ij}^e(1 \leqslant j \leqslant d)$ 计算公式如下：

$$v_{ij}^e = \frac{\sum_{k=1}^{|X_i^e|} v_{kj}^e}{|X_i|} \tag{6-2}$$

2）冗余数据处理系统部署

结合实际的面向异构计算平台的去中心化训练场景，本系统实现的 EdgeGossip 按照以下流程进行部署运行：

（1）首先启动一个 Redis 服务器，然后启动每个计算平台的训练进程，初始化各进程的参数设置，包括 Redis 客户端设置、模型训练超参数设置以及初始化训练模型参数（所有计算节点相同），同时每个计算平台的 Redis 客户端向 Redis 服务器注册当前节点的存在，并初始化 Gossip 通信拓扑结构、每个 Gossip 节点（计算平台）模型权重；

（2）每个计算节点在本地模型训练开始之前利用数据降维、划分、聚合技术生成聚合数据点；

（3）每个计算平台同步进行一个模型训练周期，当所有平台完成一个训练周期之后，所有平台将本次训练周期的训练时间和更新后的本地模型参数及其权重发送至 Redis 服务器；

（4）服务器根据 Gossip 通信拓扑结构从 Redis 服务器下载其他计算平台的模型参数和权重，并根据这些模型参数和权重更新本地模型参数和权重；

（5）每个计算平台获取 Redis 服务器中存储的所有平台上一个训练周期的训练时间的最大最小值，并利用其和当前平台上一个训练周期的训练时间计算当前平台下一个训练周期参与训练的输入数据点比例；

（6）每个计算节点利用更新过的本地模型计算本地聚合数据点的反向传播损失值，并根据损失值确定每个聚合数据点的重要程度，然后根据输入数据点比例按照重要程度从大到小选择最重要的输入数据点；

（7）使用根据重要程度采样的输入数据点，重复步骤(3)~步骤(6)，直到模型训练结束；

（8）将所有的计算平台训练完成的深度模型合并，从而生成最终的深度学习模型。

4. 分布式、支持冗余备份的安全存储系统设计与开发

1）总体架构

分布式、支持冗余备份的安全存储系统总体架构如图6-15所示。在整个系统架构中主要分为了四个部分：运行数据存储系统、支持明文和密文的运行数据查询检索系统、运行数据存储系统的监控系统以及对运行数据进行压缩。流程大致如下：Kafka负责进行运行数据的收集，当收集到运行数据后，将运行数据存储到HBase存储系统中，之后通过gRPC进行运行数据的检索，而在整个流程中，还开发了一个监控系统对存储系统进行了可视化的监控。

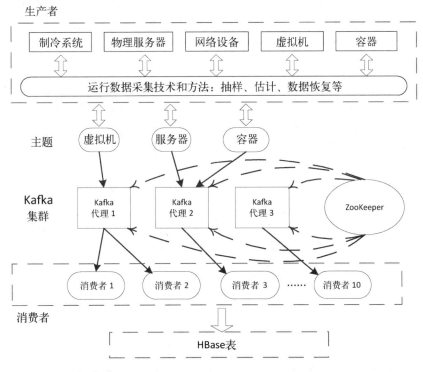

图6-15　分布式安全存储系统整体架构图

2）分布式数据存储系统开发

本节的运行数据存储和检索系统以Hadoop、HBase、Kafka、ZooKeeper等子集群系统作为底层支撑，提供运行数据的存储和查找的基本功能。在设计运行数据存储和检索系统的逻

辑架构时,需要考虑如下方面的问题:

(1) 包含三个结点的 ZooKeeper 集群能够管理约 20 台机器的集群系统;

(2) 部署了 ZooKeeper 的结点尽量不要部署过多读写负载大的系统,以避免因为磁盘 I/O 争用造成整个运行数据存储系统的性能大幅下降甚至是崩溃;

(3) 部署了 HBase 集群 namenode 和 HBase 集群 master 的机器尽量不要再部署太多读写负载大的系统,以保证这两个集群的运行稳定和及时响应;

(4) 运行数据的接收、处理和存储进程(简称为"数据入口")的 CPU 使用率大、数据吞吐量大、磁盘负载较重,因此尽量不要把它与 gRPC 查询处理进程部署在同一台机器上。

根据以上考虑的各种性能问题和限制条件,首先考虑使用五台虚拟机来组成集群,并进行了规划,用不同的机器分别组成运行数据存储系统所需的子集群系统。具体而言,需要在五台虚拟机 vm-900、vm-901、vm-902、vm-903 和 vm-904 上部署 ZooKeeper、Hadoop、HBase、Kafka、运行数据接收处理和存储系统、gRPC 查询 API 系统,本节提出了以下的集群规划方案:

在图 6-16 中,ZooKeeper 集群由三台虚拟机 vm-900、vm-901 和 vm-902 组成,负责整个系统中所有子集群的分布式管理和协调;底层的文件存储集群 Hadoop 部署在五台虚拟机上,其中 namenode 部署在 vm-900,datanode 部署在其余四台虚拟机;数据存储集群 HBase 也部署在五台虚拟机,其中 Hmaster 部署在 vm-900,区域服务器 Hregionserver 部署在其余四台机器;虚拟机 vm-903 和 vm-904 负责接收通过 Kafka 客户端接收发送过来的运行数据,对数据进行解析和处理,然后将数据存储到 HBase 表格;虚拟机 vm-900 除了担任 Hadoop 和 HBase 的主结点以外,还担任 gRPC 服务器,负责接收通过 gRPC 客户端发送过来的查询请求,并将请求解析后发送到相应的 Hregionserver 进行处理,最后将查询结果通过 gRPC 返回给请求客户端。

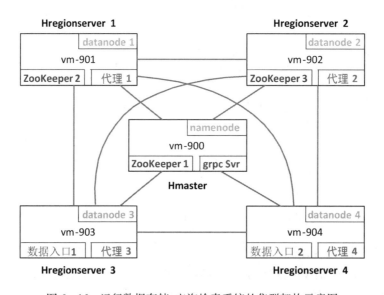

图 6-16 运行数据存储、查询检索系统的集群架构示意图

由于不同子集群、系统在工作时的负载情况不一样,包括偏 CPU 密集型、偏磁盘 I/O 密集型和偏网络 I/O 密集型。如何将这些子集群和系统分别部署到固定数量的机器上,使得CPU、磁盘 I/O、网络 I/O 的负载尽量保持平衡并且资源利用率最大化,是人工智能领域经典的装箱(bin packing)问题,又称为数字划分(number partitioning)问题。本节研究了负载多样性感知的平衡多路数字划分问题,对解决这个子集群和系统的最优化部署问题具有一定的参考价值。

根据以上的集群规划搭建了所需要的所有子集群,并创建了用于保存运行数据的HBase 表格,如图 6-17 所示。依据与第 3 章确定的各种采集指标名称,设定了几个分区点,用于对表格进行预分区,以便于提高运行数据存储系统的性能。

采集指标名	分区点
cpu_co	
cpu_id	
cpu_io	
cpu_ir	cpu_i
cpu_ni	
cpu_so	
cpu_st	
cpu_sy	cpu_s
cpu_ur	
cpu_us	
cpu_ut	
disk_r	disk_r
disk_w	
fs_r	
fs_us	
fs_w	
intr	intr
mem_bu	
mem_by	
mem_ca	
mem_fr	mem_f
mem_rs	
mem_sr	
mem_su	
mem_to	mem_t
mem_us	
net_i	
net_o	net_o

data,cpu_i,1614005514041 column=info:state, timestamp=1614005515540, value=OPEN
.4d4c39932af3747ed0dc13c2
fdebec76.
data,cpu_s,1614005514041 column=info:regioninfo, timestamp=1614005515539, value={ENCODED => d59a7d8
.d59a7d873b143a2fd15b483 73b143a2fd15bb48340e2135a, NAME => 'data,cpu_s,1614005514041.d59a7d873b14
40e2135a. 3a2fd15bb48340e2135a.', STARTKEY => 'cpu_s', ENDKEY => 'disk_r'}
data,cpu_s,1614005514041 column=info:seqnumDuringOpen, timestamp=1614005515539, value=\x00\x00\x00\
.d59a7d873b143a2fd15b483 x00\x00\x00\x00\x02
40e2135a.
data,cpu_s,1614005514041 column=info:server, timestamp=1614005515539, value=vm-903:16020
.d59a7d873b143a2fd15b483
40e2135a.
data,cpu_s,1614005514041 column=info:serverstartcode, timestamp=1614005515539, value=1614003359221
.d59a7d873b143a2fd15b483
40e2135a.
data,cpu_s,1614005514041 column=info:sn, timestamp=1614005514830, value=vm-903, 16020, 1614003359221
.d59a7d873b143a2fd15b483
40e2135a.
data,cpu_s,1614005514041 column=info:state, timestamp=1614005515539, value=OPEN
.d59a7d873b143a2fd15b483
40e2135a.
data,disk_r,161400551404 column=info:regioninfo, timestamp=1614005515579, value={ENCODED => e142b52
1.e142b526eb4a37b32cb5c3b 6eb4a37b32cb5c3b522aefd26, NAME => 'data,disk_r,161400551404.e142b526eb4
522aefd26. a37b32cb5c3b522aefd26.', STARTKEY => 'disk_r', ENDKEY => 'intr'}
data,disk_r,161400551404 column=info:seqnumDuringOpen, timestamp=1614005515579, value=\x00\x00\x00\
1.e142b526eb4a37b32cb5c3b x00\x00\x00\x00\x02
522aefd26.
data,disk_r,161400551404 column=info:server, timestamp=1614005515579, value=vm-901:16020
1.e142b526eb4a37b32cb5c3b
522aefd26.
data,disk_r,161400551404 column=info:serverstartcode, timestamp=1614005515579, value=1614003359239
1.e142b526eb4a37b32cb5c3b
522aefd26.
data,disk_r,161400551404 column=info:sn, timestamp=1614005514830, value=vm-901, 16020, 1614003359239
1.e142b526eb4a37b32cb5c3b
522aefd26.
data,disk_r,161400551404 column=info:state, timestamp=1614005515579, value=OPEN

图 6-17　表格预分区点与表格创建后各分区情况

首先模拟生成了一批运行数据,然后启动运行数据接收和存储软件将生成的模拟数据从 Kafka 中抽取出来,经过解析处理后存入到该表格中。以下截屏为存储完一批数据后表格的数据量统计情况,数据量约为 480 多万条。

除了分布式文件系统 Hadoop 以外,运行数据存储系统主要由 Kafka 子系统和 HBase 子系统组成。根据运行数据存储系统的设计框架可知,这两个子系统的耦合程度很低;可分别对两个子系统单独进行优化。

a. Kafka 子系统的生产者优化

(a) 如图 6-18 所示,当采集到一条运行数据时,如果立刻将该消息通过 send 发送的话,消息平均传输代价较高;

（b）如图 6-19 所示，设置发送缓冲区，当收集够一定数量消息后才用 send 批量发送，大大降低了平均传输代价。

```
hbase(main):032:0> count 'data', INTERVAL=>500000,CACHE=>500000
Current count: 500000, row: cpu_io:vm:10.159.0.49:vm1:1614016290636:696
Current count: 1000000, row: cpu_so:vm:10.159.0.23:vm1:1614016293798:808
Current count: 1500000, row: cpu_ur:vm:10.159.0.14:vm2:1614016291301:997
Current count: 2000000, row: disk_r:pd:10.159.0.60:node-exporter:1614016289642:477
Current count: 2500000, row: fs_us:pd:10.159.0.3:node-exporter:1614016290860:154
Current count: 3000000, row: mem_bu:pd:10.159.0.20:node-exporter:1614016291899:856
Current count: 3500000, row: mem_fr:pd:10.159.0.124:redis:1614016287877:865
Current count: 4000000, row: mem_su:ma:10.159.0.49:promehteus:1614016291662:926
Current count: 4500000, row: net_i:ma:10.159.0.3:cAdvisor:1614016288681:658
4810721 row(s)
Took 14.2585 seconds
=> 4810721
hbase(main):033:0>
```

图 6-18　数据量统计

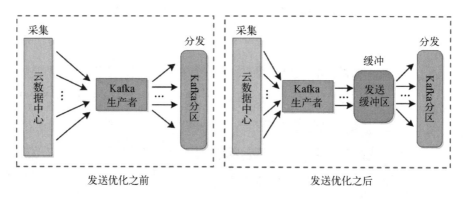

图 6-19　Kafka 子系统的生产者优化

b. HBase 子系统的优化

（a）未优化前，原型系统每次从 Kafka 抽取一批消息，循环逐条解析后存到写入缓冲区；当缓冲区满时再调用 HBase 的数据写入过程；

（b）Kafka 抽取消息速度快，而消息解析较慢，两者速度不匹配，导致存储子系统的吞吐量过低；

（c）优化思路：将消息抽取、解析、写入这三个过程解耦；提高每个过程进行并行独立处理的程度。

继续对数据存储原型系统进行进一步的优化，包括设计 Kafka 消息抽取、消息解析、HBase 集群写入过程的解耦分离策略，提高每次批量处理的数据条数，设计 Kafka 消费者端的批量确认机制等，通过同时对 Kafka 和 HBase 这两个子系统进行联合优化，目前取得了一些较好的结果。以下内容对采用的优先方法进行详细论述，同时给出数据收集和写入测试的结果。

c. HBase 表格分区优化

无论是在伪分布式 HBase 集群还是分布式 HBase 集群中，当创建一个表格时默认的设置是只为该表格创建一个分区,而该分区只由一个 Region server 来负责表格数据的读写。只有当该分区的存储空间满了以后(一个分区对应一个 Memstore,大小为 128 MB),HBase 集群才会触发该分区的分裂,为该表格重新申请一个新的分区来存储数据。因此,如果数据量较大并且写入频繁时,应该在表格创建时预先设定一定数量的分区,从而使得 HBase 集群可以并行地对多个分区进行数据读写操作,能够极大提高数据写入效率和查询效率。

d. Kafka 消息抽取、消息解析、HBase 集群写入过程解耦分离策略

如图 6-20 所示,首先,将消息解析过程和 Kafka 消息抽取过程解耦分离,即 Kafka 消息抽取过程只负责从多个分区中抽取消息,将每条消息放到临时输入缓冲区,当缓冲区满了以后(缓冲区大小可根据机器配置等情况进行设定),提交给解析过程,然后 Kafka 继续下一批消息的抽取。在解析过程中,对临时输入缓冲区中的每条消息进行处理,包括形成主键,分开每个属性值,然后放入 HBase 的写入缓冲区;当临时输入缓冲区的消息都解析完毕后,通过调用 table.put( )方法一次批量写入表格。通过这个优化策略,能够使得 Kafka 的消息抽取过程、消息解析过程、HBase 的写入过程能够并行进行,从而极大地提高了数据写入性能。

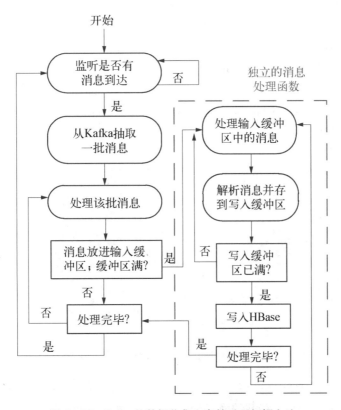

图 6-20　Kafka 的数据收集和存储过程解耦方法

e. Kafka 集群批量发送和确认机制

在使用 Kafka 生产者产生消息时,一般流程是在循环中产生一条消息,然后调用 producer.send( )方法将该消息发送到 Kafka 集群中指定主题的分区中,当该消息被一个分区

接收并在磁盘上持久化后,Kafka 集群会发送一个确认消息给生产者端。在这个过程中需要对每条消息进行发送和确认,平均生产每条消息花费的时间较长,使得消息的生产效率变得很低。本节采用了缓冲机制,在生产消息的过程中使用一个临时缓冲区来保存产生的消息,当该缓冲区满时才调用 producer.send( )将消息批量发送到 Kafka 集群,当这批消息被持久化后 Kafka 集群只需要发送一次确认消息。通过该缓冲机制的优化,Kafka 生产者端产生消息的速率得到了很大的提高。

f. 运行数据存储系统读写优化

在运行数据存储系统中存储的运行数据量往往非常庞大,例如几十到上百亿条数据记录,且其他任务需要从 HBase 中频繁读取数据。因此,需要对 HBase 进行读优化,从底层的数据存储及 I/O 层面、HBase 集群的参数层面以及用户查询的处理方面来提高数据的读取速度,降低数据读取响应延迟。

3）运行数据压缩算法开发

a. Hadoop 系统对压缩算法的支持（图 6 - 21）

（a）Hadoop 用于一些分布式系统的底层数据管理;

（b）由于数据量大及数据备份的原因,需要采用压缩算法对 HDFS 中的数据进行压缩。

b. 检查 Hadoop 对外部算法库的支持

（a）执行命令./hadoop checknative;

（b）输出信息 snappy: true,表明该版本 Hadoop 支持 snappy 压缩算法;

（c）若命令./hadoop checknative 输出信息 snappy: false,表明当前版本没有安装 snappy 算法包,无法使用其压缩功能。

```
ubuntu@ubuntu:~$ hadoop checknative
20/11/14 08:53:19 INFO bzip2.Bzip2Factory: Successfully loaded & initialized nat
ive-bzip2 library system-native
20/11/14 08:53:19 INFO zlib.ZlibFactory: Successfully loaded & initialized nativ
e-zlib library
Native library checking:
hadoop:  true /usr/local/hadoop/lib/native/libhadoop.so.1.0.0
zlib:    true /lib/x86_64-linux-gnu/libz.so.1
snappy:  true /usr/local/hadoop/lib/native/libsnappy.so.1
zstd  :  false
lz4:     true revision:10301
bzip2:   true /lib/x86_64-linux-gnu/libbz2.so.1
openssl: false Cannot load libcrypto.so (libcrypto.so: cannot open shared object
 file: No such file or directory)!
```

图 6 - 21　Hadoop 系统对压缩算法库的支持

c. 安装 snappy 压缩算法包

（a）如图 6 - 22 所示,下载并编译,得到 snappy 链接库文件;

（b）如图 6 - 23 所示,配置 Hadoop：① 将.so 文件拷贝到相应目录;② 设置 core-site.xml 配置文件里 io.compression.codecs 项;③ 检查安装。

d. 配置 HBase

（a）拷贝.so 文件到 lib/native 目录;

（b）建表时指定 COMPRESSION 为 snappy；

（c）将本节实现的算法替换掉 snappy。

```
lrwxrwxrwx 1 ubuntu ubuntu     14 Nov 10 23:09 libsnappy.so -> libsnappy.so.1*
lrwxrwxrwx 1 ubuntu ubuntu     18 Nov 10 23:09 libsnappy.so.1 -> libsnappy.so.1
.1.7*
-rwxr-xr-x 1 ubuntu ubuntu 132344 Nov 10 23:09 libsnappy.so.1.1.7*
```

图 6-22　下载并编译 snappy 算法包

```
ubuntu@ubuntu:~$ hadoop checknative
20/11/14 08:53:19 INFO bzip2.Bzip2Factory: Successfully loaded & initialized nat
ive-bzip2 library system-native
20/11/14 08:53:19 INFO zlib.ZlibFactory: Successfully loaded & initialized nativ
e-zlib library
Native library checking:
hadoop:  true /usr/local/hadoop/lib/native/libhadoop.so.1.0.0
zlib:    true /lib/x86_64-linux-gnu/libz.so.1
snappy:  true /usr/local/hadoop/lib/native/libsnappy.so.1
zstd  :  false
lz4:     true revision:10301
bzip2:   true /lib/x86_64-linux-gnu/libbz2.so.1
openssl: false Cannot load libcrypto.so (libcrypto.so: cannot open shared object
 file: No such file or directory)!
```

图 6-23　Hadoop 系统支持 snappy 算法包

4）数据检索系统开发

本节设计了基于 gRPC 的支持明文和密文的异构运行数据检索系统,系统的逻辑结构如图 6-24 所示。

a. 明文运行数据查询检索

首先,介绍明文情况下 gRPC 查询 API 的接口设计。

a）gRPC 调用模式

gRPC 的调用模式包括 4 种,即普通的单请求单响应模式、服务器端流模式、客户端流模式以及服务端客户端混合流模式。其他任务通过本节设计的查询字符串表达式将运行数据查询请求通过 gRPC 提交到 gRPC 服务器端,服务器端将查询请求进行解析并形成多条 scan 查询对 HBase 表格进行查询,然后把满足查询条件的运行数据记录返回给请求客户端。因此,本节实现的 gRPC 运行数据查询 API 函数接口是使用服务器端流模式,即每一条用户 gRPC 查询请求都有可能返回多条查询结果。

b）具体配置

（a）proto 文件定义。

为了实行 gRPC 服务器端流模式查询处理请求处理,本节定义了 gRPC 消息的 proto buffer,定义文件内容如图 6-25 所示。在图 6-25 所示 proto 文件中,定义了服务器端流模式服务 QueryAPI,该服务中定义了一个 rpc 调用函数接口 getData,负责处理客户端发来的查询请求 Request,然后通过流模式把结果 Reply 返回给请求客户端。

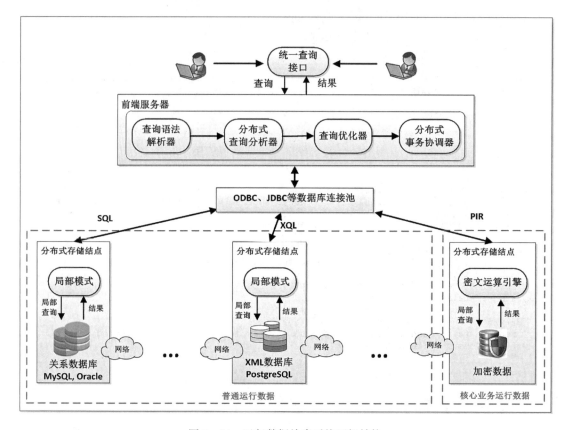

图 6-24　运行数据检索系统逻辑结构

```
 1 syntax = "proto3";
 2 package QueryHBase.grpc;
 3
 4 option java_package = "QueryHBase.grpc";
 5 option java_outer_classname = "grpcServiceProto";
 6 option java_multiple_files = true;
 7
 8 //server interface
 9 service QueryAPI{  //Greeter {
10   //
11   rpc getData (Request) returns (stream Reply) {}
12 }
13
14 //Request parameters
15 message Request {
16   string queryStr = 1;
17 }
18
19 //Response parameters
20 message Reply {
21   string message = 1;
22 }
```

图 6-25　proto 文件

（b）gRPC 客户端调用过程。

通过使用 protobuf 的代码生成包将以上定义的 proto 文件进行编译，得到 6 个 java 源代码文件，分别是 gRPCServiceProto.java、QueryAPIGRPC.java、Reply.java、ReplyOrBuilder.java、Request.java、RequestOrBuilder.java。将以上文件拷贝到 gRPC 工程源代码目录中。

c）查询方式

在以上代码中，客户端在本地创建一个 gRPC 客户端对象，指定要连接的 gRPC 服务器 IP 地址 gRPCHost[0]和连接端口 tmpPort（这两个参数通过读取用户指定的存放这两个参数的文本文件 gRPCHost.txt 获取），然后将运行数据查询需求用指定格式的字符串表示并作为参数调用 queryGRPC 函数。在 queryGRPC 函数中，查询请求字符串被通过 gRPC 调用传递到 gRPC 服务器端，而从服务器端返回的运行数据查询结果将以流模式通过 Iterator iter 进行读取。

（a）运行数据查询 API 的"all"查询条件处理。

运行数据 gRPC 查询 API 接口函数接收用本节设计的查询表达式描述的运行数据查询需求。其中，查询表达式由 6 部分组成，如下所示：

StartTime，EndTime，StartIP，EndIP，queryObj1/…/queryObjn，metric1/…/metricn

以上查询表达式可以由用户指定需要查询的运行数据采集目标名称，例如，"vm"代表要查询的是虚拟机，"Pod"代表要查询的是容器；同时也可以指定要查询的采集度量，例如，"mem"代表要查询的度量是内存使用率，"cpu"代表要查询的度量是 CPU 的使用率。如果要查询的采集目标比较多，例如某台物理机上所有的虚拟机，或者是要查询所有的采集度量时，用户需要将多个采集目标/采集度量在查询表达式中显示给出，这给用户在调用 gRPC 接口时带来极大的不便。因此，考虑引入"all"查询谓词，用于表示所有的查询目标。

（b）查询的采集目标 queryObj 部分"all"查询条件的处理。

当需要查询某台物理服务器上所有的虚拟机（或者某台虚拟机上所有的 Pod）的内存使用率时，可以在查询表达式的查询目标 queryObj 部分使用"all"查询条件，用户不必将该物理服务器上所有虚拟机的名称逐一列出，查询表达式如下：

$$T1，T2，IP1，IP1，vm/all，mem$$

式中，IP1 为宿主物理服务器的 IP 地址，以上查询表达式能够查找该物理服务器上所有的虚拟机。在代码实现层面，如果采集目标的第二个参数为"all"，那么不设置条件过滤器，否则需要指定条件过滤器来查找指定的虚拟机名称。

（c）查询的采集度量 metric 部分"all"查询条件的处理。

当用户需要查询某个物理机/虚拟机/容器的所有采集度量时，即 CPU、内存、文件读写、网络 I/O、中断次数等，可以在查询表达式的第六部分采集度量字符串中给定"all"查询条件。例如，以下查询表达式用于查询 IP 地址为 IP1 的物理机上名称为 vm001 的虚拟机的所有采集度量：

T1，T2，IP1，IP1，vm/vm001，all

以上的查询表达式用于查找该台虚拟机的所有采集度量。采集度量有 28 种，因此，该查询表达式要查找所有的这 28 种采集度量信息。为了快速地处理该查询，本节采用的策略是分别用这 28 种采集度量名称与用户给定的采集时间段、IP 地址范围来形成扫描主键范围（注意：在普通的查询中，根据用户给定的几个采集度量名称、采集时间段、IP 地址范围来形成主键；处理采集度量的"all"查询条件时只不过是将所有的采集度量进行遍历）。

虽然对采集度量名称进行"all"查询需要涉及所有的 HBase 数据表格分区，但是只要结合用户给定的采集时间段、IP 地址范围来形成扫描主键，那么在具体的查询处理时每个分区只需要扫描比较小的一个主键范围，不必对整个 HBase 运行数据表格从头到尾进行扫描，因此查询效率能够得到保证。

如果发现要查询的采集度量表达式第 1 个参数为"all"，则将所有的采集度量从采集度量文件读入数组 qMetrics，然后将该数组赋值给内存数组 queryMetric（如果采集度量表达式中没有"all"，则该数组只保存当前用户指定要查询的几个采集度量名称），最后通过 for 循环来逐一形成扫描主键范围。通过以上的查询处理方式，能够灵活地处理某些采集度量，以及全部采集度量的查询请求，使得用户在形成查询语言时更为方便快捷。

d）HBase 服务器端优化

在 HBase 服务器端，用户的 SCAN 扫描一般需要遍历整个数据表格，会临时返回大量数据，因此需要启用 HBase 集群的 blockCache 缓存机制。当 blockcache 达到 heapsize×hfile.block.cache.size×0.85 时，HBase 会启用淘汰机制来替换缓存中的数据。在注重读响应时间场景下，可以将 BlockCache 设置大些，Memstore 写缓存要设置小些，以便加大读缓存的命中率。根据客户端对数据的访问频率，定义了 3 个 Blockcache 不同的优先级：

Single：如果一个 block 被第一次访问，则该 block 放在这一优先级队列；

Multi：如果一个 block 经常被访问，则从 Single 移到 Multi；

InMemrory：用户自己定义，可以将重要的数据放在其中，如 Meta 或者 namespace 的元数据信息。一般而言，对于 BlockCache 的大小，按照 25%、50%、25% 的百分比分别分配给 Single、Multi、InMemory 使用。

e）客户端优化

HBase 的客户端，一般最常见的查询方式有精确匹配、设置查询条件过滤器的 SCAN 扫描，而使用较多的是基于查询的条件。其中，SCAN 扫描一般需要遍历整个数据表格，会临时返回大量数据，因此需要使用 HBase 集群的 SCAN 缓存（即 blockCache）来临时存放从表格中读取的数据。一次 SCAN 查询一般分成多次 RPC 调用向 HBase 服务器请求数据，每次 RPC 调用会有一批数据加载到本地存放在 SCAN 缓存，通过条件过滤处理完一批数据后，再调用 RPC 获取下一批数据。默认情况下，SCAN 缓存的大小为 100 条数据记录。对于一些满足查询条件的数据高达几十万、上百万甚至上千万行的 SCAN 查询，如果使用默认大小的 SCAN 缓存，则需要几千甚至几十万次 RPC 请求，使得查询处理的效率大大降低。因此，可以考虑将 SCAN 缓存设置适当增大，以减少 RPC 的次数，从而提高查询响应效率。可以使用

以下语句来设置 SCAN 缓存:

$$public\ void\ setCaching(int\ caching)$$

式中,参数 caching 是指定的 SCAN 缓存大小,即缓存的数据记录条数。根据采集的运行数据情况,一般 1 条运行数据记录大约为 200 字节,如果将缓存设置为 1 万条记录,则需要的缓存大小约为 10 000×200=1.9 MB;果设置为 5 万条,则需要的缓存大小为 4.76 MB。虽然 SCAN 缓存在客户端的开销不大,但是要考虑网络传输速度的影响,即一次传输的一批数据量的速度与处理这批数据的 CPU 时间相匹配。

对于零散的 get 查询,可以采用批量处理的方式来提高查询效率。本节目前在单点查询函数中已经实现了批量处理此类查询的功能,通过压力测试,证实了查询性能得到了较大的提高。

f) 运行数据查询处理策略优化

结合运行数据的种类、格式以及用户对运行数据的查询需求,对运行数据查询处理策略做了进一步的优化,以提高数据检索效率。根据改进的 HBase 表格主键设计方法,本节改进了现有的查询策略,在查询处理时尽量使用行键过滤器 RowFilter 对主键进行判别,以识别每个主键是否满足用户通过查询 API 函数调用传递过来的查询条件。改进后的查询策略具体如下。

(a) 确定 scan 扫描的分区范围。

运行数据存储系统所存储的数据被 HBase 按照主键值的字典顺序划分成多个分区,每个分区数据的主键值包含在一定的范围内。在执行 scan 查询处理时,需要根据用户查询的采集度量名称和 IP 地址来指定 scan 的扫描范围,即告知 HBase 在哪些分区上进行数据查找,避免扫描整个 HBase 集群的分区,从而提高查询处理效率。

假设 startRow 和 endRow 分别设置为"cpu"和"fs_write",则根据图 6-26 的表格预分区情况,在执行 scan 扫描查询时只需要访问图 6-26 中第二行的分区"Precision2:16030 cpu|fs_write|",不需要访问其他五个分区。

(b) 使用单列值过滤器 SingleColumnValueFilter 查找匹配主键。

Region Server	Start Key	End Key
Precision1:16030		cpu|
Precision2:16030	cpu|	fs_write|
Precision2:16030	fs_write|	mem|
Precision2:16030	mem|	netIn|
Precision1:16030	netIn|	netOut|
Precision2:16030	netOut|	

图 6-26 表格预分区

在设定了 scan 扫描范围后,对在该范围内的每一条运行数据记录,需要判断其是否满足用户的查询条件,例如该数据记录是否在某个采集时间段。具体而言,需要对表格中存储的"采集对象名称"和"采集时间戳"这两列的值进行判断,即使用 SingleColumnValueFilter 过滤器来识别在这两列上同时满足用户查询条件的。

g) 运行数据表格主键优化策略

运行数据表格主键设计原则:

（a）避免产生访问热点；

（b）便于分区分裂和容量扩展；

（c）主键长度尽量短；

（d）将运行数据部分信息编入主键。

运行数据的属性情况及特点：

（a）一条运行数据记录包括：采集对象名称、IP、采集度量、时间戳、值；

（b）采集对象名称：vm、Pod、server；数量少，变化小；

（c）IP 地址：采集对象所在的 IP；数量不多，变化不大，连续变化；

（d）采集度量：cpu、mem、netIn、netOut、fs_read 等；数量不多，变化不大；

（e）时间戳：Unix 格式时间；变化最大，连续变化。

主键设计策略：

主键各组成部分及其顺序采用了研究成果中的主键设计模式，如表 6-7 所示。

表 6-7 主 键 格 式

采集度量	采集对象名称	IP 地址	采集时间戳	采集度量值

本节采用以上主键设计的原因主要有以下几点：

（a）主键头部部分：采集度量名称；用户一般同时查询获取多个采集度量，如 CPU、内存、磁盘等；有助于将查询请求分派到多个分区上并行处理；

（b）主键第二部分：采集对象名称；数量少，并且是离散字符串，适合做主键第二部分；

（c）主键第三部分：IP 地址；数量比前两部分多，并且是连续的，适合在查询处理时用于指定主键扫描的范围；

（d）主键第四部分：采集时间戳；无限、连续增长的整数，不适合用于指定扫描范围；将时间戳存储为一列，用于判断运行记录采集时间是否在指定时间范围内；

（e）主键第五部分：采集到的度量值。

h）运行数据查询 API 函数优化策略

优化思路：

（a）尽量缩小要扫描的分区的主键范围；

（b）使用主键过滤器，尽量减少对表格的列进行读取判断；

（c）用 RowKeyOnly 过滤条件只取出主键作为查询结果，有利于提高查询响应速度。

用户查询表达式：

StartTime, EndTime, StartIP, EndIP, queryObj1/…/queryObjn, metric1/…/metricn

例如，下面的查询表达式是用户要求获取在 2020 年 12 月 1 日 10∶10∶1 到 10∶11∶59 间采集，并且 IP 地址在 10.159.0.20～10.159.0.50 范围的所有虚拟机、服务器的 cpu 和内存度量值：

2020-12-1 10∶10∶01, 2020-12-1 10∶11∶59, 10.159.0.20, 10.159.0.50, vm/

server/，cpu/mem

查询处理策略：根据给出的示例用户查询请求。

2020－12－1 10：10：01，2020－12－1 10：11：59，10.159.0.20，10.159.0.50，vm/
server/，cpu/mem

查询解析器提取出时间戳范围、IP 范围、采集对象列表、采集度量列表，然后形成以下的
四个扫描范围，如表 6-8 所示。

表 6-8　扫 描 范 围

序　　号	StartRow	EndRow
1	cpu│vm│10.159.0.20	cpu│vm│10.159.0.50
2	cpu│server│10.159.0.20	cpu│server│10.159.0.50
3	mem│vm│10.159.0.20	mem│vm│10.159.0.50
4	mem│server│10.159.0.20	mem│server│10.159.0.50

在查询处理前，设定扫描范围，可大大提高查询处理速度。同时可根据每个扫描范围单
独启动一个线程来进行查询处理，进一步提高并行查询处理速度。

串行方式处理查询请求：对每个扫描范围，设定扫描范围过滤器，启动扫描和判断
过程。

具体的实现过程如下：

（a）在查询处理前，设定扫描范围，可大大提高扫描处理速度；

（b）可根据每个扫描范围单独启动一个线程来进行查询处理，进一步提高并行查询处
理速度；

（c）判断过程：在每次扫描过程中，设定列值过滤器，过滤掉采集时间戳不在用户指定
采集时间范围内的运行数据记录。

i）主键设计策略和查询处理策略性能测试

根据新的主键设计，重新随机生成 500 多万条运行数据并插入到表格中；生成一条用户
查询请求："2020－12－21 01：02：43，2020－12－21 01：02：53，10.159.0.20，10.159.0.20，
vm/cAdvisor，cpu/fs_write/fs_read"。

b. 密文运行数据查询检索

密文检索系统面向云数据中心某些重要核心业务数据，向用户提供加密的运行数据存
储和密文数据上的检索功能。由于运行数据的数据是异构的，即有数值型、字符串等类型，
无法使用同态加密技术来构建密文检索系统。同态加密技术能够实现在同态密文上做加、
减、乘、除这四种算术运算，对运算后的密文进行同态解密后得到的明文结果与直接在明文
上进行同样的算术运算是一样的，但前提条件是数据必须是数值类型才能进行同态密文运
算，而本节所采集和存储管理的运行数据是异构的，即运行数据既有数值类型，也有文本类

型。因此,同态加密技术无法使用。

本节采用经典的对称加密技术,通过对主键和数据存储策略进行特殊的设计,实现了密文检索系统,并在任务四分配的虚拟机上测试通过。密文检索系统的详细设计过程如下。

a)主键设计

本节使用了如下的加密主键格式:

$$E(采集度量名称;采集对象名称;IP 地址):采集时间戳:E(采集度量值)$$

以上加密主键由 3 部分组成(用冒号: 分隔符进行分隔),第一部分是把采集度量名称、采集对象名称、IP 地址进行拼接加密后的密文,第二部分是明文形式的采集时间戳(时间戳不能加密,否则无法进行查询处理),第三部分是加密后的采集度量值。通过以上加密主键形式,能够保证重要部分数据的安全,而单独的明文时间戳没有向第三方泄露有价值的信息。

b)加密数据存储策略

当数据采集方采集到一条核心业务运行数据时,根据以上的主键格式首先对采集度量名称、采集对象名称、IP 地址进行拼接并加密,把采集度量值也单独进行加密,然后形成由以上三部分组成的加密主键,并通过 Kafka 发送给加密存储模块进行密文的存储。密文数据的存储过程与明文数据存储过程一致,唯一的区别是主键是否被加密,即存储到 HBase 表格中的运行数据记录如表 6-9 所示。

表 6-9 密文运行数据格式

主　　键	值
E(采集度量名称;采集对象名称;IP 地址):采集时间戳:E(采集度量值)	采集时间戳

值得注意的是,把采集时间戳作为主键对应的值单独进行明文存储,主要目的是方便根据用户提交的明文时间戳范围,设定列值过滤器来快速过滤掉不符合采集时间范围的加密运行数据记录。同时,把整条运行数据放到主键中,目的是加快数据读取的速度,通过设置 RowkeyOnly 过滤器,将满足查询条件的主键整个返回给用户即可,不须再额外取列值数据,这个优化策略与明文检索系统一样。

c)密文数据查询检索策略

当用户要查询检索密文数据时,首先将要查询的采集度量名称、采集对象名称、IP 地址进行拼接并使用相同的密钥进行加密,然后将得到的密文查询条件和明文时间戳范围一起作为查询请求通过 gRPC 发送给密文检索系统,查询请求的格式如下:

$$E(采集度量名称;采集对象名称;IP 地址)|开始时间戳,结束时间戳$$

密文检索系统在接收到用户的密文查询请求后,使用 E(采集度量名称;采集对象名称;IP 地址)来设置主键前缀过滤器,使用"开始时间戳,结束时间戳"作为列值过滤器,从密文数据库中查询符合条件的加密运行数据记录,并通过 gRPC 把结果返回给用户。用户在接收到查询结果后,用密钥对密文数据进行解密,得到所需要的明文运行数据。

从以上的数据加密、密文数据存储、密文数据查询处理、查询结果返回全过程可看出,核心业务运行数据都是处于加密状态,任何没有密钥的第三方无法获知密文数据的真实内容,保证了核心业务运行数据的安全。

d) 密文数据查询检索测试结果

本节使用 AES 对称加密技术,随机指定 128 bit 的密钥(假设数据采集方和用户通过某种安全方式,例如 RSA 等共享这个密钥)。按照以下方式来对密文数据查询检索系统进行测试:

(a) 生成模拟的明文运行数据;

(b) 然后使用以上所述的主键格式来对运行数据记录进行加密,并通过 Kafka 发送到密文数据存储和检索系统;

(c) 密文存储和检索系统在接收到密文数据后,按照以上所述存储过程将密文数据进行存储;然后启动 gRPC 服务器端,等用户加密查询请求;

(d) 用户根据以上查询检索策略,将查询请求加密,然后通过 gRPC 客户端发送到 gRPC 服务器端;

(e) gRPC 服务器端在接收到用户的密文查询请求后,进行查询处理,并将结果返回给用户;

(f) 用户接收到密文形式的查询结果后,将查询结果解密;完成一次密文检索全过程。

本节利用上述的 5 台虚拟机,启动密文运行数据存储和检索系统。首先,在主结点 172.28.0.64 上产生 5 个线程,每个线程负责生成 10 万条运行数据,对每条数据加密后发送到 Kafka,密文检索系统将加密数据从 Kafka 中取出,存入 HBase 数据库,通过查看数据库内容,结果如图 6-27 所示,每条运行数据记录主键都是加密处理后的形式。

```
Current count: 290000, row: aa959c25c3ce7f8c6a754f07ee9810f732276c43fbed8850076a2c49f73e1b4afdbe598d3c9c9796a9d5959960d6351b:1624530798890:45c1659e2e15de48e987dbd483eed124
Current count: 295000, row: b4117f7a6722f52c24fcf33200b4da61d072623220182239d7394f2ebf2cd7b2:1624530803896:294f58a8cf14e3a6f6772c254bc60839
Current count: 300000, row: b5d7e5a8baa9330cd665120dabaa8f1cef902c52ae14db6cc6aabd99d4fcfe96:1624530802353:ad01caa3db72c786e805a0390f1f4cf3
Current count: 305000, row: b6cec2dd0d89628426c68e8a0a11a518dd66f43b29dd87822e0c6ad71c09b8d5:1624530802473:9d6d7acfac79b15b15900d226a41bfde
Current count: 310000, row: b7a3b9b4880064bc256c9ecd13bb189add66f43b29dd87822e0c6ad71c09b8d5:1624530801835:5695825f5c0e21bcd166c7aea41dc4c8
Current count: 315000, row: b84a4ad0fba07cbc5d1f9c856fa17fffdd66f43b29dd87822e0c6ad71c09b8d5:1624530800451:4170dd170c9ed9e51769eb187dc9784f
Current count: 320000, row: bb04fd0102e1adf80fe711adf2d26cb33cf5692bfc2fd27535f1f85a26b0db391a0c7edcb4fce8cd5cd8c90073bfd604:1624530799198:a1f3d56220826793192ae3aeb348fabc
Current count: 325000, row: be3c50763167680d13d8cc6ed5ebca2dd4bd8010a7686c8a5a628b8caa190b69dccfb878a2fb5ad688a7ebaebb990150:1624530801992:45c1659e2e15de48e987dbd483eed124
Current count: 330000, row: c671260e67d3cc5cb1d83028c18689a12526725c2a2c60595abc14e45d95b160:1624530804171:8167bed38804779cb81430cbf8a6c52b
Current count: 335000, row: cdf4da871aa4263ca71cc501d59a62830f8c361623a2561cc8b59913b7620654:1624530803524:9b311c6ab5b1f05a2ebf465e8ac9a762
Current count: 340000, row: ceb4f13c8a879964718fbb5fabe84f299c3e662ab3dbda7cb7f6398d72916f57abdf31029ab27f48281c0619e10142fb:1624530803332:ee5210b33643c5ec20ce6d79c648fa72
Current count: 345000, row: cf90bac5e8a2f0ffd8a8c61ccb26a74e3a2e68c8c2e0b7bfc68c1e0c729739fe:1624530801667:8167bed38804779cb81430cbf8a6c52b
Current count: 350000, row: cf90bac5e8a2f0ffd8a8c61ccb26a74eb4790629b071bc06f96b56f630c209c8:1624530799168:2327f4fd5024312c3d7e2ea84f2246e6
Current count: 355000, row: cf90bac5e8a2f0ffd8a8c61ccb26a74efe5792f04e344086952836b09eb23356:1624530803854:592fda73fb35ef3a4e01c2615b52063b
Current count: 360000, row: d2b3df4e8e7003b8be24c9c178efb180a1db6995e93fd94cbe21a33e70fa3aa85166cc2861a4b76df075f1181c99bb9f:1624530800166:393b44a7ed225ae2195bec705463fdf5
Current count: 365000, row: d7d2370837eb2dcf43f7c883fdda7bd50129d0421f7487c646a0516596a1303887483c548eb3c590793ae301dd8ac53c:1624530801149:c73accf73129a0637184b87618555b51
Current count: 370000, row: d8d0f8ad61aa56e7a13c6d1caf146163d4bd8010a7686c8a5a628b8caa190b69af7505e8e51491e9367fc49b7dd55247:1624530800919:8a2627267c84621e32106663e1304e76
Current count: 375000, row: d93d034245801fc994ae69395d9ea051f320cccd3084c520a16c38df8d73a373bcd57630dde13e65735fa9d7bd34e8f8:1624530803758:c284db9f0c19e6a629f8b1bd64ce8e1b
Current count: 380000, row: e1f672655f0ec76e489945bed9f5ee20ab69863af6b4880106fba88bc5c4ee95:1624530803580:6cbc05669df9b5e608e298b274c2618c
Current count: 385000, row: e740131e7ae38ed72c2615a65d591351743e8a733dbb1ef8778efd6fed746fe90d7fff9a8ab34d925b6a369c96a5a5c2:1624530801450:d310107cdc3b77b3c7a1d947612401c1
Current count: 390000, row: ebe81769e339c3bfdea14fdbc8a65d3ba8152110e146f3db747f0edf81597270467a6a33203857ed7b2e71f0edff6e0b:1624530801151:c3c5919b6a6bd9e639423e076489dcc2
Current count: 395000, row: eea69470a3b7de1ec56fd4663474a731c62ee60d76b09fc27bc3e9fc33b29cb7359b1e984ce40f7f2d3c04895ef5fb96:1624530798568:72780800ed7eadabb5e45a98d0fd0b28
Current count: 400000, row: efa16cfb4e1d8ab8ec4c156d8c55339edd66f43b29dd87822e0c6ad71c09b8d5:1624530801507:d50dfc8505dae3cee42850c8ecefd3f9
Current count: 405000, row: f4773d8043b1920bff9c428cc5d854be24f74cb33050d50a2235d8b72d45a994:1624530802121:2017fbf8197b575600cbe246d23675a7
Current count: 410000, row: f570c887db0969bfd5187ccb82ea49ef0129d0421f7487c646a0516596a13038d39ab466852f9f12f2b0fcbbd65978fb:1624530798923:f804f41315a525d055e4cba641be2184
Current count: 415000, row: f6546a2acc1cd45830702b4bf5a9f74db4427adf27b777867d0c052170ea6f78eb797ee7826ec7d8e3f88a033028d55a:1624530800846:ad01caa3db72c786e805a0390f1f4cf3
Current count: 420000, row: f8d84ac4073dcc5620a2f289d6bdaffec62ee60d76b09fc27bc3e9fc33b29cb799f9a24d18b731c4fe692a442d5f367e:1624530801504:c284db9f0c19e6a629f8b1bd64ce8e1b
Current count: 425000, row: fc41a13ff75941ae469f94de7f9209fd743e8a733dbb1ef8778efd6fed746fe93d71331a56ee7f12ad488b5e37d2bca3:1624530803881:e71c9a24a0b4bf4faa9de0decd238942
429046 row(s)
Took 2.5214 seconds
=> 429046
hbase(main):006:0> exit
root@cluster-02:/usr/local/hbase/hbase-2.1.7/bin#
```

图 6-27　加密格式处理后的主键格式

然后,在任何一个结点上启动 gRPC 客户端,使用以下随机选取的明文查询请求,如图 6－28 所示。

```
root@cluster-01:/usr/local/testCode# cat CryptQueryRequests.txt
cpu_so:pd:1-k8s:172.028.000.125|2021-06-24 18:33:16,2021-06-24 18:33:20
```

图 6－28　明文查询请求

将以上查询请求的采集度量名称 cpu_so、采集对象名称 pd：1-Kubernetes、IP 地址 172.028.000.125 进行加密后,得到的密文如图 6－29 所示。

```
7c77f9fc683652312d11753c5a06f1485de3bba442e106de7ca10e78c55d0d72
```

图 6－29　密文结果

通过 gRPC 发送以下加密查询请求到主结点,如图 6－30 所示。

```
7c77f9fc683652312d11753c5a06f1485de3bba442e106de7ca10e78c55d0d72|2021-06-24 18:33:16,2021-06-24 18:33:20
```

图 6－30　请求主结点

主结点接收到密文查询请求后,执行查询处理过程,gRPC 服务器端的响应过程如图 6－31 所示。

```
2021-06-27 11:14:33,856 INFO  [ReadOnlyZKClient-172.28.0.64:2181@0x2bbf180e-SendThread(172.28.0.64:2181)] zookeeper.ClientCnxn (ClientCnxn.
hed to 172.28.0.64/172.28.0.64:2181, initiating session
2021-06-27 11:14:33,906 INFO  [ReadOnlyZKClient-172.28.0.64:2181@0x2bbf180e-SendThread(172.28.0.64:2181)] zookeeper.ClientCnxn (ClientCnxn.
e on server 172.28.0.64/172.28.0.64:2181, sessionid = 0x100000b31a8001d, negotiated timeout = 40000
六月 27, 2021 11:14:34 上午 queryHBaseCryptGRPC.QueryHBaseCryptGRPCserver start
信息: Server started, listening on 50052
2021-06-27 11:15:34,035 INFO  [ReadOnlyZKClient-172.28.0.64:2181@0x2bbf180e] zookeeper.ZooKeeper (ZooKeeper.java:close(684)) · Session: 0x1
2021-06-27 11:15:34,038 INFO  [ReadOnlyZKClient-172.28.0.64:2181@0x2bbf180e-EventThread] zookeeper.ClientCnxn (ClientCnxn.java:run(519)) · 
Processing: 7c77f9fc683652312d11753c5a06f1485de3bba442e106de7ca10e78c55d0d72|2021-06-24 18:33:16,2021-06-24 18:33:20
Query text: 7c77f9fc683652312d11753c5a06f1485de3bba442e106de7ca10e78c55d0d72
Start time: 1624530796000
End time: 1624530800000
2021-06-27 11:26:57,684 INFO  [ReadOnlyZKClient-172.28.0.64:2181@0x2bbf180e] zookeeper.ZooKeeper (ZooKeeper.java:<init>(438)) · Initiating
onTimeout=90000 watcher=org.apache.hadoop.hbase.zookeeper.ReadOnlyZKClient$$Lambda$13/608861067@55fd3ffe
2021-06-27 11:26:57,690 INFO  [ReadOnlyZKClient-172.28.0.64:2181@0x2bbf180e-SendThread(172.28.0.64:2181)] zookeeper.ClientCnxn (ClientCnxn.
 to server 172.28.0.64/172.28.0.64:2181. Will not attempt to authenticate using SASL (unknown error)
2021-06-27 11:26:57,691 INFO  [ReadOnlyZKClient-172.28.0.64:2181@0x2bbf180e-SendThread(172.28.0.64:2181)] zookeeper.ClientCnxn (ClientCnxn.
hed to 172.28.0.64/172.28.0.64:2181, initiating session
2021-06-27 11:26:57,727 INFO  [ReadOnlyZKClient-172.28.0.64:2181@0x2bbf180e-SendThread(172.28.0.64:2181)] zookeeper.ClientCnxn (ClientCnxn.
e on server 172.28.0.64/172.28.0.64:2181, sessionid = 0x100000b31a8001e, negotiated timeout = 40000
Processed a query in 2579 ms with 1 resulting records, average response time: 2579.0 ms/record
1grpc-default-executor-0
2021-06-27 11:27:57,851 INFO  [ReadOnlyZKClient-172.28.0.64:2181@0x2bbf180e] zookeeper.ZooKeeper (ZooKeeper.java:close(684)) · Session: 0x1
2021-06-27 11:27:57,852 INFO  [ReadOnlyZKClient-172.28.0.64:2181@0x2bbf180e-EventThread] zookeeper.ClientCnxn (ClientCnxn.java:run(519)) · 
```

图 6－31　服务端响应

从图 6－31 可知,gRPC 服务器端查询到一条满足条件和运行数据,并将该查询结果发送给用户,而用户端接收到结果的密文数据后,对其进行解密,如图 6－32 所示。

从图 6－32 用户端的查询响应结果可看到,用户接收到了正确的查询结果,对该条密文查询结果进行解密后,得到明文的查询结果运行数据记录：

cpu_so：pd：1-Kubernetes：172.028.000.125：1624530798903：45

```
root@cluster-01:/usr/local/testCode# java -jar QueryHBaseCryptGRPCclient.jar
Sending encrypted gRPC request to: 172.28.0.64:50052
SLF4J: Class path contains multiple SLF4J bindings.
SLF4J: Found binding in [jar:file:/usr/local/testCode/QueryHBaseCryptGRPCclient_lib/slf4j-log4j12-1.7.25.jar!/org/slf4j/impl/S
SLF4J: Found binding in [jar:file:/usr/local/testCode/QueryHBaseCryptGRPCclient_lib/slf4j-simple-1.7.25.jar!/org/slf4j/impl/St
SLF4J: See http://www.slf4j.org/codes.html#multiple_bindings for an explanation.
SLF4J: Actual binding is of type [org.slf4j.impl.Log4jLoggerFactory]
RESPONSE: 7c77f9fc683652312d11753c5a06f1485de3bba442e106de7ca10e78c55d0d72:1624530798903:7b2d720a920f29827e5d0d914bac04fc;
CAUTION: press any key to begin decrypting the received cihpertext-results!

cpu_so:pd:1-k8s:172.028.000.125:1624530798903:45
Total number of query result records: 1
root@cluster-01:/usr/local/testCode# █
```

图 6 - 32   解密过程

e) 运行数据查询检索接口函数设计

本节设计了基于 HBase 的运行数据访问接口 API 函数框架, 目前正在逐一实现各种查询功能函数, 例如单点查询、主键值范围查询、列范围查询、模糊查询等。本节实现了单线程版本的数据访问 API 函数。在实现应用中, 单线程程序的运行效率会较低, 无法充分利用 HBase 集群的并发优势。例如, 当 HBase 处理某条范围查询时, 会创建一个查询处理线程来进行处理, 如果该查询所获取的数据较多时, HBase 的查询处理线程的处理量会非常大。因此, 本节也同时对数据访问接口 API 函数进行多线程实现, 预先将结果集有可能非常大的范围查询进行切分, 形成多个子查询线程, 每个线程负责查询一个子范围, 从而使得 HBase 创建多个查询处理线程来为每个子范围查询服务, 从而大大提高并行查询处理效率。

本节已实现了基本的 3 个运行数据查询接口函数 API 的设计和测试, 即单点查询、多点查询、范围查询, 并对这 3 种查询函数 API 的性能进行了初步的测试, 运行时间分别为: 单点查询 2 816 ms/1 000 = 2.816 ms; 多点查询 159 301 ms/100 = 1 593 ms; 范围查询 182 114 ms/100 = 1 821 ms。

从以上结果可以看出, 单点查询的效率比较高, 但是多点查询和范围查询的效率较低。通过对后两种查询函数代码及结果的分析, 发现后两种查询函数的大部分时间都花费在逐一比较符合查询条件的记录上, 也就是说, 这两种函数在查询数据时没能享受到主键值带来的检索优势, 需要重新设计更高效的 HBase 运行数据表格主键值。因此, 针对 HBase 运行数据的主键值设计, 并做了以下优化工作。

本节采用了以下的运行数据存储表格, 如表 6 - 10 所示。

表 6 - 10   数据存储表格示意

主键值	列族 1			列族 2		
	CPU	内 存	磁 盘	虚拟机名称	Time	Type
Rowkey1	50%	75%	25%	Kubernetes-app: kube	20190520130001	Pod
Rowkey2	90%	95%	21%	app: cattle	20190520120020	Pod
Rowkey3	60%	50%	30%	app: db-backup	20190520130005	Container
…	…	…	…	…	…	…

其中,以上表格每一行代表某个采集对象在某一时刻的信息,每一列描述了该采集对象的一些属性值及各种度量 Metrics,例如 CPU 使用率、内存使用率、磁盘使用率。在实际应用中,云数据中心的服务器、虚拟机、容器的数量众多,产生的是海量运行数据,并且用以上的 HBase 表格形式进行存储。本节采用了"采集对象+采集时间"的形式来构造 HBase 主键(Rowkey),该主键结构能够很好地应对单点查询,因为该类查询一般是针对某一类采集对象在某一确定时刻的度量值,单点查询的时间效率为 1~2 ms。但是,对于多点查询和范围查询,该主键结构方法的查询效率较低,主要原因是查询没能利用 HBase 在主键上建立的高效检索机制,也就是说,这两类查询处理方法都只能是逐条记录地进行判断,从而大大影响了查询检索效率。

为了提高多点查询、范围查询的处理效率,对 HBase 运行数据表格的主键结构进行了重新设计和优化,在主键 Rowkey 的构成方面,拟采用"时间戳+采集对象的 ID+采集对象的类型"来构造。具体的主键设计如下。

Rowkey 的时间戳。在第一部分中,Rowkey 中的时间戳采用翻转的时刻表示方式,而不是传统的时间戳表示方式,即时间戳为"秒/小时/日/月",因为通过样的反转时间作为 Rowkey 的开头,能够有效地防止"热点(hot spot)"问题,因为 HBase 会将 Rowkey 进行排序,并将排序后的数据按行进行切分,并存储到分布式结点中,通过反转时间戳,有利于 HBase 集群的负载均衡。在主键的设计中,这一部分时间戳的长度为 26 bits。

Rowkey 的采集对象名称。采集对象的名称是用数字和字符表示的字符串,长度是不固定的。为了能够应对较长的采集对象名称,拟用 4 个字节来描述采集对象的名称,从而使得 Rowkey 的长度限定在一定范围内,因为 Rowkey 的长度越短,某查询效率越高。

HBase 的 Type 列描述了某一行采集对象是属于什么类型,即该对象是物理服务器、虚拟机、还是容器。目前在大部分的云数据中心里,采集对象的种类个数相对而言是较小的,例如有网卡、交换机、路由器、服务器、虚拟机、容器等,并且在查询过程中,绝大部分的查询都会涉及按采集对象类别来检索运行数据。因此,为了尽量缩短主键 Rowkey 的长度,假设采集对象的种类不超过 64 种,即 type 的长度为 6 bits,$2^6=64$。Rowkey 设计表如表 6-11 所示。

表 6-11 Rowkry 设计表

Rowkey 设计		
0~25 bits	26~41bits	42~47bits
秒/时/日/月	虚拟机名称	Type
00/00/01/01(0b1100101)~59/23/31/12 (0b11100101110001010110011000)	可以将虚拟机名称按一定规律缩写至 4 个字节	描述了某一行采集对象是属于什么类型,即该对象是物理服务器、虚拟机、容器,还是其他;长度为 6 bits,可表示 64 种不同的采集对象

f) 同态加密库的使用

本节拟提供支持密文的数据检索功能,因此需要使用到同态加密技术。同态加密是密码学领域近几年最重要的成果之一,它解决的问题是能够在经过同态加密后的数据上直接进行算术运算,保证了数据的安全和隐私。同态加密的思想是：给定明文数据 X 和 Y,将其进行同态加密后得到密文 $E(X)$ 和 $E(Y)$。对密文进行算术运算,例如加法和乘法后,分别得到 $c_1 = E(X) + E(Y)$ 和 $c_2 = E(X) \times E(Y)$。根据同态加密的机制,可以得到 $D(c_1) = X + Y$ 和 $D(c_2) = X \times Y$,其中 $D()$ 是同态解密函数。由于这个可以在密文上直接进行算术运算的性质,同态加密算法可以运用到很多场合,例如云数据中心提供的数据安全托管服务、第三方数据安全处理服务、分布式数据处理等。

本节的研究内容包括支持密文的数据检索,为了保证核心业务运行数据的隐私和安全,必须实现在数据的查询和检索过程中不泄露任何数据信息。因此,同态加密技术成为本节的重要组成部分,因为数据的查询和检索离不开基本的算术运算,例如比较、加、减、乘等。本节采用现有的成熟的同态加密库作为基础,在其上实现具有数据隐私和安全保护功能的核心业务运行数据的高效查询和检索。目前比较成熟的同态加密库有两个,分别是 IBM 的 HELib 和微软的 SEAL。由于 SEAL 库相对较成熟,本节对 SEAL 进行尝试安装和试运行,以便了解该同态加密库的特点和性能,为本节支持密文的运行数据查询和检索部分提供关键的支撑。

SEAL 的源代码可以在微软官网和 Github 中下载,下载好源代码包后进行解压,然后配置相应的 configure 文件。使用以下命令对其核心进行本地编译：

```
cmake-DCMAKE_PREFIX_PATH = ~/mylibs.
make
cd .. /bin
. /sealexample
```

SEAL 的核心编译好之后,再对其提供的示例代码进行编译,使用命令如下：

```
cd native/src
cmake-DCMAKE_INSTALL_PREFIX = ~/mylibs.
make
make install
cd .. /..
```

通过以上步骤对 SEAL 和核心和示例编译好之后,尝试运行了 SEAL 的同态加密示例,运行结果如图 6-33~图 6-36 所示。

从示例中可以看出,SEAL 能够完成以下的算术运算：

(a) 整数的取负、求和、求差、求积；

(b) 浮点数的取负、求和、求差、求积；

(c) 批量运算。

其对应的 C++ 类分别为：

(a) Encoder 类：把数字和多项式相互转换；

(b) KeyGenerator 类：生成公私钥；

（c）Encryptor 类：加密多项式；

（d）Evaluator 类：在密文多项式上进行运算；

（e）Decryptor 类：解密多项式。

```
jl@jl-VirtualBox: /usr/local/SEAL/SEAL-master/native/bin
jl@jl-VirtualBox:/usr/local/SEAL/SEAL-master/native/bin$ ./sealexamples
Microsoft SEAL version: 3.3.2
+----------------------------------------------------------------+
|| The following examples should be executed while reading |
|  comments in associated files in native/examples/.            |
+----------------------------------------------------------------+
| Examples                       | Source Files                 |
+----------------------------------------------------------------+
| 1. BFV Basics                  | 1_bfv_basics.cpp             |
| 2. Encoders                    | 2_encoders.cpp               |
| 3. Levels                      | 3_levels.cpp                 |
| 4. CKKS Basics                 | 4_ckks_basics.cpp            |
| 5. Rotation                    | 5_rotation.cpp               |
| 6. Performance Test            | 6_performance.cpp            |
+----------------------------------------------------------------+
[     0 MB] Total allocation from the memory pool

> Run example (1 ~ 6) or exit (0): █
```

图 6-33 SEAL 库测试示例运行界面

```
--------------------------------------------+
          Example: Performance Test         |
--------------------------------------------+

elect a scheme (and optionally poly_modulus_degree):
 1. BFV with default degrees
 2. BFV with a custom degree
 3. CKKS with default degrees
 4. CKKS with a custom degree
 0. Back to main menu

Run performance test (1 ~ 4) or go back (0): █
```

图 6-34 同态加密性能测试选项

5. 监控系统开发

运行数据存储系统的监控系统（图 6-37）的设计和开发，使用 Node.js、Vue.js、Java 等技术从底层 HBase 集群获取相关的状态数据，实时地将运行数据存储系统的状态信息，例如表格中的数据记录条数、读/写次数、结点访问量负载等，通过曲线图、柱图、饼图、球图、树图等各种形式进行展示。

前期实现的监控系统存在一些问题，数据采集和可视化绑定在一起，监控数据采集需要稳定持续的运行，造成数据可视化的开发和展示不方便。经过修改后的策略很好地解决了上述问题。具体内容如下。

```
⊗ ⊖ ⊙  jl@jl-VirtualBox: /usr/local/SEAL/SEAL-master/native/bin
Average rotate columns: 16114 microseconds


/
| Encryption parameters :
|   scheme: BFV
|   poly_modulus_degree: 16384
|   coeff_modulus size: 438 (48 + 48 + 48 + 49 + 49 + 49 + 49 + 49 + 49) bits
|   plain_modulus: 786433
\

Generating secret/public keys: Done
Generating relinearization keys: Done [179353 microseconds]
Generating Galois keys: Done [3606896 microseconds]
Running tests .......... Done

Average batch: 631 microseconds
Average unbatch: 658 microseconds
Average encrypt: 28842 microseconds
Average decrypt: 14679 microseconds
Average add: 543 microseconds
Average multiply: 150631 microseconds
Average multiply plain: 23817 microseconds
Average square: 98215 microseconds
Average relinearize: 58269 microseconds
Average rotate rows one step: 57188 microseconds
Average rotate rows random: 286912 microseconds
Average rotate columns: 56266 microseconds
```

图 6 - 35　默认自由度的 BFV 同态加密技术性能

```
⊗ ⊖ ⊙  jl@jl-VirtualBox: /usr/local/SEAL/SEAL-master/native/bin
Average complex conjugate: 5782 microseconds


/
| Encryption parameters :
|   scheme: CKKS
|   poly_modulus_degree: 16384
|   coeff_modulus size: 438 (48 + 48 + 48 + 49 + 49 + 49 + 49 + 49 + 49) bits
\

Generating secret/public keys: Done
Generating relinearization keys: Done [47402 microseconds]
Generating Galois keys: Done [1132642 microseconds]
Running tests .......... Done

Average encode: 17893 microseconds
Average decode: 44634 microseconds
Average encrypt: 20593 microseconds
Average decrypt: 1020 microseconds
Average add: 302 microseconds
Average multiply: 3489 microseconds
Average multiply plain: 1009 microseconds
Average square: 2434 microseconds
Average relinearize: 31297 microseconds
Average rescale: 11643 microseconds
Average rotate vector one step: 34134 microseconds
Average rotate vector random: 183102 microseconds
Average complex conjugate: 33614 microseconds
```

图 6 - 36　默认自由度的 CKKS 同态加密性能

（1）数据采集模块独立为一个轻量化的 Node.js 程序，可以运行在第三方服务器或 HBase 集群的主节点。

（2）直接采集 16010 端口的原始数据并存储到本地或远程；同时，DAQ 使用 PM2 作为进程管理器，包括守护进程、监控、日志等功能，保证 DAQ 模块正常稳定运行。

（3）可视化部分也是一个独立的 Node.js，可以部署在任何一台 PC 上，调用本地或远程的数据进行展示。

（4）文件及代码规范化。

WEB 模块中将控制层（controller）的请求分为了 API 请求方式（apiController）、核心业务请求（mainController）以及页面请求（pageController）。图 6-38 为 WEB 模块重构后的目录结构。

图 6-37　运行数据存储系统状态
监控系统架构

图 6-38　监控系统 WEB 模块重构
后的目录结构

字段	说明
id	唯一索引，前端数据也是依据此索引获取
timestamp	时间戳
sys	系统信息
server	主节点服务信息
table	表信息（进行过二次处理）

图 6-39　监控系统数据库存储字段及说明

（5）对监控系统存储的数据进行规范化。

本节重新简化了数据结构，在之前的数据结构中，将采集的数据分为了多个表，不利于查询和处理。设计新的数据采集模块 DAQ，只将数据进行简单处理并存到数据库，图 6-39 为当前数据库的存储字段及说明。

6.2.2 大规模云数据中心运行能效评估与预测子系统研制

1. 系统设计与开发

基于运行数据的云数据中心能效评估与预测子系统是根据前后端分离的思想进行设计与开发的,前端部分使用 Vue 和 HighCharts 技术与其他任务共同开发,这里不作赘述。后端架构如图 6-40 所示,后端由业务部分和算法部分两大块构成,下面分别介绍这两块内容。业务部分中的子系统一 gRPC Stub 是调用子系统一数据查询接口的 gRPC 客户端;数据存取 Service 借助 gRPC Stub 查询解析数据并缓存到 Redis 集群中;能耗评估 Controller 和能耗预测 Controller 分别用于接收前端用户的能耗评估和预测请求,随后进行输入校验、数据存取、调用算法库、校验结果、反馈结果给前端等业务逻辑,其中算法库的调用是基于算法库 gRPC Stub 来实现的;为了向其他任务提供服务,后端也实现了对外服务 gRPC Sever,用于向其他任务提供容器级能耗预测服务。算法部分封装了能耗评估、指标评估和能耗预测三大类的算法,并实现了算法库 gRPC Server 来响应业务部分对算法的请求。

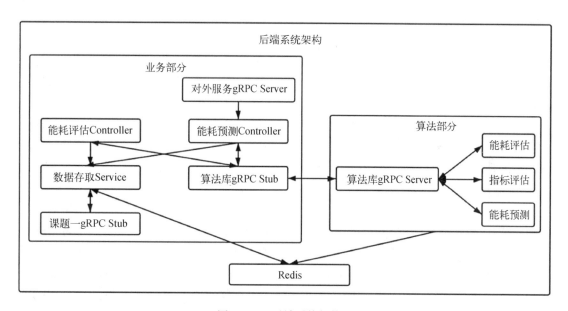

图 6-40 后端系统架构图

1) 能耗评估

能耗评估功能是众多功能的基础,其中包括用于展示的虚拟机能耗评估功能和物理机硬件能耗分解功能,还有为后续容器能耗预测提供数据基础的容器能耗评估功能。

首先,如果要完成能耗评估任务,算法库需要根据用户请求的相关参数执行对应的功能逻辑。对应的 proto 文件中规定了用户请求格式。其中,包括对应名称 ID 的参数 host、评估的起始时间点 start、评估的结束时间点 end、评估采用的算法 algorithm 以及选择的任务类型 hostType(虚拟机、容器还是硬件)。而算法库返回的则是一串从 start 到 end 时间点内的评估得到能耗值的 JSON 字符串。对于能耗评估功能下的三种类型的任务,它们有相同的特性:都基于虚拟机的状态信息对能耗进行评估。

能耗评估模块接收到来自后端传来的消息之后,会先判断任务类型是虚拟机能耗评估,容器能耗评估,还是硬件能耗评估。如果是容器能耗评估,先要从 Redis 中找到该容器所处的虚拟机对应的 ID,并以同样的方式找到该虚拟机所在的物理机对应的 ID。无论是哪种能耗评估任务都需要用到虚拟机的状态信息,因此它们都需要根据当前的物理机 ID 获取得到该物理机上所有虚拟机的 ID。并从 Redis 中取出这些虚拟机的数据,同时也取出该段时间内的物理机的能耗值。将同一个时间戳下相同类型的虚拟机特征进行加和并按照物理机特征的上下限进行归一化后得到每个时刻对应的每个虚拟机类型的数据。

如果是虚拟机能耗评估任务,会先将上述得到的虚拟机数据代入虚拟机能耗评估模型中找到当前虚拟机状态所对应的叶子节点并取出对应的权重向量和偏置项。根据每个虚拟机的类型,从权重向量中取出该类型对应的权重项,将归一化后的单个虚拟机特征数据代入该模型中,最终得到每个虚拟机在这段时间内的能耗值。并将每个虚拟机 ID 和每个虚拟机的能耗值列表作为键值对打包后返回给后端。

如果是容器能耗评估任务,在通过虚拟机数据获取到叶子节点对应的权重向量和偏置项后,根据容器所在的虚拟机类型获取得到对应的权重项,将归一化好的该容器的特征代入模型中,最终计算得到该容器从 start 时间点到 end 时间点的能耗值列表,并将该列表返回给后端。如果是硬件能耗分解任务,在合并得到虚拟机类型的数据后,通过将对应的特征项置为 0,然后代入到训练好的能耗评估模型中得到某些硬件不运行时对应的物理机能耗,通过一定的交叉运算最终评估得到每个时间点下各个硬件的能耗,并以硬件名和该硬件这段时间内的能耗列表的键值对的形式返回给后端。

2) 能耗预测

能耗预测功能能为后续资源调度,智能告警等功能提供参考信息,其中包括用于展示的物理机能耗预测功能,还有为后续容器调度提供数据基础的容器能耗预测功能。对于能耗预测任务来说,算法库需要根据用户请求的相关参数去确定需要执行的功能模块。对应的 proto 文件中规定了用户请求格式。其中,包括对应名称 ID 的参数 host,预测功能所需的历史数据的起始时间点 start,预测功能所需的历史数据的结束时间点 end,预测功能采用的算法 algorithm 以及预测功能的任务类型 type(物理机还是容器)。而算法库返回的则是 end 时刻的真实能耗以及预测得到的 end 时刻的下一时刻的能耗值的组成的字符串(以逗号分隔)。

能耗预测服务接收到来自后端发送的 gRPC 消息之后,首先会根据任务类型(物理机能耗预测或是容器能耗预测)设置相关变量,然后从 Redis 中取出对应时刻的物理机或容器的状态数据(在后端调用容器能耗预测功能之前后端首先会调用容器能耗评估,获取得到容器能耗预测所需的能耗数据并存储到 Redis 中)。对获取得到的数据进行缺失值填充,异常值处理和归一化等预处理操作之后,对数据进行时序拼接以方便输入后续模型中。之后根据后端传来的 algorithm 参数选择相应的算法对下一时刻进行预测,将当前时刻的能耗值与预测得到的下一时刻的能耗值同时返回给后端。由于能耗预测功能中的两个任务采用的是同一个逻辑框架,因此物理机能耗预测和容器能耗预测内置的算法也完全相同,有包括传统的单变量时序预测模型 ARIMA、传统的 Bagging 类集成学习模型随机森林,同时也包括了深度神经网络类的预测模型,分别有堆叠式长短期记忆网络 LSTM、时序卷积网络 TCN 以及基于两阶段注意力机制的循环神经网络 DARNN。

3）指标评估

指标评估功能是云数据中心智能监控的一部分,其包括用于展示和监控的 QoS 指标评估功能和云数据中心能效评估功能。首先,如果要完成指标评估任务,算法库需要根据用户请求的相关参数去执行对应的功能模块。对应的 proto 文件中规定了用户请求格式,其中,包括指标评估功能的任务类型 type(QoS 指标评估或云数据中心能效评估),以及 QoS 指标评估所需的物理机 ID 参数 host、指标评估的起始时间点 start 以及结束时间点 end,还有指标评估功能采用的算法 algorithm 这 5 个参数。而算法库返回的则是一串从 start 到 end 时间点内的评估得到指标值的 JSON 字符串。

虽然 QoS 指标评估和云数据中心能效评估涉及的主体不同,但逻辑是类似的。首先,指标评估服务接收到来自后端发送的 gRPC 消息之后,会首先判断任务类型 type 是 QoS 指标评估,还是云数据中心能效评估。如果是 QoS 指标评估,算法库会从 Redis 中获取对应时刻的物理机的状态数据,并根据采用的算法选出对应的特征列并做数据预处理,然后将数据代入模型中计算得到对应时刻的 QoS 值,并以｛“qos”: 对应的 QoS 值列表｝的 JSON 字符串的形式返回给后端。如果是云数据中心能效评估,根据对应的算法从 Redis 中获取对应的云数据中心的各种指标值并做预处理之后,将数据投入模型中计算得到对应时刻的云数据中心能效等级,并以｛“dc”: 对应的云数据中心能效等级列表｝的 JSON 字符串的形式返回给后端。

指标评估功能下的两个任务由于业务场景不同,因此采用的算法也不相同。在 QoS 指标评估任务中采用的是基于置信规则库并通过均方误差优化参数的 QoS 参数规约算法,而云数据中心能效评估任务中则是根据原始的主观权重和客观权重得到综合权重后,通过特定方法得到每个能效等级的综合隶属度,最大隶属度的能效等级则为最终的能效等级。

2. 系统部署

Kubernetes 是对容器化应用程序进行管理的开源系统,考虑在真实场景中进行部署时使用容器化的部署方式进行。需要部署的 Pod 应用有两类,分别是前端 Pod 和后端 Service(后端的一组 Pod 构成了一个 Service)。后端 Pod 和 Service 的 YAML 文件如下所示。

```
1. apiVersion：apps/v1
2. kind：Deployment
3. metadata：
4.   name：power-evaluate-predict-service
```

```
 5.  sepc：
 6.  replicas：2
 7.  selector：
 8.    matchLabels：
 9.      app：power-evaluate-predict-service
10.  template：
11.    metadata：
12.      labels：
13.        app：power-evaluate-predict-service
14.    spec：
15.      containers：
16.      - name：njupt-service
17.        image：harbor.cloudcontrolsystems.cn/njupt/njupt-service：latest
18.        ports：
19.        - containerPort：8088，8089
20. ---
21. apiVersion：v1
22. kind：Service
23. metadata：
24.   name：njupt-service
25. spec：
26.   selector：
27.     app：power-evaluate-predict-service
28.   type：NodePort
29.   ports：
30.   - protocol：TCP
31.     port：8088
32.     targetPort：8088
33.     nodePort：30088
```

6.2.3　大规模云数据中心资源管理与调度子系统研制

1. 系统设计与开发

基于集群联邦架构的 Kubernetes 分布式系统如图 6-41 所示，架构主要由集群联邦层和 Kubernetes 集群层组成。集群联邦层的 master 节点利用 API 服务器与 etcd 储存状态，通过调度器管理 Kubernetes 层中的各个 Kubernetes 节点。通过跨集群调度，可以跨集群均匀调度任务负载，从而减少整体系统开销。Kubernetes 层由多个 Kubernetes 节点组成，每个节点将由 master 选择将任务(Pod)调度到空闲的 node 中。综上所述,系统需要在集群联邦层与 Kubernetes 层各部署一个调度算法,其调度对象不同,评价指标不同。集群联邦层调度算法追求多批次、高效、轻量地进行粗粒度调度,而 Kubernetes 层调度算法将对单个 Pod 任务进行细粒度的精确调度。

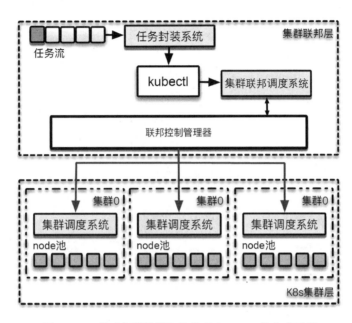

图 6-41　基于集群联邦架构的 Kubernetes 分布式系统

本系统根据需求主要分为三大核心系统、任务封装系统、集群联邦调度任务系统以及基于深度强化学习的集群调度系统。

1) 任务封装系统

本系统的主要功能是将任务四输出的具体任务,需求 CPU、内存、磁盘使用等属性通过 YAML 文件高效打包为 Kubernetes 的调度最小单元 Pod 任务,供调度任务系统调度。

2) 集群联邦调度任务系统

系统运行在集群联邦层,由进化算法库模块、联邦层任务并合调度模块及联邦层调度方案动态优化模块组成,如图 6-42 所示,通过自动配置的进化算法将到来的 Pod 任务群批量分配到合适的 Kubernetes 集群中。对于数十万台服务器的大规模云数据中心,直接将任务分配到各节点效率较低,且一个集群最多只能容纳 5 000 个节点。因此引入联邦层,首先将任务流在联邦层调度到各个集群,再由集群主节点将少量任务调度到各个节点。由于只考虑任务流在集群水平上的调度,该算法极大地降低了算法的时间复杂度。集群作为粗粒度资源块,相较于节点的数量级大大降低,使得算法能够轻松扩展到由多个集群组成甚至数十万台服务器构成的大规模云数据中心。同时,算法的分组并合机制进一步降低计算的维度,同时能够快速应对突然涌入的大数量级的任务流,将数千或数以万计的任务调度到大规模云数据中心。

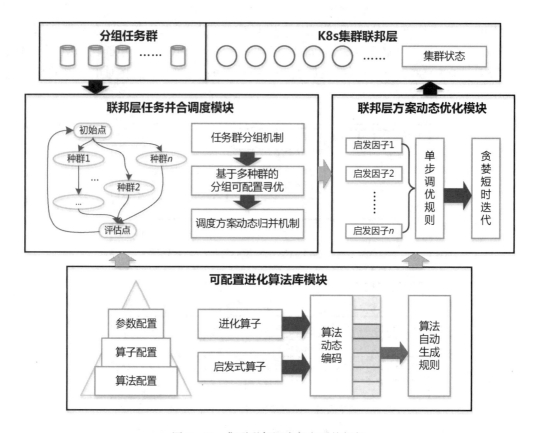

图 6-42 集群联邦调度任务系统框架

此外,系统将作为一个服务运行,调度算法基于 C++和 MPI 编写,经封装后通过 http-post 等与 Kubernetes 完成交互。围绕集群联邦层任务调度,设计三个子任务研究:可配置进化算法库模块构造、基于任务群划分的并合调度方法研究以及基于多启发因子的调度方案动态优化策略。

(1)子任务一:集合多种进化算子和启发式算子,挖掘各类算子结构和参数特征,设计算法自动配置/生成技术,构建面向云计算任务调度的可配置进化算法库模块。

(2)子任务二:面向集群联邦层任务群,设计任务群分组机制和动态归并机制,以任务二提出的优化目标为指导,构建基于多种群的任务群并合调度方法,并在 Kubernetes 联邦层进行试验验证和改进。

(3)子任务三:针对集群联邦层任务群调度方案,设计多启发因子快速自动轮选机制,在此基础上构造调度方案动态优化策略,联立上述并合调度方法,在 Kubernetes 联邦层进行试验和改进,并将系统部署到本章内容的应用环境,实现联邦层调度方案高效生成。

3)基于深度强化学习的集群调度系统

系统部署于 Kubernetes 集群层中的每个 Kubernetes 集群中,将联邦调度任务系统分配的 Pod 任务分配到集群中指定的 node 节点上,该算法追求细粒度、高性能、低任务执行时间。

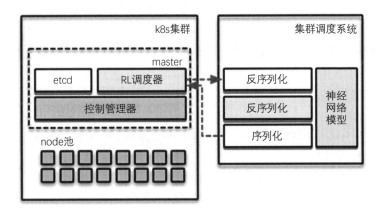

图 6-43 基于深度强化学习的集群调度系统

如图 6-43 所示,系统将作为一个服务运行,使用 Python 编写完成,深度强化学习算法主要使用 Tensorflow 实现,网络表征模型使用 tflearn 搭建。Kubernetes 调度器模块使用 go 语言完成接口,并与 Python 通过 http-post 等方案进行交互。设计研究三个子任务:离线仿真器构造,基于数据驱动的离线环境下的强化学习及持续学习。

(1)子任务一:离线仿真器构造。如图 6-44 所示,采集的数据使用深度神经网络与传统建模技术结合构建一个 Kubernetes 调度仿真模拟器。

(2)子任务二:基于数据驱动的离线环境下的强化学习。在离线环境下,利用仿真

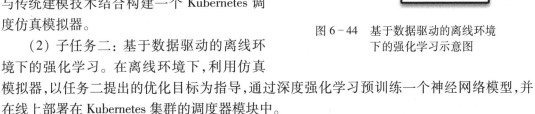

图 6-44 基于数据驱动的离线环境下的强化学习示意图

模拟器,以任务二提出的优化目标为指导,通过深度强化学习预训练一个神经网络模型,并在线上部署在 Kubernetes 集群的调度器模块中。

(3)子任务三:持续学习。在线上真实环境下持续迭代更新学习,使神经网络模型达到更优的效果。

2. 基于 multicluster-scheduler 的联邦层智能并合调度工具介绍

multicluster-scheduler 基于是 Kubernetes 的可智能地跨集群调度工作负载的调度控制器系统。它易于使用,并且易于与其他工具集成,支持许多集群,多区域,多云等应用场景。其调度架构如图 6-45 所示,主要包含 4 个重要组件来支持多集群调度,分别为:

(1)变异许可 webhook,将源 Pod 转换为代理 Pod;

(2)代理调度器,依据评分确定委托 Pod,将代理 Pod 调度至相应虚拟节点;

（3）Pod-chaperon 控制器，创建候选 Pod，并依据调度结果更新相应 Pod chaperon 状态；

（4）候选调度器，将候选 Pod 调度至集群内节点。

其中，在 multicluster-scheduler 进行多集群调度时，会基于源 Pod 产生 4 种调度 Pod 来辅助调度，分别为：

（1）代理 Pod，由源 Pod 转换而来，位于管理集群，被调度到与目标集群对应的虚拟节点运行；

（2）Pod chaperon，被用作代理调度器和候选调度器之间的双向跨集群通信通道，以协调调度和集群绑定的周期；

（3）候选 Pod，在所有目标集群中创建与源 Pod 对应的候选 Pod；

（4）委托 Pod，在最终选定的目标集群中创建委托 Pod。

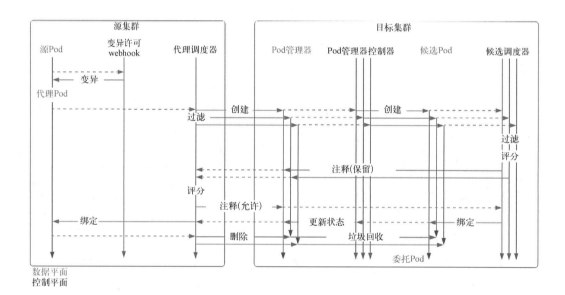

图 6-45　multicluster-scheduler 调度架构图

基于上述重要组件及 Pod 的支持，multicluster-scheudule 的运作方式可总结如下。

在调度代理 Pod（将其绑定到虚拟节点）时，代理调度器对目标群集信息掌握不足，且为了保证集群信息精确度，在所有通过过滤的目标集群中创建 Pod chaperon。同时，Podchaperon 控制器创建相应候选 Pod，候选调度器具有确定是否可以调度这些 Pod 所需的全部信息。在对通过过滤器的虚拟节点进行评分后，代理调度器选出一个候选 Pod，绑定对应的委托 Pod，调度对应的代理 Pod 至管理集群，并删除所有其他候选 Pod。

multicluster-scheduler 实现了多集群任务调度，但其"在多个集群创建候选 Pod，最终保留其中一个删除其他"的调度方式在针对大规模任务调度时效率低下。

1）环境配置

multicluster-scheduler 的安装部署需一定的环境配置。首先，在 Linux 系统中建立多个 Kubernetes 集群用于管理集群与目标集群的配置。其次，为了实现管理集群能够通过

muticluster-schedulers 实现任务跨集群调度,需要将各目标集群及管理集群的 config 文件合成总的 config 文件,便于跨集群访问与调度。除此之外,需要在管理集群中安装 helm、jq 等工具。在应用基于 multicluster-scheduler 的集群级调度工具进行调度时需要配置 Python 环境、C++环境,其中包括 MPI 接口工具库。

2) 集群级调度工具模块组成与结构

本节结合 Kubernetes client python 和 multicluster-scheduler 实现了集群级调度工具设计,其结构如图 6‐46 所示。更具体地讲,调度器中共设计了 5 个模块实现调度功能,分别是 Pod 需求读取模块、集群元数据读取模块、集群状态信息读取模块、并合调度算法接口模块、Pod 调度模块。综合 Kubernetes client python 和 multicluster-scheduler 实现了集群级别调度器设计,可快速读取集群及任务信息、实现属于同一工作流的 Pod 组到集群的调度、可更换集群内调度器,最终成功实现了集群级别任务的快速调度,在大规模涌现任务在云数据中心的调度中发挥了重要作用。

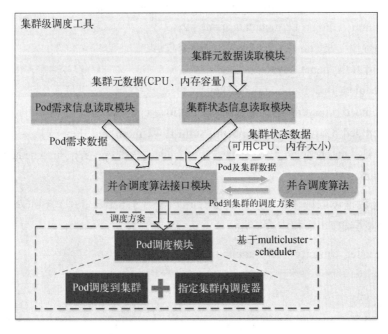

图 6‐46　集群级调度工具结构图

3) 集群级调度工具设计

本小节将从 5 个功能模块展开来具体阐述集群级调度工具的设计与实现,并附上部分核心代码。

(1) Pod 需求读取模块。获取用户提交上来的待调度的任务,记录 Pod 名称、任务需求的 CPU 核数以及内存大小。由于工作流中拆解出的 Pod 需要调度到相同集群中,因此任务在本模块中对 Pod 需求进行叠加处理,即将属于同一工作流的 Pod 视为一个整体,以便最终实现 Pod 打包调度的功能。

```
1.  def get_Pod_request(self):
2.      v1 = client.CoreV1Api()
3.      Pods = v1.list_Pod_for_all_namespaces(field_selector='status.phase=Pending').items
4.      unscheduled_Pod_cpu_req = []
5.      unscheduled_Pod_mem_req = []
6.      unscheduled_Pod_name = []
7.      flow_name = {}
8.      Pods_ind = {}
9.      flow_cpu_req = {}
10.     flow_mem_req = {}
11.     for i in range(len(Pods)):
12.         if Pods[i].spec.scheduler_name == self.scheduler_name:
13.             Pod_req = Pods[i].spec.containers[0].resources.requests
14.             p_name = Pods[i].metadata.name
15.             ##通过字段读取 Pod 的 cpu 及内存需求##
16.     for key in flow_name.keys():
17.         unscheduled_Pod_name.append(key)
18.         unscheduled_Pod_cpu_req.append(sum(flow_cpu_req[key]))
19.         unscheduled_Pod_mem_req.append(sum(flow_mem_req[key]))
20.     return Pods, unscheduled_Pod_name, unscheduled_Pod_cpu_req, unscheduled_Pod_mem_
        req, flow_name, Pods_ind
```

（2）集群元数据读取模块。调用 client.CoreV1Api().list_node() 接口读取集群中节点容量，从而获得集群总 CPU 和内存容量。

```
1.  def get_all_cluster_capacity(self, contexts, conf_file):
2.      cpu_capacity = []
3.      mem_capacity = []
4.      for i in range(len(contexts)):
5.          config.kube_config.load_kube_config(config_file=conf_file, context=contexts[i])
6.          nodes = self.v1.list_node().items
7.          cpu_sum = 0
8.          mem_sum = 0
9.          for i in range(len(nodes)):
10.             roles = nodes[i].metadata.labels
11.             if "kubernetes.io/hostname" in roles.keys():
12.                 cpu_sum += int(nodes[i].status.allocatable["cpu"])
13.                 mem_temp = nodes[i].status.allocatable["内存"]
```

14.　　　　mem_temp = float(mem_temp[: -2]) ╱ 1024
15.　　　　mem_sum += mem_temp
16.　　　cpu_capacity.append(cpu_sum)
17.　　　mem_capacity.append(mem_sum)
18.　　**return** cpu_capacity, mem_capacity

（3）集群状态读取模块。在集群中安装部署 metrics,调用 metrics API 接口快速读取集群可用 CPU 与内存大小。

```
1. def get_cluster_metrics( self, contexts, cpu_capacity, mem_capacity) :
2.    metrics = []
3.    node_list = []
4.    cpu_remain = np.zeros( len( contexts))
5.    mem_remain = np.zeros( len( contexts))
6.    for i in range( len( contexts)) :
7.       config.kube_config.load_kube_config( config_file=self.conf_file, context=contexts[ i])
8.       cust = CustomObjectsApi( )
9.       metrics = cust.list_cluster_custom_object( ' metrics.Kubernetes.io', 'v1beta1', 'nodes')
10.      metadata_list = metrics[ ' items']
11.      cpu_request = 0
12.      mem_request = 0
13.      for j in range( len( metadata_list)) :
14.         node_list = metadata_list[ j]
15.         cpu_usage = float( node_list[ "usage"][ "cpu"][ 0: -2]) × 1E-9
16.         cpu_request += cpu_usage
17.         mem_usage = float( node_list[ "usage"][ "内存"][ 0: -3]) × 1E-3
18.         mem_request += mem_usage
19.      cpu_remain[ i] = cpu_capacity[ i] - cpu_request
20.      mem_remain[ i] = mem_capacity[ i] - mem_request
21.   return cpu_remain, mem_remain
```

（4）并合调度算法接口模块,设计调用并合调度算法的输入输出接口,将以上 Pod 与集群信息形成信息获取接口,设计时间╱任务量触发方案输入给并合调度算法并读回算法给出的调度方案,并对 Pod 组进行拆解,最终生成以单个 Pod 为单位的调度方案。

（5）Pod 调度模块。将调度方案通过 multicluster-scheduler 实现 Pod 到集群的调度。主要实现两部分内容:通过添加 annotation 将默认调度器替换为集群内调度器;通过 node_selector 指定与调度方案相对应的集群 label 即可在指定集群中创建委托 Pod,最终实现集群级别调度。

大规模云数据中心智能管理技术及应用

```
1.  def Podbinding(self, Pod, cluster):
2.      config.load_kube_config(config_file=self.conf_file)
3.      v1 = client.CoreV1Api()
4.      print("start upPod")
5.      str_cluster = 'cluster'+ str(int(cluster)+1)
6.      an = {"multicluster.admiralty.io/elect": ""}
7.      an1 = {"multicluster.admiralty.io/no-reservation": ""}
8.      tmp = Pod.to_dict()
9.      if tmp['metadata'].get('owner_references', None) == None:
10.         if Pod.metadata.annotations:
11.             Pod.metadata.annotations.update(an)
12.             Pod.metadata.annotations.update(an1)
13.             if Pod.metadata.annotations.get('kubectl.kubernetes.io/last-applied-configuration'):
14.                 del Pod.metadata.annotations['kubectl.kubernetes.io/last-applied-configuration']
15.         else:
16.             Pod.metadata.annotations = an
17.             Pod.metadata.annotations.update(an1)
18.         Pod.spec.scheduler_name = 'deepKubernetes-scheduler'
19.         if Pod.spec.node_selector:
20.             Pod.spec.node_selector.update({'topology.kubernetes.io/region': str_cluster})
21.         else:
22.             Pod.spec.node_selector = {'topology.kubernetes.io/region': str_cluster}
23.         Pod.metadata.resource_version=None
24.         Pod_name = Pod.metadata.name
25.         Pod_ns = Pod.metadata.namespace
26.         d = v1.delete_namespaced_Pod(Pod_name, Pod_ns, grace_period_seconds=0)
27.         r = v1.create_namespaced_Pod(Pod_ns, Pod)
28.     return True, str_cluster
```

3. DeepKubernetes 调度系统部署

Kubernetes 是对容器化应用程序进行管理的开源系统,考虑在真实场景中进行部署时使用容器化的部署方式进行。需要部署的 Pod 应用有 3 个,分别是 MySQL 数据库、资源调度器和集群状态仪表盘,其整体结构如图 6 – 47 所示。本节将对测试环境和具体部署方案进行简要介绍。

模型训练在 1 台 8 核 64G 内存的物理机上进行,实验中使用的软件配置如下:

(1)操作系统:Ubuntu 20.04 LTS;

（2）集群管理系统：Kubernetes 1.17；

（3）深度学习框架：TensorFlow 1.15；

（4）编程语言：Python 3.7+Node.js。

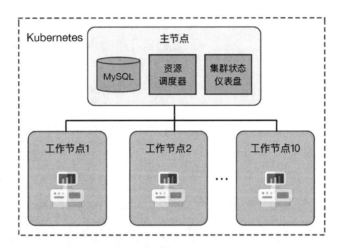

图 6-47 真实场景部署结构示意图

资源调度器的主要功能是通过访问 Kubernete 系统提供的应用程序接口（application programming interface，API）获取当前集群状态信息，将状态信息输入已经训练好的模型中得到相应的调度决策，最后将调度决策提供给 Kubernetes 系统。为了对调度结果进行后续分析，需要将每次的调度结果存储到数据库中。在具体实现时，为了方便之后的测试工作，将启发式调度算法一并打包到一个 Docker 镜像中，测试时在部署配置文件中指定需要使用的调度器即可对不同调度算法进行测试，方便测试工作。在部署运行时，编写相应的 YAML 配置文件，通过 Kubernete 系统的 API 以 Pod 的形式将资源调度器部署到 Kubernetes 集群中运行。

为了存储调度结果，调度器程序需要在初始化时接入数据库，如果在调度器程序初始化时数据库服务并未启动，可能会造成一些未知的错误。为了程序运行更加稳健，在对调度器和数据库服务进行部署时需要控制它们的启动顺序，即在数据库 Pod 启动并运行之后再启动调度器 Pod，保证调度器程序顺利接入数据库并正常运行。Kubernetes 系统提供的 Init 容器可以用来控制 Pod 的启动顺序。Init 容器是一种特殊的容器，在 Pod 内应用容器启动之前运行，基于 Init 容器这样的特点，可以在调度器 Pod 内增加一个 Init 容器，其具体功能为监控调度器依赖的数据库服务是否已经在 Kubernetes 系统中成功部署，当 Init 容器未检测到成功部署的数据库服务时，等待一段时间后继续监听，直到数据库服务成功在 Kubernetes 系统中运行才退出监控，而调度器程序只能在所有 Init 容器运行结束之后运行，通过这种方法保证了调度器程序初始化时能够顺利接入数据库服务。

1）真实任务 Docker 镜像

任务为在真实集群中测试调度器性能，需要设计模拟的真实任务。在实际应用环境下，派遣向集群的真实任务具有一定的预计执行时间,占用一定的内存和 CPU 资源。于是设计了基于 Python 脚本的模拟任务,可实际占用节点内存和 CPU,并运行给定的时间。将 Python 脚本打包成 Docker 镜像后,即可通过相应的 YAML 文件进行部署。

图 6-48 展示了模拟真实任务的 Python 脚本的核心部分。通过动态申请内存资源以实际占用节点的给定大小内存。再通过循环结构在给定的运行时间内不断进行减法计算和逻辑判断,直到运行时间结束,于是在给定的时间内实际占用了 CPU 资源。Python 脚本具有两项命令行参数,分别是任务预计运行时间(单位为 s)和任务占用内存资源大小(单位为 bytes)。而 CPU 资源的占用量需要通过后续 YAML 文件中的 resource 指定。

```
14 buff=create_string_buffer(memory)
15 while time()-currentTime<timeLimit:
16     pass
```

图 6-48　模拟任务 Python 脚本核心

图 6-49 展示了在集群上运行模拟真实任务的 Python 脚本后的资源占用情况,通过 htop 命令查看节点的资源利用率,发现模拟任务确实实际占用了内存和 CPU 资源。

```
 PID USER      PRI  NI  VIRT   RES   SHR S CPU% MEM%   TIME+  Command
487871 root      20   0  503M  499M  5156 R 100.  1.6  0:40.66 python task.py -t 60 -m 512000000
3784362 root     20   0 2100M   98M 61336 S  3.3  0.3 35:03.52 /usr/bin/kubelet --bootstrap-kubeconfig=/etc/kubernetes/bootstrap
3241150 root     20   0 1923M  107M 49512 S  3.3  0.3 48:23.66 /usr/bin/dockerd -H fd:// --containerd=/run/containerd/containerd
```

图 6-49　模拟任务占用节点资源情况

为了使得 Python 脚本可以在 Kubernetes 上部署,需要将其包装为 Docker 镜像,并且该镜像运行时需要提供命令行参数(运行时间和内存资源)。为此需要设计一个 Dockerfile 文件进行打包,如图 6-50 所示。使用 Python:3.6-slim 作为基础镜像,以减小镜像大小。再通过 ENTRYPOINT 描述镜像运行时所执行的命令,特别地,运行镜像时所输入的参数可以传递到 ENTRYPOINT 的最后。例如通过如下命令运行 Docker 镜像(名称为 task):

sudo docker run --name = task --rm = true task -t 10 -m 200

```
# 基于的基础镜像
 FROM python:3.6-slim
#
## 维护者信息
#
# MAINTAINER WuJiayun  wu-jy18@mails.tsinghua.edu.cn
#
## 代码添加到code文件夹
   COPY task.py /code/
## 设置code文件夹是工作目录
#
   WORKDIR /code
#
## 安装支持
#
#
   ENTRYPOINT ["python", "task.py"]
```

图 6-50　模拟任务镜像的 Dockerfile 文件

则[-t, 10, -m, 200]即作为参数传入到命令的最后,运行镜像时实际运行的命令为

$$Python\ task.py\ -t\ 10\ -m\ 200$$

通过这种方法即实现向 Docker 镜像中传递命令行参数。

为了将镜像部署至 Kubernetes,可以部署一个 Job 类型的示例,其特点可以是一次性地

执行。为此设计了该 Job 的 YAML 文件,如图 6－51 所示。其中,通过 container 中的 args 参数向 Docker 镜像提供命令行参数,从而设置模拟任务的运行时间和占用内存。再通过设置 container 的 resources 参数设置模拟任务占用的 CPU 和内存（两处内存保持一致）。其中, resources. requests 为任务需要为其分配的资源;resources.limits 为任务限制使用的最大资源,设置为 requests 的两倍,以防止小任务过多占用节点资源。

基于 Cluster Data v2018 的真实 Trace 进行任务生成。Cluster Data v2018 提供了 8 天内在 4000 machine 上的共 1 400 余万条 Task 部署信息,包括每一项 Task 的起始和终止时间戳,以及 Task 的占用内存资源和 CPU 情况,如图 6－52 所示。

首先对上述的 Cluster Data 进行预处理,删除所有失败任务、正在执行任务的 log 信息。然后计算每一项任务的运行时间,并筛选出运行时间在 1～10 min 范围内的任务。将挑选出的任务按到达时间进行排序,并依序选择前 10 000 条任务,其到达集群的持续时间为 1.4 小时。

通过任务生成器脚本批量地部署任务。图 6－53 展示了任务生成器的核心逻辑。依据任务到达的顺序,一旦到达给定时间,即部署任务。

```
apiVersion: batch/v1
kind: Job
metadata:
 name: task-app
 labels:
   app: task-app
spec:
 parallelism: 1
 completions: 1
 template:
   metadata:
     labels:
       app: task-app
   spec:
     restartPolicy: Never
     containers:
     - name: task
       image: albao/task:latest
       imagePullPolicy: IfNotPresent
       args:
       - -t
       - "60"
       - -m
       - "512000000"
       resources:
         limits:
           cpu: 1000m
           memory: 1024M
         requests:
           cpu: 10m
```

图 6－51　Job 实例 YAML 文件

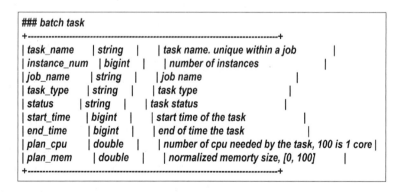

```
### batch task
+-------------------------------------------------------------------+
| task_name    | string  |   | task name. unique within a job       |
| instance_num | bigint  |   | number of instances                  |
| job_name     | string  |   | job name                             |
| task_type    | string  |   | task type                            |
| status       | string  |   | task status                          |
| start_time   | bigint  |   | start time of the task               |
| end_time     | bigint  |   | end of time the task                 |
| plan_cpu     | double  |   | number of cpu needed by the task, 100 is 1 core |
| plan_mem     | double  |   | normalized memorty size, [0, 100]    |
+-------------------------------------------------------------------+
```

图 6－52　Cluster Data 中 batch task 的文件内容

通过 Kubernetes 的 API 进行任务部署,即部署模拟真实任务的 Docker 镜像,选用 deepKubernetes-scheduler 作为调度器,如图 6－54 所示。特别地,将镜像拉取的方式设置为 IfNotPresent,以兼容本地镜像和拉取镜像两种途径。

调度器可以对部署的任务数量进行设置,并且可以设置一个时间的 offset,从 Trace 中某一时刻后的任务开始部署。同时,调度器有两种模式:simultaneous(同时部署所有任务)和progressive(按照 Trace 的时间序列部署任务)。在 simultaneous 模式下,对集群进行压力测试,在同一时刻部署 100 个任务,调度器工作正常。

```
def simulate(self):
    start=time.time()
    for taskIndex in range(self.taskNumber):
        while (time.time()-start<self.taskdf.iloc[taskIndex]['start_time'] and self.mode=="progressive"):
            time.sleep(0.01)
        self.createTask(taskIndex)
```

图 6-53　任务模拟核心逻辑

```
# Body is the object Body
body = client.V1Job(api_version="batch/v1", kind="Job")
# Body needs Metadata
# Attention: Each JOB must have a different name!
body.metadata = client.V1ObjectMeta(namespace=namespace, name=name)
# And a Status
body.status = client.V1JobStatus()
# Now we start with the Template...
template = client.V1PodTemplate()
template.template = client.V1PodTemplateSpec()
# resource config
resources = client.V1ResourceRequirements(limits=res['limits'], requests=res['requests'])
container = client.V1Container(name=name, image=image_name, args=spec_args, resources=resources,
                            image_pull_policy='IfNotPresent')#image pull policy shall be IfNotPresent
template.template.spec = client.V1PodSpec(scheduler_name='deepk8s-scheduler',
                                containers=[container],
                                restart_policy='Never'
                                )
# And finaly we can create our V1JobSpec!
body.spec = client.V1JobSpec(completions=1, parallelism=1, ttl_seconds_after_finished=600, template=template.template)
return body
```

图 6-54　任务部署方法

NAME	DURATION	AGE	REQUIRED TIME
task0	374	9m29s	361
task1	333	9m29s	317
task2	328	9m28s	317
task3	333	9m28s	314
task4	386	9m28s	364
task5	448	9m28s	423
task6	416	9m28s	405
task7	325	9m28s	314
task8	396	9m21s	375
task9	161	7m55s	159
task10	90	7m54s	84
task11	150	7m2s	148
task12	398	6m52s	389
task13	321	6m51s	313
task14	151	6m10s	141
task15	102	6m9s	101
task16	93	6m9s	81
task17	249	6m8s	247
task18	97	6m8s	86
task19	96	6m8s	93

图 6-55　小规模测试下(20 个任务)任务
部署、调度和执行时间

在 progressive 模式下,首先用 20 个任务按照 Trace 进行部署。图 6-55 统计了不同任务的实际执行时间和预估的运行时间。可见,对于其中 1~10 min 的任务,调度时间被控制在 30 s 以内。

2) 使用 init container 解决容器启动顺序

Kubernetes 创建 Pod 时,需要定义容器的启动顺序,保证 MySQL 容器运行完成后,即 MySQL 服务启动后,再启动创建 scheduler 主程序容器。调研之后决定使用 init container 的方法来解决容器启动顺序问题,代替之前在 scheduler 中等待的方法,init container 方法是 Kubernetes 提供的方法,更加鲁棒。

每个 Pod 中可以包含多个容器,应

用运行在这些容器里面,同时 Pod 也可以有一个或多个先于应用容器启动的 Init
容器。

Init 容器与普通的容器非常像,除了如下两点:

(1) 它们总是运行到完成;

(2) 每个都必须在下一个启动之前成功完成。

如果 Pod 的 Init 容器失败,Kubernetes 会不断地重启该 Pod,直到 Init 容器成功为止。
然而,如果 Pod 对应的 restartPolicy 值为 Never,Kubernetes 不会重新启动 Pod。

为 Pod 设置 Init 容器需要在 Pod 的 spec 中添加 initContainers 字段,该字段以
Container 类型对象数组的形式组织,和应用的 containers 数组同级相邻。Init 容器的状态在
status.initContainerStatuses 字段中以容器状态数组的格式返回(类似 status.containerStatuses
字段)。

Init 容器支持应用容器的全部字段和特性,包括资源限制、数据卷和安全设置。然而,
Init 容器对资源请求和限制的处理稍有不同,在下面资源节有说明。

同时 Init 容器不支持 lifecycle、livenessProbe、readinessProbe 和 startupProbe,因为它们必
须在 Pod 就绪之前运行完成。

如果为一个 Pod 指定了多个 Init 容器,这些容器会按顺序逐个运行。每个 Init 容器必
须运行成功,下一个才能够运行。当所有的 Init 容器运行完成时,Kubernetes 才会为 Pod 初
始化应用容器并像平常一样运行。

因为 Init 容器具有与应用容器分离的单独镜像,其启动相关代码具有如下优势。

(1) Init 容器可以包含一些安装过程中应用容器中不存在的实用工具或个性化代码。
例如,没有必要仅为了在安装过程中使用类似 sed、awk、Python 或 dig 这样的工具而去
FROM 一个镜像来生成一个新的镜像。

(2) Init 容器可以安全地运行这些工具,避免这些工具导致应用镜像的安全性降低。

(3) 应用镜像的创建者和部署者可以各自独立工作,而没有必要联合构建一个单独的
应用镜像。

(4) Init 容器能以不同于 Pod 内应用容器的文件系统视图运行。因此,Init 容器可以访
问应用容器不能访问的 Secret 的权限。

(5) 由于 Init 容器必须在应用容器启动之前运行完成,因此 Init 容器提供了一种机制
来阻塞或延迟应用容器的启动,直到满足了一组先决条件。一旦前置条件满足,Pod 内的所
有的应用容器会并行启动。

根据 Kubernetes 官方给出的实例,编写了适合自研调度器 scheduler 和 MySQL 服务的
YAML 文件,如图 6 - 56 所示。

从调度器 YAML 文件,需要在 container 下面增加 initContainer,这个容器主要负责在普
通容器启动之前监听 MySQL 服务是否运行的。使用 busybox 镜像来进行监听,当 MySQL 服
务已经存在集群中表明 MySQL 服务顺利运行,这时 initContainer 就会执行结束,只有当所有
initContainer 顺利执行之后,普通容器才会开始创建并执行,下面进行相应演示。

首先尝试将调度器部署到 Kubernetes 集群中,如图 6 - 57 所示。

```
apiVersion: v1
kind: Pod
metadata:
  name: scheduler
spec:
  #hostNetwork: true
  nodeSelector:
    kubernetes.io/hostname: iz2zecz5qjx2opofnq4o35z
  tolerations:
    key: node-role.kubernetes.io/master
    effect: NoSchedule
    key: node.kubernetes.io/disk-pressure
    effect: NoSchedule
  containers:
    name: scheduler
    image: deepk8s-schd-test:v1
    imagePullPolicy: IfNotPresent
    resources:
      limits:
        cpu: "1"
        memory: "5000Mi"
      requests:
        cpu: "0.5"
        memory: "300Mi"
    volumeMounts:
        mountPath: /scheduler/k8sconfig
        name: config
  initContainers:
    name: init-mydb
    image: busybox
    command: ['sh', '-c', 'until nslookup mysql; do echo waiting for mysql; sleep 2; done;']
  volumes:
      name: config
      hostPath:
        path: /root/.kube
```

图 6 - 56　调度器 scheduler.yaml 文件

```
[root@iZ2zecz5qjx2opofnq4o35Z zfh]# kubectl get pods
No resources found in default namespace.
[root@iZ2zecz5qjx2opofnq4o35Z zfh]# kubectl create -f start.yaml
pod/scheduler created
[root@iZ2zecz5qjx2opofnq4o35Z zfh]# kubectl get pods
NAME         READY    STATUS       RESTARTS    AGE
scheduler    0/1      Init:0/1     0           5s
```

图 6 - 57　查看调度器部署情况

可以看到 scheduler 这个 Pod 已经在 Kubernetes 集群上创建成功,但是状态 status 显示 init:0/1 表示有一个 initContainer 正在运行,还没有结束。使用 kubectl logs 指令看看 initContainer 运行情况如图 6 - 58 所示。

图 6 - 58 显示 initContainer 正在等待 MySQL 服务运行,同时每隔 2 秒检测一下是否有 MySQL 服务运行。下面将 MySQL 服务进行创建,创建 MySQL 的 YAML 文件如图 6 - 59 所示。

YAML 文件中包含 2 部分,其中一部分是 MySQL 服务的 Pod 进行创建,使用 MySQL:5.7 镜像,同时将 3306 默认端口进行暴露。下面是一个服务,因为 Kubernetes 中每个 Pod 在创建之后 IP 是不固定的,因此需要通过服务的方式来进行 MySQL 数据库的连接。

```
[root@iZ2zecz5qjx2opofnq4o35Z zfh]# kubectl logs scheduler -c init-mydb
Server:         10.96.0.10
Address:        10.96.0.10:53

** server can't find mysql.default.svc.cluster.local: NXDOMAIN

*** Can't find mysql.svc.cluster.local: No answer
*** Can't find mysql.cluster.local: No answer
*** Can't find mysql.default.svc.cluster.local: No answer
*** Can't find mysql.svc.cluster.local: No answer
*** Can't find mysql.cluster.local: No answer

waiting for mysql
Server:         10.96.0.10
Address:        10.96.0.10:53

** server can't find mysql.default.svc.cluster.local: NXDOMAIN

*** Can't find mysql.svc.cluster.local: No answer
*** Can't find mysql.cluster.local: No answer
*** Can't find mysql.default.svc.cluster.local: No answer
*** Can't find mysql.svc.cluster.local: No answer
*** Can't find mysql.cluster.local: No answer

waiting for mysql
Server:         10.96.0.10
Address:        10.96.0.10:53
```

图 6-58   调度器起动输出日志

```
apiVersion: v1
kind: Pod
metadata:
  name: mysql
spec:
  #hostNetwork: true
  nodeSelector:
    kubernetes.io/hostname: iz2zecz5qjx2opofnq4o35z
  tolerations:
    key: node-role.kubernetes.io/master
    effect: NoSchedule
    key: node.kubernetes.io/disk-pressure
    effect: NoSchedule
  containers:
    name: mysql
    image: deepk8s-mysql-test:v1
    imagePullPolicy: IfNotPresent
    resources:
      limits:
        cpu: "1"
        memory: "500Mi"
      requests:
        cpu: "0.5"
        memory: "300Mi"
    ports:
      containerPort: 3306

---

kind: Service
apiVersion: v1
metadata:
  name: mysql
spec:
  selector:
    app: mysql
  ports:
    protocol: TCP
    port: 3306
    targetPort: 3306
```

图 6-59   MySQL 服务 mysql.yaml 文件

如图 6-60 所示,将 MySQL 服务进行创建之后,可以看到 MySQL 这个 Pod 已经顺利创建,同时 svc 中也出现了 MySQL 服务。然后在大概 1 min 之后,scheduler 中 initContainer 检测到了 MySQL 服务已经创建,顺利执行结束,scheduler 调度器也顺利开始执行,如图 6-61 所示。

```
[root@iZ2zecz5qjx2opofnq4o35Z zfh]# kubectl create -f start-mysql.yaml
pod/mysql created
service/mysql created
[root@iZ2zecz5qjx2opofnq4o35Z zfh]# kubectl get pods
NAME          READY     STATUS              RESTARTS     AGE
mysql         0/1       ContainerCreating   0            8s
scheduler     0/1       Init:0/1            0            6m31s
[root@iZ2zecz5qjx2opofnq4o35Z zfh]# kubectl get pods
NAME          READY     STATUS      RESTARTS     AGE
mysql         1/1       Running     0            16s
scheduler     0/1       Init:0/1    0            6m39s
```

图 6-60　查看 MySQL 启动情况

```
[root@iZ2zecz5qjx2opofnq4o35Z zfh]# kubectl get pods
NAME          READY     STATUS             RESTARTS     AGE
mysql         1/1       Running            0            78s
scheduler     0/1       PodInitializing    0            7m41s
[root@iZ2zecz5qjx2opofnq4o35Z zfh]# kubectl get pods
NAME          READY     STATUS      RESTARTS     AGE
mysql         1/1       Running     0            3m11s
scheduler     1/1       Running     0            9m34s
```

图 6-61　MySQL 与调度器启动情况

通过 initContainer 的方式,能够顺利控制不同 Pod 的启动顺利,对于有些 Pod 任务依赖于其他任务的时候,可以通过 initContainer 的方法来控制容器的启动顺利,从而达到想要的效果。

3) Kubernetes Pod 间通信

Pod 之间通信存在下面 3 种情况:同一网络下的不同 Pod 间通信、同一个 Pod 中不同的容器通信、不同的网络下不同的 Pod 通信。其中使用同一个 Pod 中不同容器通信的好处是同一个 Pod 下共享网络,不同容器通信类似于本机通信一样方便,但是之后由于需要使用 init container 的方法来保证应用的运行顺序,因此提供的服务需要在不同 Pod 下进行部署运行,对各种情况下 Pod 通信进行了一定研究(对于同一 Pod 下不同容器通信相当于本机通信,这里没有介绍)。

4) 同一网络下的不同 Pod 间通信

第一种场景可能是应用最多的场景,比如一个 Web 应用,它使用 Python 作为后端,使用 Redis 作为数据库,Redis 和 Python 分别创建在不同的 Pod 里,会使用 deployment 创建 rs 的方式再创建 Pod,正常情况下,是不希望这个 Redis 被外面的应用访问到的,只允许在 Python 的应用访问到。这种场景也就是使用 Python-based 调度器,并将调度器结果和日志信息存储到数据库是一样的。

(1) 创建 Redis Pod。

先创建一个 Redis Pod:

1. apiVersion：apps/v1
2. kind：Deployment
3. metadata：
4.   labels：
5.   app：redis
6.   name：redis-master
7. spec：
8.   selector：
9.   matchLabels：
10.   app：redis
11.   replicas：1
12.   template：
13.   metadata：
14.   labels：
15.   app：redis
16.   spec：
17.   containers：
18.   - image：redis
19.   name：redis-master2
20.   ports：
21.   - containerPort：6379

查看 Pod 详细信息，如图 6-62 所示。

```
# kubectl create -f r-deployment.yaml
deployment.apps/redis-master created
kubectl get pods -o wide
NAME                                READY   STATUS    RESTARTS   AGE   IP           NODE             NOMINATED NODE   READI
NESS GATES
redis-master-7f88b489b9-k4c58       1/1     Running   0          27s   10.1.0.59    docker-desktop   <none>           <none
>
```

图 6-62　输出 Pod 信息

（2）创建 Python 应用。

先使用 docker run 本地启一个 Redis 用于代码调试，为了和上面启的 Redis Pod 区分（其实也不用区分，上面的 Redis Pod 本身也没有对外暴露端口），这里使用 6380 作为对外端口，如图 6-63 所示。

```
docker run --name myredistest -d -p 6380:6379 redis
```

图 6-63　查看 Redis 服务端口

大规模云数据中心智能管理技术及应用

之后就可以使用 Redis 客户端进行访问了,在 db1 中创建了一个 redistest 的 key,如图 6‑64 所示。

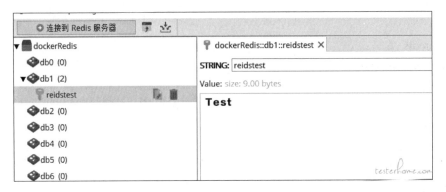

图 6‑64　查看 Redis 数据库

写一个 Python 应用,读取 Redis 中的数据:

1. #‑ * ‑ coding：utf‑8 ‑ * ‑
2. # author：Yang
3. # datetime：2020/2/10 16：07
4. # software：PyCharm
5. **from** flask **import** Flask
6. **from** flask_redis **import** FlaskRedis
7. **import** time
8. REDIS_URL = "redis：//{}：{}/{}".format('127.0.0.1', 6380, 1)
9. app = Flask(__name__)
10. app.config['REDIS_URL'] = REDIS_URL
11. redis_client = FlaskRedis(app)
12. @ app.route("/")
13. **def** index_handle()：
14. redis _ client. set ("reidstest"，time. strftime ("% Y‑% m‑% d% H：% M：% S"，time. localtime(time.time())))
15. name = redis_client.get("reidstest").decode()
16. **return** "hello %s"% name
17. app.run(host='0.0.0.0', port=6000, debug=True)

之后用浏览器访问 127.0.0.1：6000 就可以得到正常的输出了:

hello 2020 ‑ 02 ‑ 10 17：23：53

(3) 在 Pod 中访问 Redis。

上面只是将 Python 访问本地的 Redis,最终是要将这个 Python 应用打包成镜像,放到

Kubernetes 中,那么如果在 Kubernetes 中这个 flask 应用该如何访问到 Redis,为了实现一套代码可以在不同的环境中执行,在 Redis 的初始化时加上一点判断:

```
1. if os.environ.get("envname") == "Kubernetes": # 说明是在 Kubernetes 中
2.    REDIS_URL = "redis://{}:{}/{}".format('redisIP', "redispord", 1)
3. else:
4.    REDIS_URL = "redis://{}:{}/{}".format('127.0.0.1', 6380, 1)
```

现在主要的问题在于, REDIS _ URL = " redis://{}: {}/{}". format ('redisIP', "redispord", 1) Kubernetes 中的 redisIP 和 redispord 这里该填写什么呢?

上面使用 kubectl get Pods -o wide 查看到 Redis 的 IP 为 10.1.0.59 ,那么试试通过这个 IP 和端口来访问 Redis:

```
1. if os.environ.get("envname") == "Kubernetes": # 说明是在 Kubernetes 中
2.    REDIS_URL = "redis://{}:{}/{}".format('10.1.0.59', 6379, 1)
3. else:
4.    REDIS_URL = "redis://{}:{}/{}".format('127.0.0.1', 6380, 1)
```

先创建一个 Dockerfile:

```
1.  From python: 3.6
2.  # Set the working directory to/app
3.  WORKDIR/app
4.  # ADD requirements.txt
5.  COPY requirements.txt/app/
6.  # Install any needed packages specified in requirement.txt
7.  RUN pip install --trusted-host mirrors. aliyun. com -i https://mirrors. aliyun. com/pypi/
    simple/ -r requirements.txt && ln -sf/usr/share/zoneinfo/Asia/Shanghai /etc/localtime &&
    echo
8.  'Asia/Shanghai'>/etc/timezone
9.  # Make port 6000 available to the world outside this container
10. EXPOSE 6000
11. # Define environment variable
12. ENV envname = Kubernetes
13. # ADD application.py to/app
14. ADD application.py/app/
15. CMD ["python", "application.py"]
```

使用 docker build -t flaskKubernetes 创建镜像,然后通过 YAML 文件创建 Pod:

1. apiVersion：apps/v1
2. kind：Deployment
3. metadata：
4.   labels：
5.   app：flasktest
6.   name：flasktest
7. spec：
8.   selector：
9.   matchLabels：
10.   app：flasktest
11.   replicas：1
12.   template：
13.   metadata：
14.   labels：
15.   app：flasktest
16.   spec：
17.   containers：
18.   - image：flaskKubernetes
19.   name：flaskweb
20.   imagePullPolicy：Never
21.   ports：
22.   - containerPort：6000

因为是本地的镜像，所以再加上 imagePullPolicy：Never ，否则 Kubernetes 默认是会从 dockerhub 上去拉取，如图 6-65 所示。

```
# kubectl get pod
NAME                            READY   STATUS     RESTARTS   AGE
flasktest-68cfdcc66d-d2tb7      1/1     Running    0          7s
redis-master-7f88b489b9-k4c58   1/1     Running    0          126m
# kubectl get deployment
NAME            READY   UP-TO-DATE   AVAILABLE   AGE
flasktest       1/1     1            1           44s
redis-master    1/1     1            1           127m
```

图 6-65　集群任务信息

创建 flasktest 的 service，让其可以通过浏览器访问，如图 6-66 所示。

1. apiVersion：v1
2. kind：Service
3. metadata：
4.   name：flask-service

5. labels：

6. name：flaskservice

7. spec：

8. type：NodePort

9. ports：

10. - port：6000

11. nodePort：30002

12. selector：

13. app：flasktest

```
# kubectl get service
NAME             TYPE        CLUSTER-IP      EXTERNAL-IP   PORT(S)          AGE
flask-service    NodePort    10.97.54.167    <none>        6000:30002/TCP   15s
kubernetes       ClusterIP   10.96.0.1       <none>        443/TCP          3d5h
redis-master-sr  ClusterIP   10.99.187.220   <none>        6379/TCP         79m
```

图 6 - 66 flasktest 服务

可以看到 30002 端口已经被暴露出来，之后访问 http：//127.0.0.1：30002/ ，看到可以正常地访问：

hello 2020 - 02 - 10 17：23：53

一切看着都很顺利对不对，但是考虑两个问题：

① 如果 Redis 的 Pod 挂掉会怎么样？

② 如果创建 Redis 时 replicas 为大于 1 时，那么指定某个 Pod 的 IP 是否妥当？

第一个问题，由于是使用 deployment 创建的 rs，再创建的 Pod，此时如果 Redis 的某个 Pod 挂了，由于 rs 中定义了 replicas：1，它会重新再起一个 Redis 的 Pod，此时的 IP 可能就会变了。试验一下，只需要将原来的 Pod 删除掉即可，如图 6 - 67 所示。

```
# kubectl get pod
NAME                           READY   STATUS    RESTARTS   AGE
flasktest-68cfdcc66d-d2tb7     1/1     Running   0          27m
redis-master-7f88b489b9-k4c58  1/1     Running   0          154m

# kubectl delete pod redis-master-7f88b489b9-k4c58
pod "redis-master-7f88b489b9-k4c58" deleted

# kubectl get pod
NAME                           READY   STATUS    RESTARTS   AGE
flasktest-68cfdcc66d-d2tb7     1/1     Running   0          27m
redis-master-7f88b489b9-6kk81  1/1     Running   0          12s
```

图 6 - 67 采用 replicas 机制的服务部署

先将 redis-master-7f88b489b9-k4c58 这个 Pod 删除掉，之后 Kubernetes 会自动又创建了新的 Pod redis-master-7f88b489b9-6kk8，此时再访问 http：//127.0.0.1：30002/则报错，如图 6 - 68 所示。

大规模云数据中心智能管理技术及应用

```
redis.exceptions.ConnectionError: Error 113 connecting to 10.1.0.59:6379. No route to host.
```

图 6 - 68　报错信息

第二个问题,研究设置了 replicas 的数量主要是可以做负载均衡(可以考虑实现),所以如果在应用里将 IP 写死的话那就起不到负载均衡作用了。所以使用了 Kubernetes,如果要访问其他 Pod,则不可以将对方的 IP 直接写死到应用中,需要通过服务来将各个 Pod 进行通信。

(4)创建 Redis 的 service。

Service 就是为了能让应用有个稳定的入口,如这里的 Redis 访问应用服务,想先将上面创建 Redis 的 Pod 通过 service 将端口暴露出来。

1. apiVersion：v1

2. kind：Service

3. metadata：

4.　name：redis-master-sr

5.　labels：

6.　　name：redis-master

7. spec：

8. ports：

9. - port：6379

10.　targetPort：6379

11. selector：

12.　　app：redis

通过 kubectl get service -o wide 查看 service 详情,如图 6 - 69 所示。

```
kubectl get service -o wide
NAME              TYPE        CLUSTER-IP      EXTERNAL-IP    PORT(S)    AGE     SELECTOR
kubernetes        ClusterIP   10.96.0.1       <none>         443/TCP    3d3h    <none>
redis-master-sr   ClusterIP   10.99.187.220   <none>         6379/TCP   44s     name=redis-master
```

图 6 - 69　查看 service 详情

可以看到有一个 type 为 ClusterIP 的 service,这有一个 IP,10.99.187.220 使用了 6379 作为对外端口,用户是不能通过这个 IP 的 6379 端口访问到 redis-master-sr 这个 service。但是如果在 Kubernetes 里的相同网络应用,是可以通过这个 CLUSTER-IP 来访问到的。重新打镜像包 docker build -t flaskKubernetes：ClusterIP 创建一个 flaskKubernetes,tag 为 ClusterIP,修改 flask-deployment.yaml：

1. apiVersion：apps/v1

2. kind：Deployment

3. metadata：

4. labels：

5.   app：flasktest

6. name：flasktest

7. spec：

8. selector：

9.   matchLabels：

10.   app：flasktest

11. replicas：1

12. template：

13.   metadata：

14.   labels：

15.   app：flasktest

16.   spec：

17.   containers：

18.   - image：flaskKubernetes：ClusterIP

19.   name：flaskweb

20.   imagePullPolicy：Never

21.   ports：

22.   - containerPort：6000

（5）使用环境变量来访问 service。

使用 service 的 ClusterIP 虽然可以解决了由于 Pod 的重启更换 IP 的问题，但是如果一个 service 重启，或者环境重新部署了，那么 service 的 IP 又会变了，此时就要重新修改代码了，这肯定是不行的。使用 exec 命令进入到 Pod 内部，使用 env 命令查看系统的环境变量，如图 6-70 所示。

看到有两个和 Redis service 有关的环境变量，如图 6-71 所示。

Kubernetes 会为每个 Pod 的容器里都增加一组 service 相关的环境变量，也会随着 Pod 或者 service 的变化而变化，有了这两个环境变量，就可以动态获取 IP，修改代码：

1. **if** os.environ.get（"envname"） == "Kubernetes"：# 说明是在 Kubernetes 中

2.   redis_server = os.environ.get（"REDIS_MASTER_SR_SERVICE_HOST"）

3.   redis_port = os.environ.get（"REDIS_MASTER_SR_SERVICE_PORT"）

4.   REDIS_URL = "redis：//｛｝：｛｝/｛｝".format（redis_server, redis_port, 1）

5. **else**：

6.   REDIS_URL = "redis：//｛｝：｛｝/｛｝".format（'127.0.0.1', 6380, 1）

（6）不同网络下 Pod 之间是如何通信的。

上面的例子中使用环境变量来解析服务的 IP，但是可以使用环境变量有一个限制，所有的 Pods 须在一个 namespace 中，也就是说在同一个 namespace 中的 Pod 才会共享环境变量，

```
# kubectl get pod
NAME                           READY   STATUS    RESTARTS   AGE
flasktest-74865c4b59-6186m     1/1     Running   0          19m
flasktest-74865c4b59-k4pkk     1/1     Running   0          19m
redis-master-7f88b489b9-6kk81  1/1     Running   0          160m

# kubectl exec -it flasktest-74865c4b59-6186m /bin/bash
root@flasktest-74865c4b59-6186m:/app# env
KUBERNETES_SERVICE_PORT_HTTPS=443
KUBERNETES_SERVICE_PORT=443
REDIS_MASTER_SR_PORT_6379_TCP_PROTO=tcp
HOSTNAME=flasktest-74865c4b59-6186m
PYTHON_VERSION=3.5.7
envname=k8s
REDIS_MASTER_SR_PORT_6379_TCP_PORT=6379
PWD=/app
REDIS_MASTER_SR_SERVICE_HOST=10.103.116.170
REDIS_MASTER_SR_PORT=tcp://10.103.116.170:6379
HOME=/root
LANG=C.UTF-8
KUBERNETES_PORT_443_TCP=tcp://10.96.0.1:443
REDIS_MASTER_SR_PORT_6379_TCP=tcp://10.103.116.170:6379
GPG_KEY=97FC712E4C024BBEA48A61ED3A5CA953F73C700D
TERM=xterm
SHLVL=1
REDIS_MASTER_SR_PORT_6379_TCP_ADDR=10.103.116.170
KUBERNETES_PORT_443_TCP_PROTO=tcp
PYTHON_PIP_VERSION=19.3.1
KUBERNETES_PORT_443_TCP_ADDR=10.96.0.1
REDIS_MASTER_SR_SERVICE_PORT=6379
PYTHON_GET_PIP_SHA256=b86f36cc4345ae87bfd4f10ef6b2dbfa7a872fbff70608a1e43944d283fd0eee
KUBERNETES_SERVICE_HOST=10.96.0.1
KUBERNETES_PORT=tcp://10.96.0.1:443
KUBERNETES_PORT_443_TCP_PORT=443
PYTHON_GET_PIP_URL=https://github.com/pypa/get-pip/raw/ffe826207a010164265d9cc807978e3604d18ca0/get-pip.py
PATH=/usr/local/bin:/usr/local/sbin:/usr/local/bin:/usr/sbin:/usr/bin:/sbin:/bin
_=/usr/bin/env
```

图 6-70　系统环境变量

```
REDIS_MASTER_SR_SERVICE_HOST=10.103.116.170
REDIS_MASTER_SR_SERVICE_PORT=6379
```

图 6-71　Redis 服务环境变量

如果不在同一个 namespace 该如何访问呢? 还是以一个 Python 的 flask 应用为例,这次将 Redis 放到 default 的 namespace 中,flask 的应用放到 yyxtest 的 namespace 中。

① 创建 Redis 的 Pod 与 service。

redis.yaml:

1. apiVersion: apps/v1
2. kind: Deployment
3. metadata:
4.   labels:
5.   app: redis
6.   name: redis-master

7. spec：

8.　selector：

9.　　matchLabels：

10.　　app：redis

11.　replicas：1

12.　template：

13.　metadata：

14.　labels：

15.　　app：redis

16.　spec：

17.　containers：

18.　- image：redis

19.　name：redis-master2

20.　ports：

21.　- containerPort：6379

　　redis-service.yaml：

1. apiVersion：v1

2. kind：Service

3. metadata：

4.　name：redis-master-sr

5.　labels：

6.　name：redis-master

7. spec：

8.　ports：

9.　- port：6379

10.　targetPort：6379

11.　selector：

12.　app：redis

查看 Pod 与 service 信息，如图 6 - 72 所示。

```
# kubectl get pods
NAME                      READY    STATUS      RESTARTS    AGE
redis-master-wjq6t        1/1      Running     0           8m55s

C:\Users\54523\Desktop\k8stest>kubectl get service
NAME             TYPE          CLUSTER-IP        EXTERNAL-IP       PORT(S)        AGE
redis-master-sr  ClusterIP     10.97.140.58      <none>           6379/TCP       3m3s
```

图 6 - 72　Pod 与 service 信息

② 创建 Python 应用:

```
1.  from flask import Flask
2.  from flask_redis import FlaskRedis
3.  import time
4.  import os
5.  if os.environ.get("envname") == "Kubernetes": # 说明是在 Kubernetes 中
6.    redis_server = os.environ.get("REDIS_MASTER_SR_SERVICE_HOST")
7.    redis_port = os.environ.get("REDIS_MASTER_SR_SERVICE_PORT")
8.    REDIS_URL = "redis://{}:{}/{}".format(redis_server, redis_port, 1)
9.  else:
10.   REDIS_URL = "redis://{}:{}/{}".format('127.0.0.1', 6380, 1)
11. app = Flask(__name__)
12. app.config['REDIS_URL'] = REDIS_URL
13. redis_client = FlaskRedis(app)
14. @ app.route("/")
15. def index_handle():
16.   redis_client.set("reidstest", time.strftime("%Y-%m-%d%H:%M:%S", time.
      localtime(time.time())))
17.   name = redis_client.get("reidstest").decode()
18.   return "hello %s" % name
19. app.run(host='0.0.0.0', port=6000, debug=True)
```

上面是之前的代码,采用环境变量的方式,获取到 redis_server 和 redis_port,之前创建 flask 的应用的 Pod 和 service 都没有指定 namespace,如果没有指定的话,默认是创建在了 default 的 namespace,由于 Redis 也没有指定,所以它们之间是可以通过共享环境变量来解决服务地址的,现在将 Python 应用创建在 yyxtest 的 namespace 中,看看情况如何。将先前 Python 应用打包 docker build -t flaskKubernetes: dns。

③ 创建 deployment.yaml:

```
1. apiVersion: apps/v1
2. kind: Deployment
3. metadata:
4.   labels:
5.     app: flasktest
6.   name: flasktest
7.   namespace: yyxtest
8. spec:
9.   selector:
```

10.　　matchLabels：

11.　　　app：flasktest

12.　　replicas：2

13.　　template：

14.　　metadata：

15.　　　labels：

16.　　　　app：flasktest

17.　　spec：

18.　　containers：

19.　　- image：flaskKubernetes：dns

20.　　name：flaskweb

21.　　imagePullPolicy：Never

22.　　ports：

23.　　- containerPort：6000

　　　④ 再创建 service.yaml：

1. apiVersion：v1

2. kind：Service

3. metadata：

4.　name：flask-service

5.　labels：

6.　name：flaskservice

7.　namespace：yyxtest

8. spec：

9.　type：NodePort

10.　ports：

11.　- port：6000

12.　nodePort：30003

13.　selector：

14.　app：flasktest

这次在 deployment 和 service 中的 metadata 中都添加了 namespace：yyxtest，它们将会被创建到 yyxtest 的 namespace 中，使用 kubectl get Pods --namespace=yyxtest 来查看 Pods，此时 Pods 直接显示 error 了，通过查看 Pods 里的日志发现，redis_port = os.environ.get（"REDIS_MASTER_SR_SERVICE_PORT"）这行代码没有获取到 REDIS_MASTER_SR_SERVICE_PORT 的值，返回的是个 None，所以在之后的 Redis 初始化时就报错失败了，这也说明，在 yyxtesxt 的名称空间中的 Pod 里是没有 REDIS_MASTER_SR_SERVICE_PORT 这个环境变量的。同样在 default 的 namespace 中也创建 flask 的 Pod 和 service，此时就可以正常地访问。使用

— 281 —

kubectl exec 命令分别进入到两个 namespace 空间中的 flask 应用的 Pod 中。

default 的名称空间包含有这两个环境变量,但是在 yyxtest 的 Pod 中却没有这两个环境变量,这也就说明,原来的代码在非 default 空间(准确地说是和 Redis 不在同一个空间中)是不能正常运行的,如图 6-73 所示。

```
# env
...
FLASK_SERVICE_SERVICE_HOST=10.109.55.91
REDIS_MASTER_SR_SERVICE_PORT=6379
```

图 6-73 default 名称空间环境变量

⑤ 使用 DNS 来解析服务地址。

除了可以使用环境变量来解析服务地址,用得更多的应该是使用 DNS 来解析了,在创建 Redis 的 Service 时,Kubernetes 会创建一个相应的 DNS 条目,该条目的形式是 svc.cluster.local,这意味着如果容器使用,它将被解析到本地命名空间的服务。比如在 YAML 文件中设置了该 DNS 条目,如图 6-74 所示,则会创建一个 redis-master-sr.default.svc.cluster.local 的记录,在 default 名称空间中的 Pod 试一下,如图 6-75 所示。

```
metadata:
  name: redis-master-sr
```

图 6-74 查看 default 名称空间记录

```
# ping redis-master-sr
PING redis-master-sr.default.svc.cluster.local (10.97.140.58) 56(84) bytes of data
```

图 6-75 在 default 名称空间中的 Pod 测试相关连通性

在 yyxtest 名称空间中的 Pod 再试一下,如图 6-76 所示。

```
# ping redis-master-sr
ping: redis-master-sr: Name or service not known
```

图 6-76 在 yyxtest 名称空间中的 Pod 测试相关连通性

说明服务名只能在它所在的空间中(本例中的 default)有 dns 记录,不在它的空间(本例中的 yyxtest)中则不存在,但是注意,在 default 空间中 redis-master-sr 解析到了 redis-master-sr.default.svc.cluster.local ,那么尝试在非 default 空间中解析 redis-master-sr.default.svc.cluster.local 这个名称,在 yyxtest 的 Pod 中执行,如图 6-77 所示。

```
ping redis-master-sr.default.svc.cluster.local
PING redis-master-sr.default.svc.cluster.local (10.97.140.58) 56(84) bytes of data
```

图 6 - 77   执行结果

此时也是可以正常解析的,所以这时修改一下 Python 的代码:

1. **if** os.environ.get("envname") == "Kubernetes": # 说明是在 Kubernetes 中
2.   REDIS _ URL = "redis://{}:{}/{}".format("redis-master-sr. default. svc. cluster. local", 6379, 1)
3. **else**:
4.   REDIS_URL = "redis://{}:{}/{}".format('127.0.0.1', 6380, 1)

这时,就可以和 Redis 不同的名称空间创建应用了。

通过上面介绍的 2 种方法可以实现不同 Pod 间通信以及实现不同网络下 Pod 通信,这里目前仅使用到不同 Pod 间通信,按照上述方法对之前的代码进行了修改测试,主要修改部分如下:

1. self.host = os.environ.get("MYSQL_SERVICE_HOST")
2. self.port = os.environ.get("MYSQL_SERVICE_PORT")

主要将之前直接指定 IP 和 port 的方法进行了修改,这样可以访问到使用 service 暴露的数据库服务,并可以将调度信息存放到数据库中,如图 6 - 78 所示。

```
[root@k8s-master01 ~]# kubectl logs scheduler -c scheduler
WARNING:tensorflow:From /scheduler/BaseScheduler/DRL.py:27: The name tf.enable_eager_execution is deprecated. Please use tf.co
mpat.v1.enable_eager_execution instead.

2020-10-14 02:01:40.145237: I tensorflow/core/platform/cpu_feature_guard.cc:142] Your CPU supports instructions that this Tens
orFlow binary was not compiled to use: AVX2 AVX512F FMA
2020-10-14 02:01:40.153068: I tensorflow/core/platform/profile_utils/cpu_utils.cc:94] CPU Frequency: 2194840000 Hz
2020-10-14 02:01:40.153520: I tensorflow/compiler/xla/service/service.cc:168] XLA service 0x448d290 initialized for platform H
ost (this does not guarantee that XLA will be used). Devices:
2020-10-14 02:01:40.153550: I tensorflow/compiler/xla/service/service.cc:176]    StreamExecutor device (0): Host, Default Versi
on
DRL start running!!
INSERT INTO pod_times (podid,node_name,scheduler,state_time,pod_state) VALUES(%s, %s, %s, %s, %s)
 record inserted
INSERT INTO pod_times (podid,node_name,scheduler,state_time,pod_state) VALUES(%s, %s, %s, %s, %s)
 record inserted
INSERT INTO pod_times (podid,node_name,scheduler,state_time,pod_state) VALUES(%s, %s, %s, %s, %s)
 record inserted
INSERT INTO pod_times (podid,node_name,scheduler,state_time,pod_state) VALUES(%s, %s, %s, %s, %s)
```

图 6 - 78   调度器相关日志信息

5) volume 形式挂载 config 配置文件

研究中的部署方法采用 YAML 文件提交给 Kubernetes 系统,同时所有组件可以顺利部署到集群中运行。之前存在的一个问题是对于不同的集群,在部署的时候需要根据集群进行定制化修改,主要包括下面这些部分,如图 6 - 79 所示。

图 6 - 79 中一个是 hostname 部分,这部分信息指示的是自研的调度器以及数据库(图中

没有显示,逻辑和上图一致)在提交到 Kubernetes 集群之后需要到哪个节点上去运行。希望调度器应该是在集群中 master 节点上去运行的,因此在 nodeSelector 这个字段希望能够指定到 master 节点。第二个部分是配置文件是通过 volumeMounts 的方式挂载到 Pod 上去供调度器使用的,挂载的时候需要指定 config 配置文件的具体路径。这两个部分对于不同集群是不一样的,因此在小规模测试过程中,可以通过手动填写的方式进行快速测试。但是在真实部署中,如果需要部署的机器太多,这样需要人工手动去修改填写的方式需要耗费很多时间去部署。因此考虑到部署需要,对这部分实现进行优化。

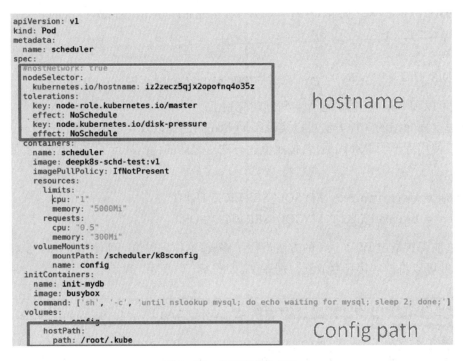

图 6 - 79　集群定制化修改

首先对 YAML 进行修改,将这两部分值设置成两个变量,如图 6 - 80 所示。

然后可以通过 bash 脚本对这两个变量进行修改。因为这两部分是可以通过 linux 指令从系统中读取到的,因此编写了 bash 脚本来自动化完成这个过程。bash 脚本如图 6 - 81 所示。

这里使用系统中读取到的 $ HOME 路径以及 $ HOSTNAME 对 YAML 文件中这两个部分进行了修改。这里需要注意的是使用 linux sed 指令对这两部分进行替换的时候在替换 $ HOME 的时候存在一点小问题,因为 $ HOME 是一个路径,比如"/home/media"这样的形式,这样的字符串中包含了"/",斜线在 bash sed 命令中已经有了其他含义,因此在用 $ HOME 路径进行替换时需要考虑对"/"使用"\"进行转义,也就是将"/home/media"变成"\/home\/media"之后进行替换,这样 bash 脚本才能够顺利实现。这里同样使用 sed 命令对 $ HOME 路径进行修改,将所有的"/"替换成"\/"。最终实现版本如图 6 - 81 所示,通过这个 bash 脚本,在不同集群进行部署的过程中,只需要在相应的 master 机器上使用 bash start. sh 的指令可以将自研的所有应用和服务提交给 Kubernetes 系统进行运行,目前测试已经顺利运行。

```
apiVersion: v1
kind: Pod
metadata:
  name: scheduler
spec:
  #hostNetwork: true
  nodeSelector:
    kubernetes.io/hostname: {{HOSTNAME}}          hostname
  containers:
  - name: scheduler
    image: deepk8s-schd-test:v1
    imagePullPolicy: IfNotPresent
    resources:
      limits:
        cpu: "1"
        memory: "1000Mi"
      requests:
        cpu: "0.5"
        memory: "300Mi"
    volumeMounts:
    ├ mountPath: /scheduler/k8sconfig
      name: config
  initContainers:
  - name: init-mydb
    image: busybox
    command: ['sh', '-c', 'until nslookup mysql; do echo waiting for mysql; sleep 2; done;']
  volumes:
  - name: config
    hostPath:                                     Config path
      path: {{HOME}}/.kube
```

图 6-80　YAML 文件

```
#!/bin/bash

cat "start-mysql.yaml" | kubectl create -f -
tmp=$(echo $HOME |sed -e 's/\//\\\//g')
template=`cat "start.yaml" | sed -e "s/{{HOSTNAME}}/$HOSTNAME/g;s/{{HOME}}/$tmp/g"`
# echo $template
echo "$template" | kubectl create -f -
```

图 6-81　bash 脚本

6) 仪表盘部署

为了更直观地了解集群工作状态、集群负载、集群任务信息等信息,本书使用 Node.js 编写了一个集群状态展示仪表盘对集群各方面状态进行展示。其中图 6-82 展示了集群资源使用情况页面,该页面实现了对集群资源使用情况的实时展示,图 6-83 展示了集群节点信息,可以通过点击各个节点进入节点页面,了解节点的名称、IP、资源使用情况等各种详细信息,图 6-84 展示了集群 Pod 信息,通过这个页面可以知道 Pod 的名称、资源需求、使用的调度器、运行时间等具体信息,图 6-85 展示集群一段时间的运行负载情况,该页面主要用于分析集群整体在过去一段时间运行状况。通过仪表盘,可以快速了解集群状态和资源调度器所做的决策,方便分析资源调度器的性能。集群状态仪表盘同样使用容器方式进行部署。

— 285 —

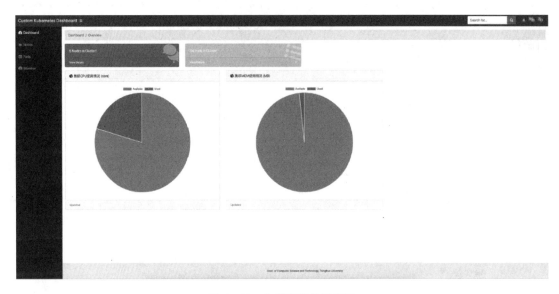

图 6-82　集群资源使用情况

图 6-83　集群节点信息

6.2.4　大规模云工作流智能管理与调度子系统研制

1. 系统设计与开发

本节设计并开发了大规模智能云工作流管理架构和平台,提供了云工作流和云服务调度子系统及系统集成的接口和规范。该平台对本节所提出的算法进行实际部署,并在典型

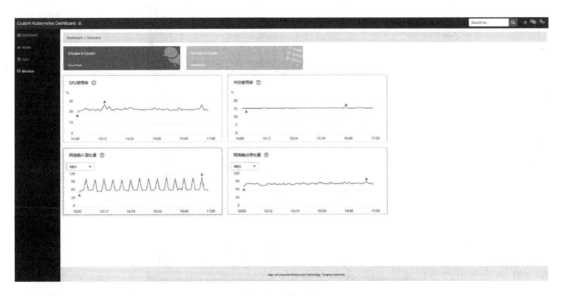

图 6-84　集群 Pod 信息

图 6-85　集群各项指标监控

应用和第三方测试中得到验证,实现云工作流和云服务请求的接收率比当前主流水平提升 40% 左右,并满足不同用户的服务质量要求。本系统设计并实现了支持用户定制与智能部署的云工作流服务系统。在调度过程中,用户将应用提交至系统,由云工作流引擎对任务和逻辑进行辨识,得到云工作流任务列表;对列表中的任务分析其所需的计算资源量,利用智能调度算法库中的算法与一定的容器规格进行匹配,最终分配到相应的虚拟机(或物理机)中,经过调优,得到预先设定的调度技术。

2. 云工作流和云服务管理平台

该平台可上传、管理云工作流和云服务,实现云资源的高效调度和执行过程的可视化,完成云工作流全流程任务管理与执行状态监控。用户可前端界面直观拖拽和动态生成云工作流拓扑图,系统可依照用户定义的拓扑图,根据前导后继关系和工作区视口位置,自动对云工作流节点进行智能布局,并输出清晰、美观的云工作流拓扑图,实现了云工作流的可视化拖拽和自动化布局。

云工作流模板实例化后,产生可执行云工作流实体,由调度系统调度执行,执行过程可在前端全程监视。该平台智能管理与调度技术架构设计如图 6-86 所示。

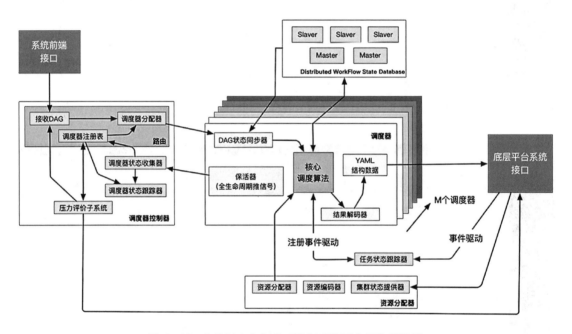

图 6-86 支持用户定制的云控制系统平台架构设计图

大规模云控制系统平台智能管理与调度总体架构是使用集群联邦层控制集群调度层,集群联邦层为粗粒度管理与调度,将任务群调度到集群节点,可同时处理一万个任务也可同时调度两万个集群节点,集群调度层为细粒度管理与调度,可将任务调度到节点中,使用可伸缩架构可以精确处理一千个任务,且可精确调度一千个节点。云控制系统平台之间各模块使用 gRPC、TCP、HTTP 进行通信,如图 6-87 所示。

3. 云工作流调度引擎

本引擎旨在通过分布式集群化技术、容器化技术、机器学习技术,根据输入云工作流并发量和压力,根据目前已有的计算资源,迅速编排出不违反云工作流任务依赖关系的可执行序列,并将其部署在相应的计算资源上。另外,本引擎还能根据用户的需要,按照不同的策

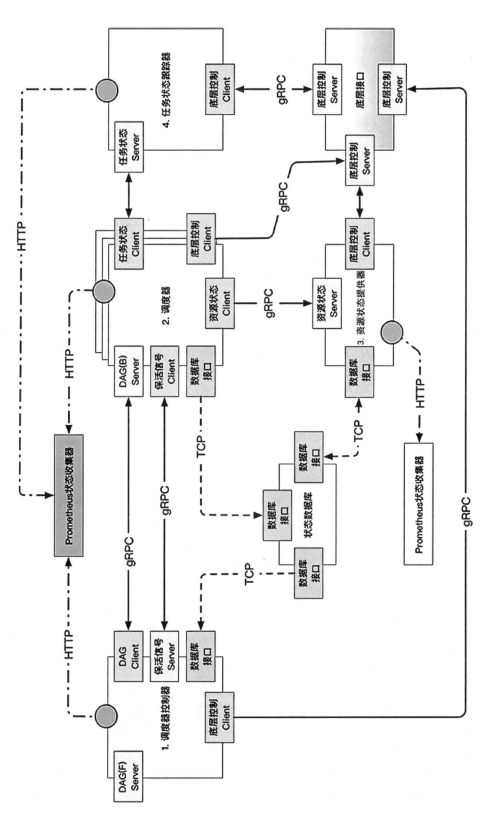

图 6－87　云服务调度平台系统模块之间的通信示意图

略来执行云工作流任务(如 FIFO、按照最短时间要求、按照最低计算资源要求、按照花费最小要求)。

1)调度器控制器

调度器控制器使用单点部署(5 个子模块:调度器分配器、调度器状态收集器、调度器状态跟踪器、调度器系统压力评价器、调度器预选器),并使用 rust 语言开发(高性能、高安全性、无垃圾回收、支持高并发),设计了双"线程"模型,针对计算密集型任务使用原生线程;针对输入输出密集型任务使用多线程完善外部客观可测性,设计输出点 Metric,对接 Prometheus,并且可实现状态可观测与性能可观测。调度器控制器架构如图 6-88 所示。

a. 调度器控制器实现"快""慢"通路

"快通路":实现云工作流进入控制器后快速路由转出,保持快通路简单,包含 DAG 队列、调度器分配器。

"慢通路":保障工作流路出到调度器的精准度,保证慢通路的精准,包含调度器预选器、调度器系统压力评价器、调度器状态跟踪器、调度器状态收集器。

b. 调度器控制器支持两种工作模式

性能模式:基于工作流负载预测结果,高任务压力情况下优先考虑性能(单位时间内的高资源利用率和高工作流吞吐率优先),低任务压力情况下考虑适当的节能(低能耗)。

节能模式:当云数据中心有高节能需求(例如:市电掉电后电池或油机供电),优先考虑节能。

c. 调度器控制器实现动态关停调度器、归并工作流

关停调度器:优雅关闭和排除名单相结合。

优雅关闭:由保活信号返回状态携带关停信号,要求调度器主动关闭。

排除名单:根据关闭决策,建立调度器排除名单,不向名单内的调度器分派工作流。

归并工作流:排除名单内调度器经过保活周期后进入死亡状态,控制器剥夺已分配工作流,重新编排工作流。

2)工作流调度器

工作流调度器使用多线程框架设计,并使用 JAVA 编程语言开发,与各模块通讯接收数据包使用 gRPC,使用 Prometheus 观测系统状态,将工作流数据存储到数据库 Redis 中,包含大规模工作流分布式调度分配,任务执行状态跟踪和工作流依赖关系触发,大规模联邦集群资源分配方案获取,分布式调度器生命周期管理模块。工作流调度器架构如图 6-89 所示。

3)资源分配器

资源分配器可实现全局调度器保活状态获取,使用 Client-Go 操作 Kubernetes 集群,可获取 Kubernetes 集群的剩余资源,可抽象出 Kubernetes 集群的创建计算节点接口,并引入 etcd 作为多资源分配器之间的共享存储,最后生成调度器节点。资源分配器的关键技术如下:

(1)列表监视资源获取机制:信息缓存方法减缓 API 服务访问压力;

(2)命名空间生成器:实现海量业务资源隔离;

(3)NFS 存储方式共享存储:实现同一命名空间下多个任务节点的存储共享。

资源分配器架构如图 6-90 所示。

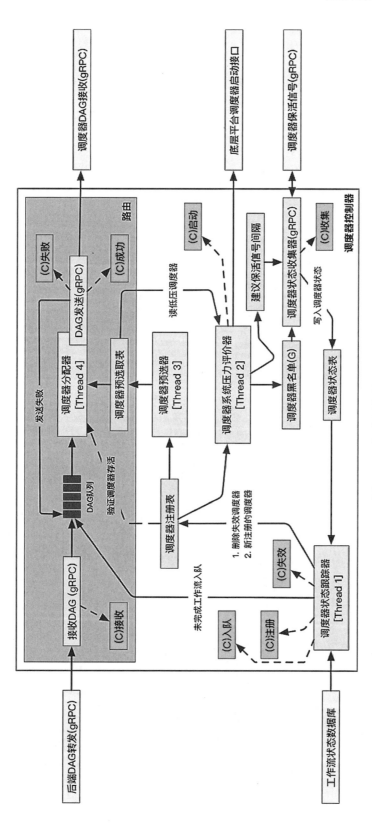

图 6 - 88　调度器控制器架构图

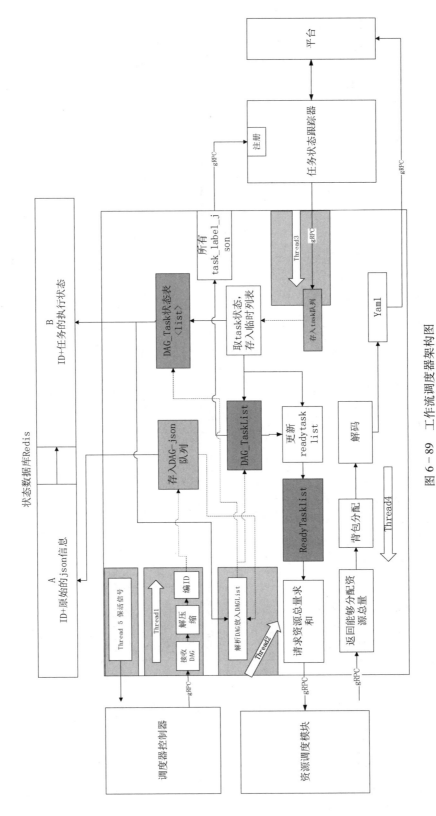

图 6 - 89　工作流调度器架构图

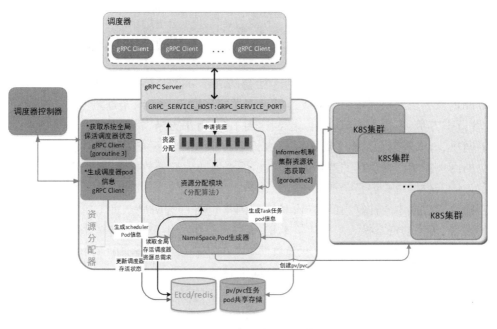

图6-90 资源分配器架构

4）任务状态跟踪器

任务状态跟踪器为调度器更新任务列表并提供任务状态信息，使用 go 语言开发，并使用 Cleint-Go 库完成对 Kubernetes 集群的交互操作。任务状态跟踪器任务流程：调度器接收到新的云工作流后，发送所含所有任务信息及调度器 IP；基于 Kubernetes 前部接口工具 Cleint-Go，使用列表监视机制监控 Kubernetes 集群，将任务状态信息存入缓存中；任务状态跟踪器周期性访问缓存，获得任务状态，避免频繁访问 Kubernetes 集群 API 服务造成网络拥堵；根据 Cleint-Go 返回结果，将状态为"成功"或"失败"的任务按 IP 整理，发送回对应的调度器。任务状态跟踪器架构如图6-91所示。

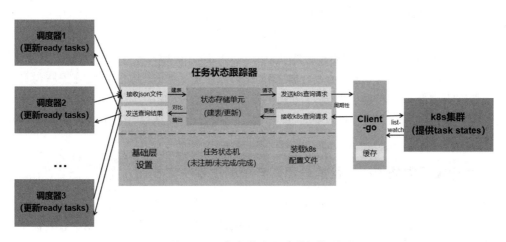

图6-91 任务状态跟踪器架构图

6.3 系统集成——云数据中心智能管理系统

近些年计算力需求的增长直接推动了社会的进步。随着新基建时代的到来,5G 网络,人工智能以及工业互联网将会获得飞速发展。举例来说,2016 年,全球最大的云数据中心大约是 58 万平方米,但是到了 2019 年,已经达到了 99 万平方米,相当于 140 个足球场。在三年的时间里,最大规模云数据中心的面积增长了约 71%。这就充分说明社会经济进步对于计算力的巨大需求。在这样的背景下,提供超强算力的大型云数据中心,以及服务近场数据处理的边缘云数据中心势必会加快建造和部署。

但随着云数据中心计算力的提升,其限制因素也将日益明显。对于新建的大规模云数据中心而言,最大的资金投入不是建筑本身,而是保证电力供应的设备成本以及机房制冷成本。计算密度的增加已经让一些大型云数据中心的建设项目资金突破了 10 亿美元大关,其中制冷系统占了很大比重。目前,我国云数据中心的能耗 85% 在 PUE1.5~2.0 之间,ODCC 预计,照此趋势,到 2030 年我国云数据中心的能耗将从 2018 年的 1 609 亿千瓦时增长到 2030 年的 4 115 亿千瓦时。当前云工作流和云服务请求的接受率无法满足大量并发用户在时间和成本等多方面的差异化需求,无法支持大规模的云数据中心管理。对此,云数据中心智能管理系统是当前的前沿发展趋势。

基于上述当前发展趋势,本节提供一个云数据中心智能管理系统,将各子系统集成进整体架构中,各系统分布于基于 INDICIS 的云数据中心系统中的各个层级之中,并将子系统一至子系统四的研究成果进行部署。这里基于业务流程中子系统的功能来描述集成方式。

6.3.1 大规模云数据中心资源管理与调度子系统集成

大规模云数据中心资源管理与调度子系统是基于集群联邦架构的 Kubernetes 分布式系统,集群联邦层调度算法追求多批次,高效,轻量地进行粗粒度调度,而 Kubernetes 层调度算法将对单个 Pod 任务进行细粒度的精确调度。在该子系统三中所设计的云工作流和云服务调度算法被封装为联邦集群调度模块和资源优化调度模块,协同进行工作流调度。图 6-92 是针对集成子系统三简化版的特化业务框架图。

当服务请求应用层的三类应用服务时,这些服务会通过应用层的应用经过上层 API 调用核心引擎中的各类引擎,先将任务分解为细致的工作流,接下来通过子系统三所设计的云工作流调度方法与任务群动态并合智能调度算法,协同子系统一二收集的能效数据来动态协调资源。整个流程运行在 Kubernetes 集群中。当整个任务结束,会通过上层 API 回调请求服务方结果。

6.3.2 大规模云数据中心运行能效评估与预测子系统集成

为了分析新工作流运行方式,需要对业务场景下系统的运行能效做分析,因此引入了大规模云数据中心运行能效评估与预测子系统,本系统又由两个子系统构成:云数据中心资源数据接入与管理子系统、云数据中心能效评估预测子系统。该系统的特化业务框架如图 6-93 所示。

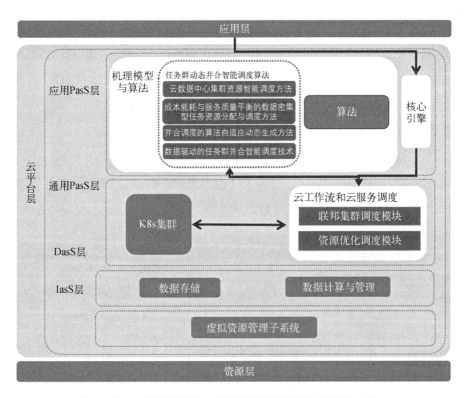

图6-92 大规模云数据中心资源管理与调度子系统集成方式

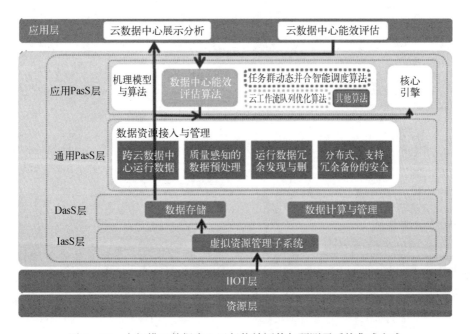

图6-93 大规模云数据中心运行能效评估与预测子系统集成方式

大规模云数据中心智能管理技术及应用

通过 IoT 抽取云数据中心的硬件和虚拟资源运行数据,运行数据由云数据中心读取,作为工业应用部署在应用层。同样应用层的能效评估会与云数据中心能效评估算法一起,根据子系统一经过收集、预处理、冗余数据处理和存储的数据,分析当前虚拟资源分配的最优解,并协同子系统三、系统四,或是协同上述两个子系统,对资源进行合理分配,并将云数据中心资源状态和能效评估结果返回到前端场景中。

6.3.3 大规模云工作流智能管理与调度子系统集成

大规模云工作流智能管理与调度子系统集成了子系统四所研制的工作流调度方法。在调度过程中,用户将应用提交至系统,由云工作流引擎对任务和逻辑进行辨识,得到云工作流任务列表。图 6-94 为针对子系统四的简化版的特化业务框架图。

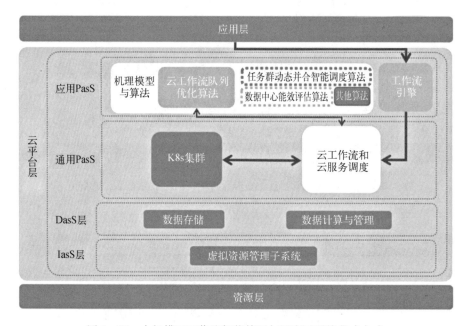

图 6-94   大规模云工作流智能管理与调度子系统集成方式

子系统四由于是与子系统三协同作业,所以整个业务流程与子系统三相似,继承了子系统三研究成果的工作流引擎与工作流队列优化算法结合上子系统三的调度优化算法,共同为工作流作业提升了性能。

6.3.4   完整系统集成

完成各部分子系统的任务集成情况介绍后,本节将从整体框架的角度介绍各子系统集成状况。整个系统的集成框架如图 6-95 所示。

面向设备故障诊断应用场景,将整个云数据中心智能管理系统应用到场景中,具体步骤如下。

步骤 1:服务请求。应用层的云数据中心运行展示分析、云数据中心能效评估和云工作流运行展示这三类应用服务,就会通过上行 API 接口服务提供的各类标准化数据接口服务,将用户应用需求调入至位于平台应用 PaaS 层中的核心处理引擎服务,由核心处理引擎中的各类处理引擎分别对相应的各类用户需求进行解析。

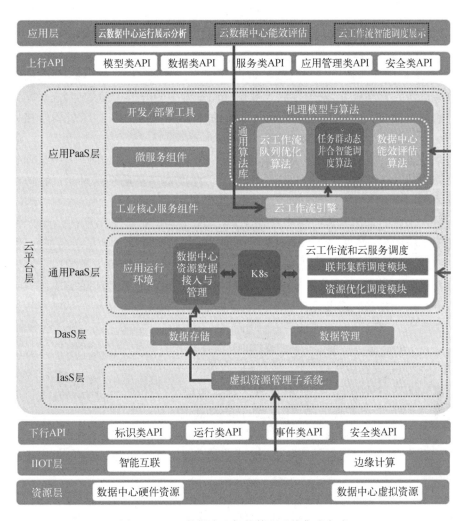

图 6-95　云数据中心智能管理系统集成方式

步骤 2:模型算法调用。核心处理引擎中的各类处理引擎在对各类用户应用需求进行解析后,便会调用存放于应用 PaaS 层中的模型算法及管理服务,通过各类模型算法的管理服务实现对可满足用户应用需求的相应模型算法的调用。这些模型算法可以是已存放在模型算法库中的已有算法,也可以是通过用户应用建模过程由用户自己创建的模型算法。在此处,本节引入了子系统四所设计的云数据流队列优化算法以及子系统三的任务群动态并合智能调度算法,通过引入子系统三和四的科研成果,在云数据流的队列分配和任务群的调度上相较传统的算法有显著提升。工作流在完成与用户应用需求相对应的模型算法调用之后,则由相应的处理引擎将调用的模型算法加载到统一运行环境中进行运行。

步骤 3：运行加载。各类模型算法通过相应的核心处理引擎被加载到统一运行环境中后，由统一运行环境提供的各类服务来满足各类模型算法运行时的资源动态需求，并提供相应的服务。在统一运行环境中，本节将子系统三设计的云工作流和云服务调度方法进行了应用部署，子系统三设计的云工作流和云服务调度方法又进一步地细分为联邦集群调度模块和资源优化调度模块。引入了子系统三的联邦调度方法，对工作流任务调度进行了小幅提升。

步骤 4：数据载入。在模型和算法运行过程中，会调用位于通用 PaaS 层中的云数据中心资源数据接入与管理服务，调用存储于数据存储中心中的海量存储数据，满足模型算法运行过程中的数据资源需求。而这些数据，正是通过资源数据接入与存储过程所接入的海量数据。

步骤 5：应用结果反馈。各类模型算法运行结束后，就会将最终的应用结果通过相应处理引擎反馈至上行 API 接口，并由相应类别的 API 标准接口将最终结果通过相应的云端应用服务反馈给用户。

由于引入了新的工作流及任务调度方法，本节进一步提供了云数据中心能效评估功能，该功能部署于应用层，通过上行 API 调用并与云平台层进行交互。为了引入能效评估，本节将子系统一的云数据中心运行数据采集、预处理与存储引入并集成于云数据中心资源接入与管理子系统中，可通过资源接入层提供的 SmartIoT 及 IoT 接入工具来实现云数据中心硬件和虚拟资源海量数据的接入及存储。资源数据接入存储过程也是平台基础支撑过程实现的前提和基础之一。整体能效评估的流程如下。

（1）通过 IoT 抽取云数据中心的硬件和虚拟资源运行数据，运行数据从云数据中心读取，作为工业应用部署在应用层。

（2）能效评估与预测子系统读取资源运行数据与运行资源分配的数据，进行能效评估方面的运算，形成针对运算任务的容器级别的能效量化评估结果。

（3）云工作流智能管理与调度子系统各功能应用运行环境中，并获取计算资源需求，与能效评估子系统交互获得能耗预测数据，统筹进行容器调度规划，通过容器动态编排与调度启动不同容器。

（4）云工作流调度从应用层获取面向智能制造领域的工业 APP 运算任务需求，并从子系统二获取能效评估的相关信息，根据运算任务需求统筹进行云工作流调度工作，输出针对运算任务的容器配置需求。

（5）通过应用开发部署工具，将子系统在云平台上进行部署，智能管理系统所需运行数据均从通用 PaaS 层获取，产生的数据通过各种数据库进行存储；各子系统之间的数据互通通过各类 API 接口完成，各类模型算法可以部署在通用算法库中，并可使用数据算法建模等工具进行算法开发、部署工作。

在上述系统集成技术中，应用将在高于"云"的层次来执行云计算。同时，云数据中心智能管理系统同云计算平台或代理集成，实现对云计算运行过程的监控与管理。基于上述的集成系统，当用户有任务需求时（设备故障诊断），将用户提出的任务进行拆分，形成各类"原子服务"（WebService 级别）。每项具体任务由数量不等的原子服务共同完成。

拆分完成后,向子系统四传递所需的原子服务以及所需的数据,子系统四根据每项原子服务的工作量以及逻辑关系,进行原子服务执行顺序的编排,并给出每个原子服务所需的资源参数(CPU、内存、硬盘需求等)。子系统三根据子系统四的输出,形成原子服务与资源的对应关系(即服务容器池中容器的对应关系),完成资源匹配的过程,调度Kubernetes,建立这些容器,按照顺序执行各个原子服务。各个原子服务执行完成后,结果进行合并、汇总,形成用户任务的执行过程。整体执行过程如图6-96所示。

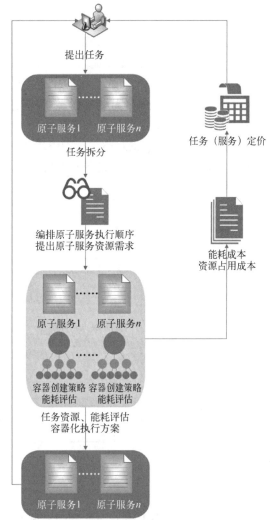

图6-96　任务整体执行过程

本应用示范综合运用了项目其他4个任务所研发的技术,并将其集成到了云平台上。子系统一、二作为工业应用部署在应用层。子系统一需要从IaaS层抽取运行数据,运行数据从云数据中心读取,统一转发给子系统一。

子系统二读取子系统一与子系统三产生的数据,进行能效评估方面的运算,形成针对运算任务的容器级别的能耗量化评估结果。子系统三成果部署在应用运行环境中,从子系统四获取计算资源需求,与子系统二交互获得能效预测数据,统筹进行容器调度规划,通过容器动态编排与调度启动不同容器。子系统四从应用层获取工业APP运算任务需求,并从子系统二获取能效评估的相关信息,根据运算任务需求统筹进行云工作流调度工作,输出针对运算任务的容器配置需求。

本节提供应用开发/部署工具,帮助各任务研究成果开展应用示范;各任务的数据从DaaS层获取,产生的数据通过各种数据库进行存储;各任务之间的数据互通通过各类接口完成,需要各任务详细讨论接口内容;各任务可以通过API调用平台数据;各任务的算法成果可以部署在通用算法库中,并可使用数据算法建模等工具进行算法开发、部署工作。

基于以上的研发成果,成功申请了一项专利,此项专利用于实现云数据中心资源融合、智能调度、弹性伸缩,整合海量的异构资源,提供资源的按需服务、智能调度、不间断进化和灵活管理,支撑多层次多类型的云计算服务。

6.4 面向典型工业应用开展云数据中心智能化管理系统应用示范

应用示范是在客户端层,基于服务层进行工作,子系统四的云工作流在服务层,将基于云工作流管理系统的云工作流服务作为连接底层云平台的网关,同时结合实际平台,为子系统四云工作流调度提供了参考。鉴于子系统三在中间件层,支撑子系统四的工作,在中间件层中,可将一些组件进行无缝集成,作为服务层和底层基础架构层的桥梁。组件中包含云资源管理器,负责虚拟集群供应和任务执行服务。

基于智能制造的场景,将云数据中心智能管理系统部署在云数据中心,将子系统一到四的系统集成到了云数据中心智能管理系统上,以供设备故障诊断场景进行调用,如图6-97所示。

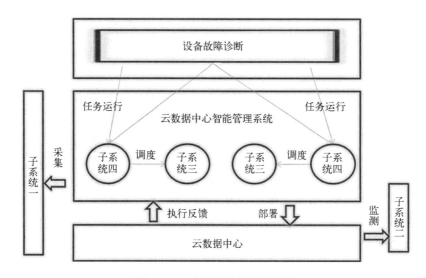

图6-97 应用示范部署示意图

应用示范具体步骤如下:

步骤1:将云数据中心智能管理系统部署在云数据中心上;

步骤2:将应用示范部署运行在云数据中心智能管理系统上,调度管理系统中子系统四的工作流;

步骤3:由子系统四的节点调度子系统三进行任务的分配;

步骤4:子系统一和子系统二进行数据采集和监测,完成应用示范。

6.4.1 应用示范——设备故障诊断

1. 设备故障诊断

1)设备故障诊断介绍

如图6-98所示,设备故障诊断,又称云制造运营管理(cloud manufacturing operations

management，CMOM）。该功能专为企业量身打造，无论是管理人员，还是普通员工，都可以更有效地处理信息，以便制定出合理的运营决策。助力企业实现制造运营规范化、决策分析智能化、生产过程协同化，帮助企业改善生产工艺、降低制造成本、提高效率。

随着科技的发展和社会的进步，当今制造业的生产越来越依靠设备进行，组织管理也按照产线的模式进行。产线是设备和人的组合，也可以是单纯为设备或者人。产线可以按工艺原则布置（机群式布置），也可以按产品原则布置（流水线布置）或者其他形式布置。但是，无论哪种布置方式，产线在制造业的生产管理中都处于极其重要的位置，及时掌握产线的信息，就是掌握企业的生产信息，产线运行得平稳，就是企业生产的平稳，所以产线监控也越来越变得极其重要。产线监控模块能实时反馈生产现场当前情况，让不同部门的人员、不同班组的人员能及时了解产线信息，进行相应的生产活动或者发现生产问题，使得信息交流更加清晰、迅速，问题的发现和处理都更加及时，从而提高产线的生产效率，提升企业的生产效益。

云制造运营管理系统通过采集生产制造过程数据，ERP/MES/PLM 各系统中的数据，包括采集产线上的工艺数据，质量数据，测试数据，检测数据，运行环境数据，实时指标数据等；利用云计算资源能力，以及云端平台大量的算法模型来支撑大数据计算，比如神经网络算法、回归算法、聚类算法等；通过云端平台的数据处理能力，包括具备通过接口对各类数据的接入能力，对各类数据进行抽取，清洗，加载的能力，进行数据的存储，包括利用MySQL 关系型数据库，和 Hadoop 非关系型数据库等；实现基于业务模型的大数据分析，具体功能如图 6-98 所示。

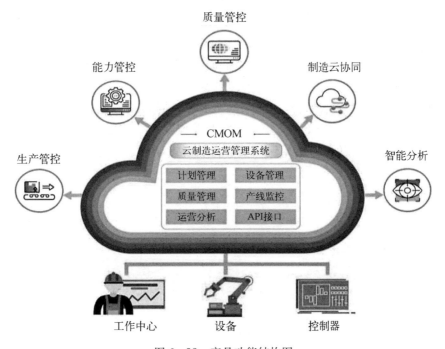

图 6-98　产品功能结构图

智能化运维：通过采集设备、产线的运行数据，利用大数据算法模型，对可能设备、产线状态进行监测，对潜在故障进行预测，提前对产线设备维护，进而提升企业产线设备可用能力，满足生产需求。

2）功能及界面介绍

设备故障诊断应用基于工业领域设备故障诊断的需求，帮助设备厂商完成企业的转型升级，共同推进设备管控建设，推进故障预测的规模化和常态化。应用通过获取汇总设备的实时任务信息和状态信息，形成设备数据知识库，通过数据挖掘技术，选择合适的预测模型对设备的健康状况进行预测，并给出最佳维护、检修工作技术架构；对设备产线可

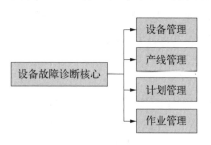

图6-99　设备故障诊断核心功能图

能出现的复杂故障，利用交互式故障诊断服务，为用户提供交互式的故障诊断定位方式，大大提升故障定位并解决的效率，降低因设备故障带来的生产损失。

设备故障诊断可满足企业计划管理、生产过程管控、产线设备异常监控与故障诊断及信息管理等日常管理业务以及企业间协同生产业务需求。所有核心功能包括设备管理、产线管理、计划管理、作业管理等功能。核心功能如图6-99所示，各核心功能介绍如下。

3）实例应用——风机叶片结冰预测

风场风机叶片结冰问题，对风场各风机的正常运行危害较大。当机组结冰比较严重时，将会导致风电场电量突然下滑，冰冻会造成风速仪、风向标故障或采集的数据误差增大，引起机组出力下降或停机。叶片结冰后会引起载荷增加，影响叶片寿命，而且加载在每个叶片上的冰载不相同，使得机组的不平衡载荷增大，在叶片结冰状态下继续运行会对机组产生非常大的危害，结冰严重时机组不得不脱网停机，使长年处于低温地区的机组利用率大为降低。叶片结冰后，由于叶片每个截面结冰厚度不一样，使得叶片原有的翼型改变，影响风电机组的载荷，机组寿命受到一定的影响。

针对上述问题，从本节云平台已有各类算法库中，选取所需的算法组件，采用拖拽式方式，并配置相应的风机实时数据，在可视化编辑环境中构建出风机预测计算模型（图6-100），并将模型运行的最终结果展示到前台的展示页面之上（图6-101）。

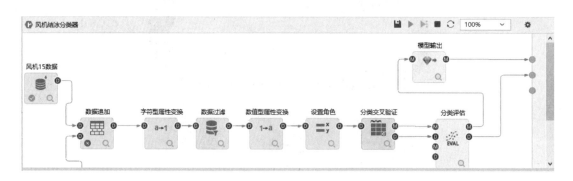

图6-100　风机叶片结冰预测模型构建

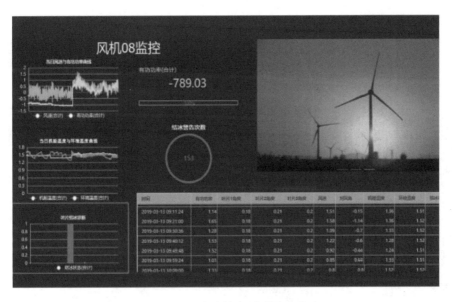

图 6-101　叶片结冰预测展示页面

2. 应用技术架构

1）应用部署

采用如图 6-102 所示的架构部署设备故障诊断应用。

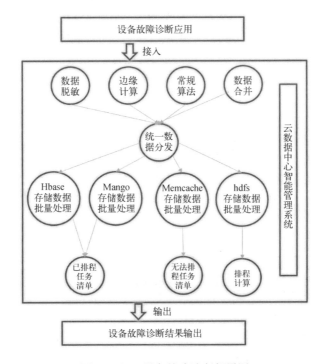

图 6-102　设备故障诊断部署图

2）应用步骤

如图 6-103 所示，采集设备参数数据，为采集点设定科学阈值（正常运行范围内的最大值与最小值），并与实时数据比对分析，计算风险故障发生概率，预测未来故障概率，减少非计划停机。

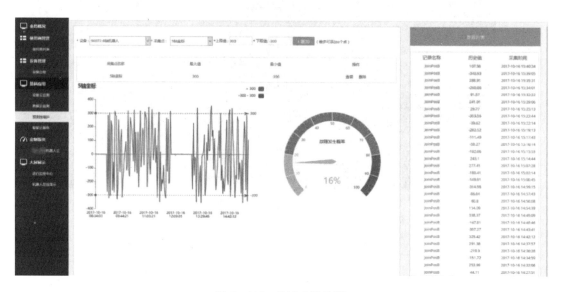

图 6-103　关键参数监测

如图 6-104 所示，多维度对比设备健康状态，生成维修决策建议；通过运行数据与质量数据的关联分析，更有效的检测和分析产品的一致性，保障产品生产良率；设备综合使用的 OEE 指标显著提升。

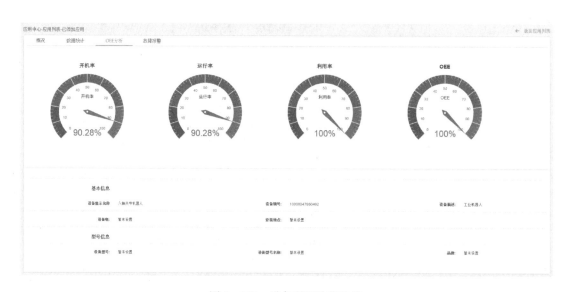

图 6-104　设备利用效能监控

— 304 —

通过对"电流""加速度""转速""转矩""位姿值""负载"等实际参数采用实时变化图形曲线和数据列表形式显示相结合的办法进行展示,并对比设备相应设计参数和额定参数进行分析预警展示。通过采集和积累设备数据,建立不同种类设备基本信息模型、能力模型,支撑后续的设备应用、运维等相关工作,对设备进行有针对性的维护。

3. 应用效果

设备故障诊断系统为设备制造(供应)商创造的应用价值主要表现在:设备信息化管理,促成企业设备智能化管理,为后续的机器人应用、运维等智慧化运营提供基础。设备运行监测与分析,为企业生产运营提供精准数据支撑,实时掌握设备的工作状态,有助于及时发现问题。使能实时掌握报警预警处理情况,提高设备管理效率,保障客户权益、保障安全生产,大幅度提升设备的利用率。设备故障预警、预测性维护及服务,有效降低企业维护成本,有效减少设备维护时间。

6.4.2 应用示范——无人驾驶车辆轨迹跟踪控制

1. 无人驾驶车辆轨迹跟踪控制介绍

无人驾驶车辆的轨迹跟踪问题是指根据某种控制理论,为系统设计一个控制输入作用,使无人驾驶车辆能够到达并最终以期望的速度跟踪期望轨迹。在惯性坐标系中,车辆必须从一个给定的初始状态出发,这个初始点可以在期望轨迹上,也可以不在期望轨迹上。其中期望轨迹用一个个离散的轨迹点给出。

大规模的无人车网络需要云计算和大数据支持,能够更好地管理和优化车辆的调度和路径规划,提高整个系统的效率和可靠性。通过上云,无人车可以更方便地获取和处理各种数据,如地图数据、交通数据、气象数据等,提高车辆自主决策的精度和准确性。上云可以支持实时监测和管理无人车的状态和行驶情况,及时发现问题并进行调整和修复,提高车辆的安全性和可靠性。目前已经有无人车上云的应用案例,包括通过云计算支持无人车调度和路径规划、利用云存储实现车辆数据的集中管理和共享、通过云端 AI 算法支持车辆的自主决策等。基于云控制的无人车控制技术路线包括:无人车与云平台的通信技术,如网络协议、数据传输和安全等;云端数据存储和处理技术,如大数据存储、处理、分析和挖掘等;云端 AI 算法和决策支持技术,如自动驾驶决策算法、路径规划算法、目标检测和识别等;无人车硬件和软件集成技术,如传感器、控制器、导航和通信等。无人车上云存在的技术挑战包括:无人车与云平台之间的高速、低时延、高可靠的通信技术,以满足实时监测和决策的要求;云端数据存储和处理的能力和效率,以满足大规模的无人车数据处理和分析的要求;云端 AI 算法和决策支持技术的精度和可靠性,以满足无人车的高精度和高可靠的决策和控制需求;无人车与云平台之间的安全和隐私保护,以保障数据和系统的安全性和可信性。

近年来,云计算被认为是信息技术领域中最好的计算范式之一,并具有强大的计算能力。模型预测控制方法通常被用来进行车辆的轨迹跟踪控制,但是由于其计算量较大,本地的计算资源往往会限制算法中预测时域的选择。因此,我们将控制任务放在云端完成。为充分利用云端资源,设计了一种基于工作流的车辆运动学轨迹跟踪模型预测控制方法。

2. 功能介绍

图 6-105 为一种基于工作流的车辆运动学轨迹跟踪模型预测控制方法的控制示意图,其具体执行步骤如下。

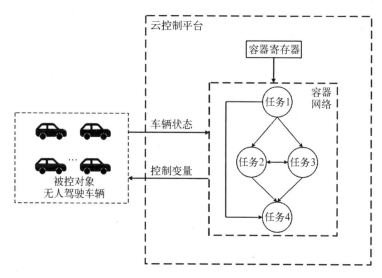

图 6-105 基于工作流的车辆运动学轨迹跟踪模型预测控制方法结构图

步骤 1:利用模型预测控制方法建立基于工作流的车辆轨迹跟踪优化问题模型,如式 (6-3)所示,用交替方向乘子法求解该优化问题,得到参数 y、z 和 u 的更新表达式,如式 (6-5)~式(6-7)所示:

$$V_N(\xi_k, u_{k-1}) = \min g(\tilde{\xi}_{k+N|k}) + \sum_{j=0}^{N-1} l(\tilde{\xi}_{k+j|k}, \tilde{u}_{k+j|k})$$

$$\tilde{\xi}_{0|k} = \xi_k$$

$$\tilde{\xi}_{j+1|k} = A_k \tilde{\xi}_{j|k} + B_k \tilde{u}_{j|k}$$

$$\tilde{u}_{j|k} \in U$$

$$\tilde{\xi}_{j|k} \in \varXi \qquad (6-3)$$

无人驾驶车辆的状态和输入的约束,如式(6-4)所示:

$$\xi_{j+1|k} \in \varXi := \{\xi \in \mathbb{R}^n \mid \underline{\xi} \leqslant \xi \leqslant \bar{\xi}\}$$

$$u_{j|k} \in U := \{u \in \mathbb{R}^n \mid \underline{u} \leqslant u \leqslant \bar{u}\} \qquad (6-4)$$

式中,ξ_k 为无人驾驶车辆在 k 时刻的状态量;状态量 ξ 表示为 $\xi = [X_r, Y_r, \varphi]^T$,$\xi$ 的维数为 N_x;(X_r, Y_r) 为无人驾驶车辆后轴中心的坐标;φ 为横摆角;u_{k-1} 为 $k-1$ 时刻无人驾驶车辆

的控制量 u；控制量 u 的表达式为 $u = [v_r, \omega]^T$；u 的维数为 N_u；V_r 为车辆后轴中心的速度；ω 为车辆的角速度；$\tilde{\xi}_{k+N|k}$ 为 k 时刻预测 $k+N$ 时刻的状态；$\tilde{u}_{k+j|k}$ 为 k 时刻预测 $k+j$ 时刻的控制输入；$g(\tilde{\xi}_{k+N|k}) = \tilde{\xi}_{k+N|k}^T P \tilde{\xi}_{k+N|k}$，$l(\tilde{\xi}_{k+j|k}, \tilde{u}_{k+j|k}) = \tilde{\xi}_{k+j|k}^T Q \tilde{\xi}_{k+j|k} + \tilde{u}_{k+j|k}^T R \tilde{u}_{k+j|k}$；$Q$ 为状态量的权重矩阵；R 为控制输入的权重矩阵；N 为预测时域；A_k 为系统矩阵；B_k 为控制矩阵；$\bar{\xi}, \underline{\xi} \in \mathbb{R}^n$、$\bar{u}, \underline{u} \in \mathbb{R}^n$ 分别为状态约束和控制量约束的边界。

$$y^{(i+1)} = E_{11}(\rho z^{(i)} - \mu^{(i)}) + E_{12}F\xi \tag{6-5}$$

$$z^{(i+1)} = \text{proj}_Z\left[E_{11}(\rho z^{(i)} - \mu^{(i)}) + E_{12}F\xi + \frac{1}{\rho}\mu^{(i)}\right] \tag{6-6}$$

$$\mu^{(i+1)} = \mu^{(i)} + \rho\left[E_{11}(\rho z^{(i+1)} - \mu^{(i)}) + E_{12}F\xi - z^{(i+1)}\right] \tag{6-7}$$

式中，i 为迭代次数；$y^{(i+1)}$ 为第 $i+1$ 次迭代的参数 y 的值；$z^{(i+1)}$ 为第 $i+1$ 次迭代的参数 z 的值；$\mu^{(i+1)}$ 为第 $i+1$ 次迭代的参数 u 的值，定义 E 矩阵为 $E = \begin{bmatrix} E_{11} & E_{12} \\ E_{12}^T & E_{22} \end{bmatrix} = \begin{bmatrix} H + \rho I_q & G^T \\ G & 0_{p \times p} \end{bmatrix}^{-1}$，其中

$$G = \begin{bmatrix} -B_k & I_{N_x} & 0_{N_x \times N_u} & 0_{N_x \times N_x} & \cdots & 0_{N_x \times N_x} \\ 0_{N_x \times N_u} & -A_k & -B_k & I_{N_x} & \cdots & 0_{N_x \times N_x} \\ \vdots & \ddots & \ddots & \ddots & \ddots & \vdots \\ 0_{N_x \times N_u} & \cdots & \cdots & -A_k & -B_k & I_{N_x} \end{bmatrix}, F = \begin{bmatrix} A_k \\ 0_{(N \times N_x - N_x) \times N_x} \end{bmatrix}, E_{11} = H + \rho I_q, E_{11} =$$

$H + \rho I_q$，$\text{proj}_Z()$ 为参数 z 在约束集合 Z 上的投影，$Z = \{z \in \mathbb{R}^q \mid \underline{z} \leqslant z \leqslant \bar{z}\}$ 为约束集合，ρ 为惩罚参数。

步骤 2：工作流中的第一任务节点根据第 k 时刻的输出数据采用所述轨迹跟踪优化问题计算得到矩阵 E、G，设定权重参数矩阵 H；再将矩阵 E、G、H 分别发送至工作流中的第二任务节点、第三任务节点，第四任务节点，并将输出数据发送至第四任务节点。

步骤 3：第二任务节点根据矩阵 E、G、H 采用公式(6-5)完成参数 y 的更新计算，第三任务节点根据矩阵 E、G、H 采用公式(6-7)完成参数 u 的更新计算，第四任务节点根据参数 z 的约束边界采用公式(6-6)完成参数 z 的更新计算。

步骤 4：当第二任务节点、第三任务节点及第四任务节点完成参数的更新计算后，分别将更新后的参数发送至其他两个节点，并令迭代次数自加1。

步骤 5：当迭代次数不大于阈值时，执行步骤3；否则，第四任务节点从参数 z 中提取控制量 u，并将控制量 u 发送至车辆，车辆运行至第 $k+1$ 时刻，令 k 自加1后执行步骤2，直至车辆停止运行。

3. 应用效果

在不同控制时域下，基于工作流的方法和不使用工作流的方法进行对比，结果如表6-12所示。

表 6－12　基本方法与工作流方法结果数据记录表

方　　法	基 本 方 法			基于工作流的方法		
预测时域	时间/s	跟踪误差/m	角度误差/(°)	时间/s	跟踪误差/m	角度误差/(°)
10	0.013 8	1.683 3	0.123 4	0.012 4	1.567 2	0.078 6
20	0.025 8	1.247 1	0.120 2	0.014 7	1.198 0	0.082 1
30	0.036 8	1.405 5	0.152 4	0.018 4	1.158 9	0.084 2
40	0.052 7	5.526 9	0.111 1	0.023 8	1.161 8	0.086 2
50	0.076 0	22.149 3	1.708 1	0.028 2	1.130 2	0.090 6

有鉴于此,基于工作流的云控制方法,利用云计算的分布式处理结构,提高模型预测控制算法的计算速度,与不使用工作流的方法相比,计算时间减少 62.89%,实现了对模型更细粒度的离散化处理,具有更好的控制品质。使用基于工作流的云控制方法对车辆的控制结果如图 6－106 所示。

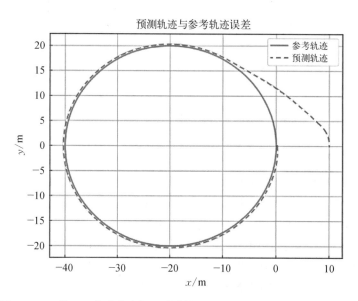

图 6－106　基于工作流的车辆运动学轨迹跟踪模型预测控制方法结果图

6.4.3　应用示范——智能废钢判级系统

1. 废钢判级介绍

根据中国废钢铁应用协会统计,2019 年我国短流程炼钢占比还在 10% 以下,而世界平均短流程炼钢占比为 25.2%,发达国家中美国短流程炼钢占比更是达到了 62%,相比之下,我国短流程炼钢在未来将有很大提升空间。而废钢正是短流程炼钢的重要环节,所以废钢已成为钢铁生产重要的一环。面对废钢市场的庞大规模,能否对废钢质量进行高效评估将成为影响钢铁企业生产的关键。

如图 6‑107 所示,目前废钢判级主要采取人工判级的方式,存在诸多问题。首先人工判级工作环境恶劣,劳动强度大,安全风险高;其次,废钢来源复杂,种类繁多,人工废钢判级结果完全取决于质检员的个人经验,增加废钢判级结果的不确定性;此外,当业务量陡增时,废钢判级人员无法在有限时间内给出料型比使得废钢判级过程粗放;最后,合格质检人员需要长期经验积累,使得废钢质检人员招聘标准高、招聘难、用人成本高。针对人工废钢判级中存在的诸多问题,智能废钢判级是绝佳应对,因此开展智能废钢判级的价值日益凸显。

图 6‑107　人工废钢判级作业

2. 功能介绍

1）系统构成

废钢判级系统是我们基于已有系统开发的一套应用系统,产品功能如图 6‑108 所示。核心模块包括:

（1）数据采集模块:主要功能是对接现场摄像头视频的采集和图片的抓拍;

（2）监控大屏:主要用于各作业人员查看整个判级过程,包括现场视频、异物告警、判级操作、实时分析等功能;

（3）算法模块:主要提供视频的关键区域提取,智能判级、异物识别等算法接口;

（4）业务模块:完成用户角色管理,库区管理,判级过程管理以及数据管理等功能。

2）系统功能

a. 业务管理后台（图 6‑109）主要功能

（a）系统管理:用户、角色、部门等相关管理;

（b）库区管理:货车实际的库区库位的设置和管理;

（c）客商管理:相关供应商数据管理;

（d）判级过程管理:废钢智能判级全流程数据,包括进厂货车、判级状态、判级数据、数据分析报表等;

（e）数据面板:可视化展示相关数据。

b. 数据面板(图6-110)主要功能

(a)数据面板:历史数据可视化,帮助企业获取运营情况;

(b)订单总量、分布、趋势:对历史交易进行统计分析;

(c)智能判级算法的历史性能:智能算法的历史判定结果可视化,追溯预测记录;

(d)报警信息统计:可视化相关业务的报警信息,掌握订单质量;

(e)废钢种类分布及趋势:可视化各类废钢占比以及趋势,了解业务动态。

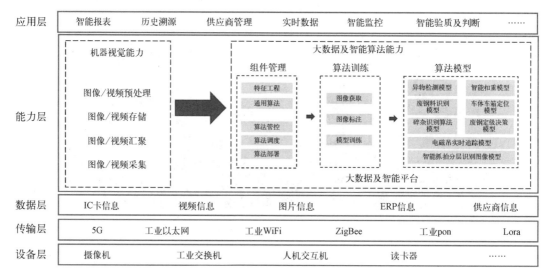

图6-108 废钢智能判级系统功能

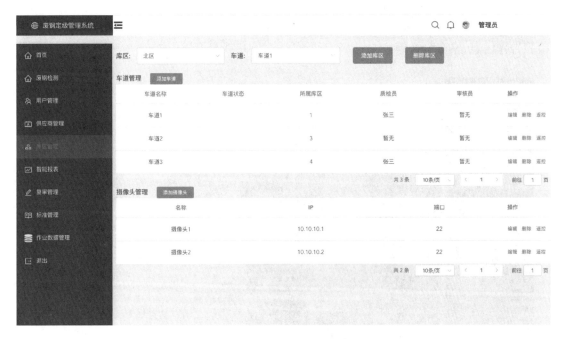

图 6-109　业务管理后台

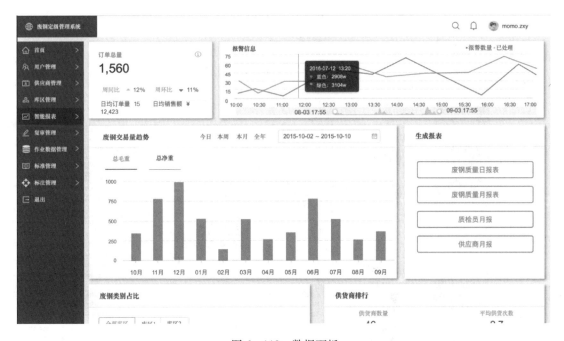

图 6-110　数据面板

c. 监控大屏(图 6-111)主要功能

(a) 同时查看多个库区货车判级状态;

(b) 实时查看判级过程,危险品提醒、进入指定区域查看判级详细信息:判级信息,危险品告警信息,整车分析等。

图 6-111 监控大屏

3) 业务流程

智能废钢判级系统的业务流程如图 6-112 所示,主要包括如下过程:

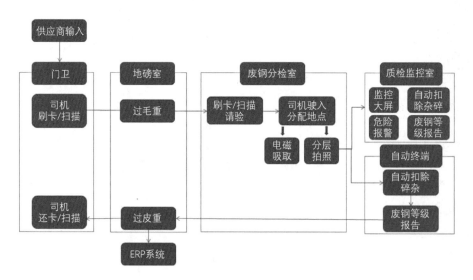

图 6-112 业务流程图

（1）货车入厂登记，获得卡/码，进入厂区；

（2）货车进入指定车道，在自助机上刷卡或者扫码，开始判级；

（3）端侧的摄像头采集图传输给后台的算法系统，开始对图像进行识别；

（4）监控大屏与自助机在每一次卸货过程中，显示智能判级结果；

（5）卸货完成后，货车司机在自助机上再次刷卡/扫码，结束判级过程；

（6）后端业务系统对判级结果进行逻辑处理，得到最终整车的判级结果。

4）实施方案

本项目所合作废钢回收厂的判级方案采用端边云协同的模式，如图 6–113 所示。端侧摄像头采集多角度的废钢图像，作为解决方案的数据源。通过网络，多角度废钢图像可以实时地传输至边缘云进行展示和智能模型推理。边缘云部署的智能推理模型来源于云端分布式机器学习系统训练得到。通过云边协同，云端最新模型不断下发至边缘，确保边缘模型的部署和更新。

3. 应用效果

基于自研云数据中心管理系统，开展智能废钢判级系统的研发以及应用。实现了用户管理、供应商管理、库区管理、智能报表、历史作业等典型业务。设计并实现云边协同智能计算系统，实现智能抓拍算法、面向废钢的语义分割算法、异常识别算法等智能模型的云边协同训练和部署。如图 6–114 所示，实现了废钢判级、危险品检测等智能判级业务。

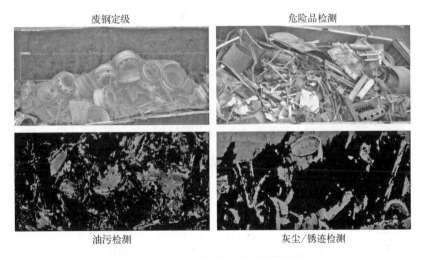

图 6–114　智能判级系统监测效果

6.5　本 章 小 结

通过对云数据中心管理系统运维体系架构的设计，给出了其他各子系统在中小规模资源环境下的部署方案；明确了构成云数据中心管理系统的各子系统在平台上的层级关系和作用，指导了各子系统在中小规模资源环境下成功部署与运行。

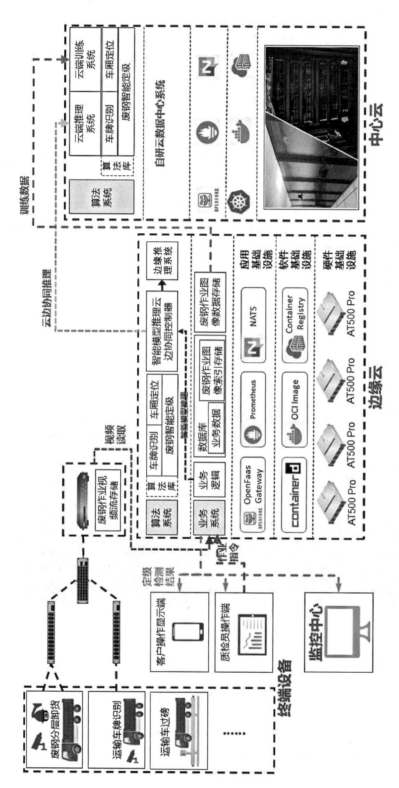

图 6 - 113　端边云协同方案架构

参 考 文 献

[1] Zakarya M. Energy, performance and cost efficient datacenters: A survey[J]. Renewable and Sustainable Energy Reviews, 2018, 94: 363 – 385.

[2] Brøgger M, Wittchen K B. Estimating the energy-saving potential in national building stocks — A methodology review[J]. Renewable and Sustainable Energy Reviews, 2018, 82(1): 1489 – 1496.

[3] Vakilinia S. Energy efficient temporal load aware resource allocation in cloud computing datacenters[J]. Journal of Cloud Computing, 2018, 7(1): 1 – 24.

[4] 房超, 黄春梅.基于 QoS 的云任务调度算法研究[J].软件工程, 2020, 23(3): 22 – 27.

[5] 凤凰网科技.字节跳动在美租用云数据中心: 数十万台服务器, 能耗达 53 兆瓦[EB/OL]. [2020 – 10 – 30]. https://tech.ifeng.com/c/80zDZm54HDc.

[6] Mao H, Schwarzkopf M, Venkatakrishnan S B, et al. Learning scheduling algorithms for data processing clusters[C]. Beijing: Proceedings of the ACM Special Interest Group on Data Communication, 2019.

[7] Jereczek G, Miotto G L, Malone D. Analogues between tuning TCP for data acquisition and datacenter networks[C]. London: 2015 IEEE International Conference on Communications (ICC), 2015.

[8] Hwang J, Yoo J, Choi N. Deadline and incast aware TCP for cloud data center networks[J]. Computer Networks, 2014, 68: 20 – 34.

[9] Han J, Kamber M, Pei J. Data mining: Concepts and techniques[EB/OL]. [2015 – 11 – 01]. http://eecs.csuohio.edu/~sschung/CIS660/chapter_10_JHan_Clustering.pdf.

[10] Liu Z, Chen Y, Bash C, et al. Renewable and cooling aware workload management for sustainable data centers[C]. London: Proceedings of the 12th ACM SIGMETRICS/PERFORMANCE Joint International Conference on Measurement and Modeling of Computer Systems, 2012.

[11] Li Y, Hu H, Wen Y, et al. Learning-based power prediction for data centre operations via deep neural networks[C]. Waterloo: Proceedings of the 5th International Workshop on Energy Efficient Data Centres, 2016.

[12] Joseph R, Martonosi M. Run-time power estimation in high performance microprocessors[C]. Huntington Beach: Proceedings of the 2001 International Symposium on Low Power Electronics and Design, 2001.

[13] Isci C, Martonosi M. Runtime power monitoring in high-end processors: Methodology and empirical data[C]. San Diego: Proceedings. 36th Annual IEEE/ACM International Symposium on Microarchitecture, 2003.

[14] Rivoire S, Ranganathan P, Kozyrakis C. A comparison of high-level full-system power models[J]. Hot Power, 2008, 8(2): 32 – 39.

[15] Tang G, Jiang W, Xu Z, et al. NIPD: Non-intrusive power disaggregation in legacy datacenters[J]. IEEE Transactions on Computers, 2016, 66(2): 312 – 325.

[16] Jiang W, Ren S, Liu F, et al. Non-it energy accounting in virtualized datacenter[C]. Vienna: 2018 IEEE 38th International Conference on Distributed Computing Systems (ICDCS), 2018.

[17] Jiang W, Liu F, Tang G, et al. Virtual machine power accounting with shapley value[C]. Atlanta: 2017 IEEE 37th International Conference on Distributed Computing Systems (ICDCS), 2017.

[18] Ho S L, Xie M. The use of ARIMA models for reliability forecasting and analysis[J]. Computers and Industrial Engineering, 1998, 35(1 – 2): 213 – 216.

[19] Taylor S J, Letham B. Forecasting at scale[J]. The American Statistician, 2018, 72(1): 37 – 45.

[20] Zhang G P. Time series forecasting using a hybrid ARIMA and neural network model [J]. Neurocomputing, 2003, 50: 159 - 175.

[21] Zhang J S, Xiao X C. Predicting chaotic time series using recurrent neural network[J]. Chinese Physics Letters, 2000, 17(2): 88.

[22] Hochreiter S, Schmidhuber J. Long short-term memory[J]. Neural Computation, 1997, 9(8): 1735 - 1780.

[23] Walker M J, Diestelhorst S, Hansson A, et al. Accurate and stable run-time power modeling for mobile and embedded CPUs [J]. IEEE Transactions on Computer-Aided Design of Integrated Circuits and Systems, 2016, 36(1): 106 - 119.

[24] Riekstin A C, Rodrigues B B, Nguyen K K, et al. A survey on metrics and measurement tools for sustainable distributed cloud networks[J]. IEEE Communications Surveys and Tutorials, 2017, 20(2): 1244 - 1270.

[25] Van de Voort T, Zavrel V, Galdiz I T, et al. Analysis of performance metrics for data center efficiency[J]. REHVA Journal, 2017 (2): 5 - 11.

[26] Wahlroos M, Pärssinen M, Manner J, et al. Utilizing data center waste heat in district heating — Impacts on energy efficiency and prospects for low-temperature district heating networks [J]. Energy, 2017, 140: 1228 - 1238.

[27] Dvorak V, Zavrel V, Galdiz J I T, et al. Simulation-based assessment of data center waste heat utilization using aquifer thermal energy storage of a university campus[J]. 建筑模拟(英文版), 2020, 13(4): 823 - 836.

[28] 谭思敏.基于云计算云数据中心的能效评估指标体系研究[J].通讯世界, 2016(14): 97 - 98.

[29] Liu G, Yang J, Hao Y, et al. Big data-informed energy efficiency assessment of China industry sectors based on K-means clustering[J]. Journal of Cleaner Production, 2018, 183: 304 - 314.

[30] Li M J, Tao W Q. Review of methodologies and polices for evaluation of energy efficiency in high energy-consuming industry[J]. Applied Energy, 2017, 187: 203 - 215.

[31] 宋杰, 李甜甜, 闫振兴, 等.一种云计算环境下的能效模型和度量方法[J].软件学报, 2012, 23 (2): 200 - 214.

[32] 蔡小波, 张学杰.一种基于 QoS 参数归约的云计算环境能效评估方法[J].计算机工程与科学, 2014, 36(12): 2305 - 2311.

[33] TUC. Existing data centers energy metrics — Task 1 [R/OL]. European Union: Smart City Cluster Collaboration, 2014. [2020 - 12 - 21]. http://www. dolfin-fp7. eu/wp-content/uploads/2014/01/Task-1 - List-of-DC-Energy-Related-Metrics-Final.pdf.

[34] Jaureguialzo E. PUE: The Green Grid metric for evaluating the energy efficiency in DC (data center). measurement method using the power demand [C]. Amsterdam: 2011 IEEE 33rd International Telecommunications Energy Conference (INTELEC), 2011.

[35] Yuventi J, Mehdizadeh R. A critical analysis of power usage effectiveness and its use in communicating data center energy consumption[J]. Energy and Buildings, 2013, 64(64): 90 - 94.

[36] Horner N, Azevedo I. Power usage effectiveness in data centers: Overloaded and underachieving [J]. Electricity Journal, 2016, 29(4): 61 - 69.

[37] Zhou R L, Shi Y J, Zhu C G, et al. AxPUE: Application level metrics for power usage effectiveness in data centers[C]. Silicon Valley: 2013 IEEE International Conference on Big Data, 2013.

[38] Zoie R C, Mihaela R D, Alexandru S. An analysis of the power usage effectiveness metric in data centers [C]. Galati: 2017 5th International Symposium on Electrical and Electronics Engineering (ISEEE), 2017.

[39] Rădulescu D M, Rădulescu C Z, Lazaroiu G, et al. New metrics for the measurement of energy efficiency in data centers [J]. International Multidisciplinary Scientific GeoConference: SGEM, 2018, 18 (2.1): 603 - 610.

[40] Levy M, Raviv D. An overview of data center metrics and a novel approach for a new family of metrics[J]. Advances in Science, Technology and Engineering Systems Journal, 2018, 3(2): 238 - 251.

［41］Dumitrescu C, Plesca A, Dumitrescu L, et al. Assessment of data center energy efficiency. Methods and Metrics［C］. Iasi: 2018 International Conference and Exposition on Electrical And Power Engineering (EPE), 2018.

［42］Hernandez L, Jimenez G, Marchena P, et al. Energy efficiency metrics of university data centers［J］. Knowledge Engineering and Data Science, 2018, 1(2): 64 – 73.

［43］Anastasiia G. Data center energy efficiency assessment based on real data analysis［D］. Lappeenranta: Lappeenranta-Lahti University of Technology LUT, 2019.

［44］Daim T, Justice J, Krampits M, et al. Data center metrics［J］. Management of Environmental Quality, 2013, 20(6): 712 – 731.

［45］Chinnici M, Capozzoli A, Serale G. Pervasive computing next generation platforms for intelligent data collection: Measuring energy efficiency in data centers［M］. Amsterdam: Elsevier, 2016.

［46］Alfonso C, Gianluca S, Lucia L, et al. Thermal metrics for data centers: A critical review［J］. Energy Procedia, 2014, 62: 391 – 400.

［47］Capozzoli A, Chinnici M, Perino M, et al. Review on performance metrics for energy efficiency in data center: The role of thermal management［C］. Cambridge : International Workshop on Energy Efficient Data Centers(E2DC)2014: Energy Efficient Data Centers., 2014.

［48］Meng J Y, Tan H S, Xu C, et al. Dedas: Online task dispatching and scheduling with bandwidth constraint in edge computing ［C］. Paris: IEEE INFOCOM 2019 – IEEE Conference on Computer Communications, 2019.

［49］Farhadi V, Mehmeti F, He T, et al. Service placement and request scheduling for data-intensive applications in edge clouds［J］. IEEE/ACM Transactions on Networking , 2021, 29(2): 779 – 792.

［50］He T, Khamfroush H, Wang S Q, et al. It's hard to share: Joint service placement and request scheduling in edge clouds with sharable and non-sharable resources［C］. Vienna: 2018 IEEE 38th International Conference on Distributed Computing Systems (ICDCS),2018.

［51］Long S Q, Long W F, Li Z T, et al. A game-based approach for cost-aware task assignment with QoS constraint in collaborative edge and cloud environments［J］. IEEE Transactions on Parallel and Distributed Systems, 2020, 32(7): 1 – 12.

［52］Mao H Z, Alizadeh M, Menache I, et al. Resource management with deep re-inforcement learning［C］. Atlanta: Proceedings of the 15th ACM workshop on hot topics in networks. 2016.

［53］Mao H, Schwarzkopf M, Venkatakrishnan S B, et al. Learning scheduling algorithms for data processing clusters［C］. Beijing: Proceedings of the ACM Special Interest Group on Data Communication, 2019.

［54］Li F, Hu B. DeepJS: Job scheduling based on deep reinforcement learning in cloud data center［C］. Guangzhou: Proceedings of the 2019 4th international conference on big data and computing, 2019.

［55］Hollingsworth D. Workflow management coalition: The workflow reference model［EB/OL］. ［1995 – 01 – 19］. http://www.workflowpatterns.com/documentation/documents/tc003v11.pdf.

［56］Adam N R, Atluri V, Huang W K. Modeling and analysis of workflows using Petri nets［J］. Journal of Intelligent Information Systems, 1998, 10(2): 131 – 158.

［57］Georgakopoulos D, Hornick M, Sheth A. An overview of workflow management: From process modeling to workflow automation infrastructure［J］. Distributed and Parallel Databases, 1995, 3(2): 119 – 153.

［58］Deelman E, Callaghan S, Mehringer J, et al. Managing large-scale workflow execution from resource provisioning to provenance tracking: The cybershake example［C］. Amsterdam: 2nd International Conference on e-Science and Grid Computing, 2006.

［59］TensorFlow Authours. Tensorflow: Large-scale machine learning on heterogeneous distributed systems［EB/OL］.［2016 – 03 – 16］. https://doi.org/10.48550/arXiv.1603.04467.

［60］Keith H, Mandy L. Workflow management software: The business opportunity［M］. London: Ovum Ltd., 1991.

［61］Aalst V D, Wil M P. The application of Petri-nets to workflow management［J］. Journal of Circuits, Systems, and Computers, 1998, 8(1): 21 - 66.

［62］Pender T. UML宝典［M］. 耿国桐,史立奇,叶卓映,等译. 北京: 电子工业出版社,2004.

［63］Liu J, Pacitti E, Valduriez P, et al. A survey of data-intensive scientific workflow management［J］. Journal of Grid Computing, 2015, 13(4): 457 - 493.

［64］Lenstra J K, Kan A H G R. Complexity of scheduling under precedence constraints ［J］. Operations Research, 1978, 26(1): 22 - 35.

［65］Coffman E G, Denning P J. Operating systems theory［M］. Englewood Cliffs: Prentice-Hall, 1973.

［66］Al-Mouhamed M A. Lower bound on the number of processors and time for scheduling precedence graphs with communication costs［J］. IEEE Transactions on Software Engineering, 1990, 16(12): 1390 - 1401.

［67］Li S. Scheduling to minimize total weighted completion time via time-indexed linear programming relaxations ［C］. Berkeley: 2017 IEEE 58th Annual Symposium on Foundations of Computer Science (FOCS), 2017.

［68］Su Y, Ren X Q, Shai V, et al. Communication-aware scheduling of precedence-constrained tasks［J］. ACM SIGMETRICS Performance Evaluation Review, 2019, 47(2): 21 - 23.

［69］Kwok Y K, Ahmad I. Static scheduling algorithms for allocating directed task graphs to multiprocessors［J］. ACM Computing Surveys, 1999, 31(4): 406 - 471.

［70］Selvi S, Manimegalai D. DAG scheduling in heterogeneous computing and grid environments using variable neighborhood search algorithm［J］. Applied Artificial Intelligence, 2017, 31(2): 134 - 173.

［71］Bozdag D, Catalyurek U, Ozguner F. A task duplication based bottom-up scheduling algorithm for heterogeneous environments［C］. Rhodes: Proceedings 20th IEEE International Parallel and Distributed Processing Symposium, 2006.

［72］Sih G C, Lee E A. A compile-time scheduling heuristic for interconnection-constrained heterogeneous processors architecture［J］. IEEE Transactions on Parallel and Distributed Systems, 1993, 4(2): 175 - 187.

［73］Topcuoglu H, Harir S, Wu M Y. Performance-effective and low-complexity task scheduling for heterogeneous computing［J］. IEEE Transactions on Parallel and Distributed Systems, 2002, 13(3): 260 - 274.

［74］Sakellariou R, Zhao H. A hybrid heuristic for DAG scheduling on heterogeneous systems［C］. Santa Fe: 18th International Parallel and Distributed Processing Symposium, 2004.

［75］Bittencourt B F, Sakellariou R, Madeira E R M. DAG scheduling using a lookahead variant of the heterogeneous earliest finish time algorithm［C］. Pisa: 18th Euromicro Conference on Parallel, Distributed and Network-based Processing, 2010.

［76］Arabnejad H, Barbosa J G. List scheduling algorithm for heterogeneous systems by an optimistic cost table ［J］. IEEE Transactions on Parallel and Distributed Systems, 2014, 25(3): 682 - 694.

［77］Priya A, Sahana S K. A survey on multiprocessor scheduling using evolutionary technique［M］//Nath V, Mandal J. Nanoelectronics, circuits and communication systems. Singapore: Springer, 2019.

［78］Xu Y, Li K, Hu J, et al. A genetic algorithm for task scheduling on heterogeneous computing systems using multiple priority queues［J］. Information Sciences, 2014, 270: 255 - 287.

［79］Ferrandi F, Lanzi P L, Pilato C, et al. Ant colony heuristic for mapping and scheduling tasks and communications on heterogeneous embedded systems［J］. IEEE Transactions on Computer-Aided Design of Integrated Circuits and Systems, 2010, 29(6): 911 - 924.

［80］Elaziz M A, Xiong S W, Jayasena K P N, et al. Task scheduling in cloud computing based on hybrid moth search algorithm and differential evolution［J］. Knowledge-Based Systems, 2019, 169: 39 - 52.

［81］Xu Y, Li K, He L, et al. A DAG scheduling scheme on heterogeneous computing systems using double molecular structure-based chemical reaction optimization［J］. Journal of Parallel and Distributed Computing, 2013, 73(9): 1306 - 1322.

［82］Luan T, Paula U, Frota Y, et al. A hybrid evolutionary algorithm for task scheduling and data assignment of data-intensive scientific workflows on clouds[J]. Future Generation Computer Systems, 2017, 76: 1 - 17.

[83] Paliwal A, Gimeno F, Nair V, et al. Reinforced genetic algorithm learning for optimizing computation graphs [C]. Addis Ababa: International Conference on Learning Representations, 2020.

[84] Hsu C C, Huang K C, Wang F J. Online scheduling of workflow applications in grid environments[J]. Future Generation Computer Systems, 2011, 27(6): 860 - 870.

[85] Hamid A, Jorge B. Fairness resource sharing for dynamic workflow scheduling on heterogeneous systems[C]. Leganes: Proceedings of the 10th IEEE International Symposium on Parallel and Distributed Processing with Applications, 2012.

[86] Hamid A, Jorge G B. Budget constrained scheduling strategies for on-line workflow applications [C]. Guimarães: Proceedings of the International Conference on Computational Science and Its Applications, 2014.

[87] Zhou N Q, Li F F, Xu K F, et al. Concurrent workflow budget-and deadline constrained scheduling in heterogeneous distributed environments[J]. Soft Computing, 2018, 22(23): 7705 -7718.

[88] Rubin D B. Inference and missing data[J]. Biometrika, 1976. 63(3): 581 - 592.

[89] Dempster A P, Laird N M, Rubin D B. Maximum likelihood from incomplete data via the EM algorithm[J]. Journal of the Royal Statistical Society: Series B (Methodological), 1977, 39(1): 1 - 22.

[90] Tipping M E, Bishop C M. Probabilistic principal component analysis[J]. Journal of the Royal Statistical Society: Series B (Statistical Methodology), 1999, 61(3): 611 - 622.

[91] Quinn J A, Sugiyama M. A least-squares approach to anomaly detection in static and sequential data[J]. Pattern Recognition Letters, 2014, 40: 36 - 40.

[92] Kriegel H P, Schubert M, Zimek A. Angle-based outlier detection in high-dimensional data[C]. Las Vegas: Proceedings of the 14th ACM SIGKDD International Conference on Knowledge Discovery and Data Mining, 2008.

[93] Kriegel H P, Kröger P, Schubert E, et al. Outlier detection in axis-parallel subspaces of high dimensional data[C]. Bangkok: Pacific-Asia Conference on Knowledge Discovery and Data Mining, 2009.

[94] Eskin E, Arnold A, Prerau M, et al. A geometric framework for unsupervised anomaly detection[M]// Barbará D, Jajodia S. Applications of data mining in computer security. Boston: Springer, 2002.

[95] Schölkopf B, Williamson R C, Smola A J, et al. Support vector method for novelty detection [C]. Cambridge: Proceedings of the 12th International Conference on Neural Information Processing Systems, 1999.

[96] Nairac A, Townsend N, Carr R, et al. A system for the analysis of jet engine vibration data[J]. Integrated Computer-Aided Engineering, 1999, 6 (1): 53 - 66.

[97] Budalakoti S, Srivastava A N, Akella R, et al. Anomaly detection in large sets of high-dimensional symbol sequences[R]. NASA/TM-2006 - 214553, 2006.

[98] Sequeira K, Zaki M. Admit: Anomaly-based data mining for intrusions[C]. Edmonton: Proceedings of the Eighth ACM SIGKDD International Conference on Knowledge Discovery and Data Mining, 2002.

[99] Zhou P, Shi W, Tian J, et al. Attention-based bidirectional long short-term memory networks for relation classification [C]. Berlin: Proceedings of the 54th Annual Meeting of the Association for Computational Linguistics, 2016.

[100] Yu X, Zhang G, Li Z, et al. Toward generalized neural model for VMS power consumption estimation in data centers[C]. Shanghai: ICC 2019 - 2019 IEEE International Conference on Communications (ICC), 2019.

[101] Molnar C. Interpretable machine learning[M]. Raleigh: Lulu Press, 2020.

[102] Du M, Liu N, Hu X. Techniques for interpretable machine learning [J]. Communications of the ACM, 2019, 63(1): 68 - 77.

[103] Liu J, Zio E. SVM hyperparameters tuning for recursive multi-step-ahead prediction[J]. Neural Computing and Applications, 2017, 28(12): 3749 - 3763.

［104］ Steinberg D, Colla P. CART：classification and regression trees［J］. The Top Ten Algorithms in Data Mining, 2009, 9：179.

［105］ Chen T, He T, Benesty M, et al. XGBoost：Extreme gradient boosting［J］. R Package Version 0.4 - 2, 2015, 1(4)：1 - 4.

［106］ Wang R, Lu S, Li Q. Multi-criteria comprehensive study on predictive algorithm of hourly heating energy consumption for residential buildings［J］. Sustainable Cities and Society, 2019, 49：101623.

［107］ Kawato M, Furukawa K, Suzuki R. A hierarchical neural-network model for control and learning of voluntary movement［J］. Biological cybernetics, 1987, 57(3)：169 - 185.

［108］ Ghorbani A, Zou J. Data shapley：Equitable valuation of data for machine learning［C］. Zhuhai：International Conference on Machine Learning, 2019.

［109］ Jiang W, Liu F, Tang G, et al. Virtual machine power accounting with shapley value［C］. Atlanta：2017 IEEE 37th International Conference on Distributed Computing Systems (ICDCS), 2017.

［110］ Schulman J, Levine S, Abbeel P, et al. Trust region policy optimization［C］. Lille：International Conference on Machine Learning, 2015.

［111］ Schulman J, Wolski F, Dhariwal P, et al. Proximal policy optimization algorithms［J/OL］.［2017 - 08 - 28］.https://doi.org/10.48550/arXiv.1707.06347.

［112］ Grandl R, Ananthanarayanan G, Kandula S, et al. Multi-resource packing for cluster schedulers［J］. ACM SIGCOMM Computer Communication Review, 2014, 44(4)：455 - 466.

［113］ Mnih V, Badia A P, Mirza M, et al. Asynchronous methods for deep reinforcement learning［C］. New York：Proceedings of the 33rd International Conference on International Conference on Machine Learning, 2016.

［114］ Sutton R S, Barto A G. Reinforcement learning：An introduction［M］. Cambridge：MIT Press, 2018.

［115］ Zhang R X, Huang T, Ma M, et al. Enhancing the crowdsourced live streaming：a deep reinforcement learning approach［C］. Amherst：Proceedings of the 29th ACM Workshop on Network and Operating Systems Support for Digital Audio and Video, 2019.

［116］ Zhang R X, Ma M, Huang T, et al. A practical learning-based approach for viewer scheduling in the crowdsourced live streaming［J］. ACM Transactions on Multimedia Computing, Communications, and Applications (TOMM), 2020, 16(2s)：1 - 22.

［117］ Zhang R X, Ma M, Huang T, et al. Leveraging QoE heterogenity for large-scale livecaset scheduling［C］. Seattle：Proceedings of the 28th ACM International Conference on Multimedia, 2020.

［118］ Zhang R X, Ma M, Huang T, et al. Livesmart：A QoS-guaranteed cost-minimum framework of viewer scheduling for crowdsourced live streaming［C］. Seattle：Proceedings of the 27th ACM International Conference on Multimedia, 2019.

［119］ Sun G, Lan Y, Zhao R. Differential evolution with Gaussian mutation and dynamic parameter adjustment ［J］. Soft Computing, 2019, 23(5)：1615 - 1642.

［120］ Kumar Y, Sahoo G. An improved cat swarm optimization algorithm based on opposition-based learning and cauchy operator for clustering［J］. Journal of Information Processing Systems, 2017, 13(4)：1000 - 1013.

［121］ Lin B, Zhu F, Zhang J, et al. A time-driven data placement strategy for a scientific workflow combining edge computing and cloud computing［J］. IEEE Transactions on Industrial Informatics, 2019, 15(7)：4254 - 4265.

［122］ Mishra S K, Puthal D, Rodrigues J J, et al. Sustainable service allocation using a metaheuristic technique in a fog server for industrial applications［J］. IEEE Transactions on Industrial Informatics, 2018, 14(10)：4497 - 4506.

［123］ Yang X S. A new metaheuristic bat-inspired algorithm［M］//González J R, Pelta D A, Cruz C, et al. Nature inspired cooperative strategies for optimization (NICSO 2010). Berlin：Springer, 2010.